普通高等教育机电类系列教材

液压与气压传动学习及实验指导

第 2 版

主　编　苏　杭　刘延俊
副主编　秦月霞　李海燕
参　编　赵　新　张　坤　孔祥臻
　　　　周　军　刘维民　陈正洪
　　　　彭建军　罗华清　贾　瑞
主　审　李宏伟

机械工业出版社

本书是"十三五"普通高等教育本科国家级规划教材《液压与气压传动》(第3版)(刘延俊主编)的配套教学参考书,也可作为已出版的各种版本的《液压与气压传动》教材的辅助参考书。

本书共分13章,包括教学辅导、实验指导、综合练习三部分,绝大部分章又分为重点、难点分析,典型例题解析,练习题三方面内容。前12章分别对应教材各章节,对课本内容做进一步的辅导。第13章为实验指导部分,包含共39个液压传动综合教学实验台实验和气动PLC控制综合教学实验台实验,每个实验均配有详细的实验步骤。教材最后配有综合测试题,涵盖了全书内容,可作为对全书内容掌握程度的综合检验与练习。

本书的特点是:内容范围广、实用性强、例题精炼、习题恰当、实验全面、启发性强、通俗易懂,不但适合于一般工科院校机械类、近机类本科生学习使用,也可供高等职业学院、成人教育学院相关专业师生和工程技术人员参考。

本书附有各章练习题及综合练习题的参考答案,教师可通过机工教育服务网(http://www.cmpedu.com)下载。

图书在版编目(CIP)数据

液压与气压传动学习及实验指导/苏杭,刘延俊主编. —2版. —北京:机械工业出版社,2015.8(2025.1重印)

普通高等教育机电类系列教材

ISBN 978-7-111-51009-3

Ⅰ.①液… Ⅱ.①苏…②刘… Ⅲ.①液压传动—高等学校—教学参考资料②气压传动—高等学校—教学参考资料 Ⅳ.①TH137②TH138

中国版本图书馆CIP数据核字(2015)第174724号

机械工业出版社(北京市百万庄大街22号 邮政编码100037)

策划编辑:刘小慧 责任编辑:刘小慧 王勇哲 孙 阳 李 超 余 皞
版式设计:赵颖喆 责任校对:陈 越
封面设计:张 静 责任印制:郜 敏
北京富资园科技发展有限公司印刷
2025年1月第2版第8次印刷
184mm×260mm·12.5印张·303千字
标准书号:ISBN 978-7-111-51009-3
定价:39.00元

电话服务 网络服务
客服电话:010-88361066 机 工 官 网:www.cmpbook.com
　　　　　010-88379833 机 工 官 博:weibo.com/cmp1952
　　　　　010-68326294 金 书 网:www.golden-book.com
封底无防伪标均为盗版 机工教育服务网:www.cmpedu.com

前　　言

本书是根据全国高校教学指导委员会审定的"液压与气压传动课程教学基本要求"编写的，与刘延俊教授主编的"十二五"普通高等教育本科国家级规划教材《液压与气压传动》第3版配套使用，也可作为已经出版的各种版本的《液压与气压传动》教材的辅助参考书。

本书共分13章，包括教学辅导、实验指导、综合练习三部分内容。其中，前12章是教学辅导部分，与主教材的章节内容相对应，绝大部分章又分为重点、难点分析，典型例题解析，练习题三方面内容。第13章为实验指导部分，包含共39个液压传动综合教学实验台实验和气动PLC控制综合教学实验台实验，每一个实验分为实验目的、实验设备、实验原理、实验参考步骤、实验报告等内容。教材最后设置了两套涵盖全书内容的综合测试题，据此作为对全书内容掌握程度的综合检验与练习。

本书的主要特点是：

1）深入分析了各章的重点、难点内容，根据编者多年的教学积累和对全书内容的把握，通过深入浅出的分析，将各章的重点与难点内容进行了剖析，为学生掌握这些内容提供了有益的提示。

2）精心编排并解析了各章的典型例题，通过对知识点的把握与分析，结合历届学生在学习中经常遇到的问题，精选了部分例题进行分析、解答。在解题过程中力争做到详略得当、思路清晰、要点突出、方法得当，对于引导学生正确运用所学的理论与知识解决实际问题起到抛砖引玉的作用。

3）较全面地筛选了部分练习题。由于专业技术课程难以用恰当的练习题覆盖所有的知识点，为便于教师在教学过程中选题和学生在学习过程中练习，较为宽泛地编选了练习题。将能够通过练习的方式涵盖的知识点的习题尽可能编入教材；对所选的习题均进行了解算与验证，努力保证所选习题的正确性。

4）较为宽泛地筛选了实验项目与实验内容。因为各高校的实验条件不同、实验设备各异，无法选择适合于所有高校的实验内容，目前流行的插装式实验台，使实验的多样性更为突出。基于这种条件，为便于教学，我们选择各高校使用较为普遍的几种固定回路的实验台为代表，着重介绍各项实验的原理和目的。对于实验步骤，书中只提供必要的参考步骤，具体的实际操作则可由实验者根据已有的实验台和对实验原理的理解自行设计。

5）根据教材内容，编入了两套综合测试题，以综合练习的形式供学习者检查自己对教材内容的掌握程度，也为课程的考试提供了参考题型。

6）本书在编写过程中注重理论性与实用性，启发性与通俗性的结合，不但适合于一般工科院校机械类、近机类本科生学习使用，也可供高等职业学院、成人教育学院相关专业师生和工程技术人员参考。

本书由山东建筑大学苏杭和山东大学刘延俊任主编，山东建筑大学秦月霞与李海燕任副主编。山东大学周军、刘维民、罗华清、贾瑞，山东建筑大学赵新、张坤，河南科技大学彭建军以及山东交通学院孔祥臻、陈正洪也参加了本书的编写工作。

由于编者水平有限，书中难免存在不足之处，敬请广大读者批评指正。

编　者
于山东济南

目　　录

第 1 章

绪　　论

1.1　重点、难点分析

本章的重点内容是：液压传动的工作原理；液压传动系统的组成；液压传动的特点；液压传动技术的应用。在重点内容中，液压传动的工作原理是重中之重，其他是该内容的延伸和深化。通过对重点内容的分析，可以对液压传动有一个概括的认识，为进一步学习液压传动技术建立基础。当学习了全部课程后，再分析重点内容，会对其赋予新的内涵。

本章的难点是对液压传动工作原理的基本分析。对简单机床液压传动系统工作过程的分析，涉及工作载荷的控制和运动速度的调整两个问题，从而引申出压力与负载的关系、流量与速度关系这两个重要概念。这两个概念在此只能作为简单概念引出，在学习完第 2 章内容后才能得到基本的了解，当学习完本课程的全部内容后，才能对此概念得到比较深刻的理解。

1）液压传动是以液体为工作介质，以液体的压力能传递运动和动力的传动方式。简单机床液压传动系统的工作过程，就是液压传动系统传动工作原理的真实写照。通过对此系统的分析可以引申出系统的过载控制和速度调节两个问题，从而为液压传动的特点分析打下感性基础。一个完整的液压传动系统是由能源装置、执行装置、控制调节装置、辅助装置组成，不同的液压系统，其四个组成部分元件的类型和数量不同。通过对各部分元件的分析，可以对整个液压系统的特点有深入的了解。液压传动的特点是该传动方式赖以生存和发展的基础，其大范围的无级调速、大功比、易自动控制、易过载保护、传动平稳、标准化程度高等优点是其他传动方式所不可比拟的。因此，液压传动在工程机械、矿山机械、压力机械、航空设备、金属加工设备、注塑设备中得到广泛的应用。

2）涉及压力与负载的关系时，首先要搞清什么是负载。从广义上讲，一切阻碍液体流动的阻力都是负载。例如：液体在管路里流动时，液体与管壁间摩擦会产生负载；液体流经各种液压元件时，液压元件的阀芯通道产生阻力而造成负载；液体进入液压缸推动活塞克服外加阻力形成载荷负载等。前两种负载属于内负载，看不见，摸不着，并且所占比例不大，通常作为系统的能量损失和效率考虑；后者是系统对外界所做的功，直观性强，是实实在在需要克服的外负载，一般需单独计算。从某种角度上可以认为，液压系统的压力就是靠液压泵对液压油的推动与负载对液压油的阻尼作用产生出来的。因此"系统的压力取决于负载"

就是指上述负载（包括内、外负载）越大，系统的压力越大；反之亦然。

3）流量与速度的关系，是指液压缸的活塞带动工作台运动时，活塞的运动速度与进入液压缸的液压油流量间的关系。事实上，活塞的速度就是液压缸内油面增长的平均速度，而液压油的流速与单位时间内进入液压缸的流量成正比，因此"执行装置（工作台）的运动速度取决于进入执行装置的液压油流量"。

1.2　典型例题解析

例 1-1　图 1-1 是液压千斤顶的传动系统图，试说明其工作原理。

解：当抬起手柄 5 时，活塞 6 向上运动，液压缸 7 容积增大形成真空，单向阀 3 关闭，液压缸 7 通过单向阀 8 从油箱吸油；当压下手柄 5 时，活塞 6 向下运动，单向阀 8 关闭，液压缸 7 中的油液通过单向阀 3 进入液压缸 2，推动活塞 1 向上运动，抬起重物。再抬起手柄 5，液压缸 7 从油箱吸油；压下手柄 5，油液进入液压缸 2……，这样，油液不断地被吸入液压缸 7，压入液压缸 2，就可以把重物抬起到所需的高度。由于单向阀 3 的作用，重物升高后不会落下来，当需要放下重物时，打开截止阀

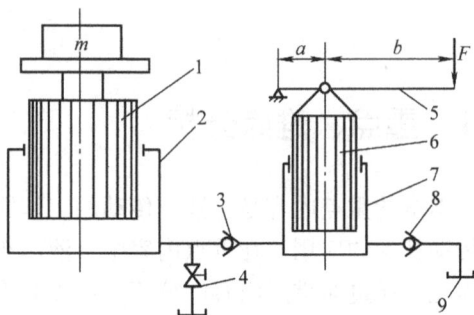

图 1-1　例 1-1 图

1、6—活塞　2、7—液压缸　3、8—单向阀
4—截止阀　5—手柄　9—油箱

4，液压缸 2 中的油液流回油箱，重物就被放下来。重物放下来后，关闭截止阀 4，待下次需要放油时打开。

1.3　练习题

1-1　液压传动与机械传动相比，有哪些优缺点？试列举液压传动应用实例。

1-2　液压系统由哪几部分组成？各部分的作用是什么？

1-3　目前液压传动技术正向着什么方向发展，请举出实例。

1-4　一个企业能否采用一个泵站集中供给压力油？说明理由。

第 2 章

液压油与液压流体力学基础

2.1 重点、难点分析

本章是液压与气压传动课程的理论基础。其主要内容包括：一种介质、两项参数、三个方程、三种现象。一种介质就是液压油的性质及其选用；两个参数就是压力和流量的相关概念；三个方程就是连续性方程、伯努利方程、动量方程；三种现象就是液体流态、液压冲击、空穴现象的形态及其判别。

在上述内容中重点内容为：液压油的黏性和黏度；液体压力的相关概念如压力的表达、压力的分布、压力的传递、压力的损失；流量的相关概念（如：流量的计算、小孔流量、缝隙流量）；三个方程的内涵与应用。其中，液压油的黏度与黏性、压力相关概念、伯努利方程的含义与应用、小孔流量的分析是本章重点中的重点也是本章的难点。

1）液压油的黏性是液体流动时由于内摩擦阻力而阻碍液层间相对运动的性质，黏度是黏性的度量。液压油的黏度分为动力黏度、运动黏度和相对黏度。动力黏度描述了牛顿液体的内摩擦应力与速度梯度间的关系，物理意义明确但是难以实际测量；运动黏度是动力黏度与密度的比值，国产油的标号就是运动黏度的平均厘斯值的表达，实用性强，直接测量难；相对黏度就是实测黏度，其中恩氏黏度就是用恩氏黏度计测量油液与对比液体流经黏度计小孔时间参数的比值，直观性强，物理意义明确，操作简便。在一般情况下，动力黏度用作黏度的定义，运动黏度用作油品的标号，相对黏度用作黏度的测量。三者的换算关系可以用教材中所提供的公式解算，也可通过相关手册所提供的线图查取。影响黏度的因素主要有温度和压力，其中温度的影响较大。在选用液压油时，除考虑环境因素和设备载荷性质外，主要分析元件的运动速度、精度以及温度变化等因素的影响。

2）液压系统中的压力就是物理学中的压强，压力分静止液体的压力和流动液体的压力两种；按参照基准不同，压力表达为绝对压力、表压力和真空度；在液压系统中，压力的大小取决于负载（广义负载）；压力的传递遵循帕斯卡原理，对于静止液体压力的变化量等值传递，对于流动液体压力传递时要考虑到压力损失的因素；压力分布的规律就是伯努利方程在静止液体内的一种表述形式。

压力的表达方法主要指绝对压力和相对压力，相对压力又分为表压力和真空度。上述压力间的关系的要点在于选择的测量基准不同；若以绝对零压为基准所测得的是绝对压力；以大气压为基准所测得的是相对压力。当所测压力高于大气压时，其高出的部分为表压力（即压力表所指示的压力值）；当所测压力低于大气压时，其低于大气压的部分为真空度。对于真空度的概念，有人错误地认为就是零压。实际上，绝对真空才是零压，而真空度只表示绝对压力不足大气压的那部分数值，也就是以大气压为基准所测量到的负表压力值（取绝对值），真空度的最大值为一个大气压。在解决上述压力间的问题时，首先要选择好压力的测量基准与等压面，否则容易引起概念的混乱。

3）液压系统所指的流量就是单位时间流经某截面流体的体积，用流体的平均流速与其流管截面面积之积计算。对于进出油口没有安装节流装置、不考虑泄漏的执行元件，其运动速度取决于输入执行元件的流量，而与负载无关；对于进出油口设有节流装置、且需考虑泄漏的执行元件，其运动速度不但与流量有关而且受负载变化的影响。

小孔流量公式主要建立起了流体的流量与压力（压差）间的关系；缝隙流量公式主要建立起了泄漏量与压差间的关系。对于各类阀孔、节流孔、管道的变径孔，都可以用小孔流量公式分析其流量与压力间的特性关系。最小稳定流量就是通过流量阀口连续流动液体流量的最小值，其大小不但与小孔性质有关，也与小孔两端的压差有关，还与小孔的形状、油液的黏度有关。

4）连续性方程、伯努利方程式、动量方程分别是质量守恒定律、能量守恒定律、动量定律在流体力学中的表达形式。连续性方程主要分析在同一管道内不同截面，流体的流速与面积间的变化关系；伯努利方程式主要解决流体内与压力、速度、位置有关量的变化问题；动量方程主要研究流体速度变化与作用力间的问题。

伯努利方程也就是能量方程，它表明了液体内压能、动能、势能间的关系。其物理意义在于：在流管内流动的液体存在压能、动能、势能三种形式的能量；液体在流动过程中，这三种能量之间可以相互转换；在同一流管内不同截面上，这三种能量连同流体流经截面间所产生的能量损失之和保持不变。该方程最适合解决流体内涉及压力、速度、位置有关的问题。事实上静止液体的压力分布、小孔流量、缝隙流量、压力损失等问题都可以看作伯努利方程在不同问题上的具体应用。但是该方程不适合用于相变流体（液态变气态）的流体，也不适合用于流管与外界有能量交换的流体。因为相变流体要涉及如显热、潜热、气化热等能量的转化问题，与外界有能量交换的流体有能量的损失问题，对于上述流体仅用伯努利方程无法解释其能量守恒问题。在使用该方程解决问题时要注意选择好流管的计算截面，应选择参数明显且易于确定的面作为计算截面，这样会达到事半功倍的效果。

动量方程适合于液动力的计算。在使用动量方程时，要注意其中的速度与力均为矢量，在进行量值计算时一定要将矢量向坐标方向投影分解，分别考虑各向动量。

5）液体的流态分为层流与湍流，其判定方法是计算流体的雷诺数与临界雷诺数比较；若计算雷诺数大于临界雷诺数为湍流，小于临界雷诺数为层流；雷诺数的物理意义是流体的液动力参数与黏滞力参数的比值。

液压冲击是流体与运动部件的冲击力与惯性力突变所引起的系统内液体的压力突然升高的现象，液压冲击会产生噪声甚至于损坏液压元件，防止的措施是延长压力变化的时间或设置缓冲装置吸收冲击。

空穴现象是由于液压系统内某点的压力过低而造成局部产生气泡的现象，空穴破坏液体流动的连续性、使系统产生噪声、在元件内表面产生疲劳点蚀等。防止空穴产生的主要措施就是避免液体内出现的局部低压点，防止液压油内气体的析出。

2.2　典型例题解析

例 2-1　如图 2-1 所示，容器内盛满液体，已知活塞面积 $A = 10 \times 10^{-3} \text{m}^2$，负载重量 $G = 10\text{kN}$，问压力表的读数 p_1，p_2，p_3，p_4，p_5 各为多少？

解：容器内的液体是静止的，忽略由于其自重产生的压力，则液体内部各点的压力相等，即

$$p_1 = p_2 = p_3 = p_4 = p_5 = \frac{G}{A} = \frac{10000}{10 \times 10^{-3}} \text{Pa} = 1 \times 10^6 \text{Pa} = 1\text{MPa}$$

例 2-2　如图 2-2 所示，半径为 $R = 100 \text{ mm}$ 的钢球堵塞着垂直壁面上直径为 $d = 1.5R$ 的圆孔，若已知钢球密度 $\rho_1 = 8000\text{kg/m}^3$，液体密度 $\rho_2 = 900\text{kg/m}^3$，问钢球中心距容器液面的深度 H 为多少时，钢球才能处于平衡状态？

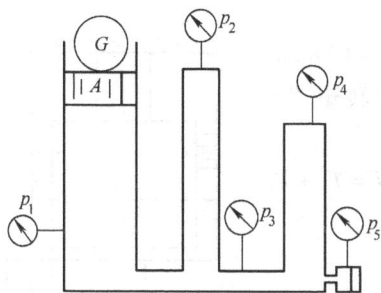

图 2-1　例 2-1 图

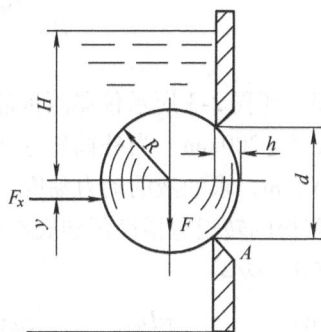

图 2-2　例 2-2 图

解：当钢球重量减去球浸没部分所受浮力对 A 点的力矩与水深 H 对钢球产生的水平方向作用力对 A 点的力矩相平衡时，才能使钢球处于平衡状态。假设浮力作用在钢球中心上。则

$$F = \frac{4\pi R^3}{3}\rho_1 g - \left[\frac{4}{3}\pi R^3 - \pi h^2\left(R - \frac{h}{3}\right)\right]\rho_2 g$$

根据几何关系

$$h = R - \sqrt{R^2 - (d/2)^2} = 0.1\text{m} - \sqrt{0.1^2 - (1.5 \times 0.05)^2}\text{m} = 0.034\text{m}$$

故

$$F = \frac{4\pi}{3} \times 0.1^3 \times 8000 \times 9.8\text{N} - \left[\frac{4}{3}\pi \times 0.1^3 - \pi \times 0.034^2\left(0.1 - \frac{0.034}{3}\right)\right]900 \times 9.8\text{N}$$

$$= 294.30\text{N}$$

该力对 A 点的力矩为

$$T_F = F(R-h) = 294.30\text{N} \times (0.1-0.034)\text{m} = 19.43\text{N} \cdot \text{m}$$

水平力

$$F_x = \rho_2 gH \cdot \frac{\pi}{4}d^2 = 900 \times 9.8 \times \frac{\pi}{4} \times (1.5 \times 0.1)^2 H = 155.86H$$

作用点到钢球中心线的距离

$$y = \frac{d^2}{16H} = \frac{(1.5 \times 0.1)^2}{16H} = \frac{0.001406}{H}$$

水平力对 A 点的力矩为

$$T_x = F_x \cdot \left(\frac{d}{2} - y\right) = 155.86H \times \left(\frac{1.5 \times 0.1}{2} - \frac{0.001406}{H}\right)$$

$$= 11.6895H - 0.2191 = T_F = 19.43$$

$$H = \frac{19.43 + 0.2191}{11.6895}\text{m} = 1.681\text{m}$$

例 2-3 用图 2-3 所示仪器测量油液黏度,已知 $D = 100\text{mm}$,$d = 99\text{mm}$,$l = 200\text{mm}$,当外筒转速 $n = 6\text{r/s}$ 时,测得转矩 $T = 30 \times 10^{-2}\text{N} \cdot \text{m}$,求油液的动力黏度。

解: 测得的转矩包括筒部和底部产生的转矩,即 $T = T_1 + T_2$

$$T_1 = \tau A \cdot D/2$$

$$\tau = \mu \frac{\mathrm{d}u}{\mathrm{d}r} = \mu \frac{\pi Dn}{(D/2)-(d/2)} = \frac{2\mu\pi Dn}{D-d}$$

故 $T_1 = \dfrac{2\mu\pi Dn}{D-d}\pi DL\, D/2 = \dfrac{\mu\pi^2 D^3 Ln}{D-d}$

图 2-3 例 2-3 图

假设内外筒之间的间隙为 δ,则 $\delta = \dfrac{D-d}{2} = \dfrac{100-99}{2}\text{mm} = 0.5\text{mm}$

$$T_2 = \int_0^{\frac{d}{2}} \left(\mu \frac{2\pi rn}{\delta} 2\pi r\mathrm{d}r\right)r = \mu \frac{4\pi^2 n}{\delta}\int_0^{\frac{d}{2}} r^2 \mathrm{d}r = \frac{1}{16\delta}\mu\pi^2 n d^4$$

$$T = \frac{\mu\pi^2 D^3 Ln}{D-d} + \frac{1}{16\delta}\mu\pi^2 n d^4$$

故 $\quad \mu = \dfrac{T}{\dfrac{\pi^2 D^3 Ln}{D-d} + \dfrac{\pi^2 n d^4}{16\delta}}$

$$= \frac{30 \times 10^{-2}}{\dfrac{\pi^2 \times 0.1^3 \times 0.2 \times 6}{0.1-0.099} + \dfrac{\pi^2 \times 6 \times 0.099^4}{16 \times 0.5 \times 10^{-3}}}\text{Pa} \cdot \text{s} = 0.024\text{Pa} \cdot \text{s}$$

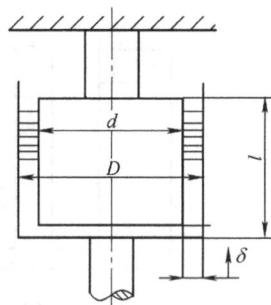

例 2-4 如图 2-4 所示一倾斜管道，其长度 $L = 20\text{m}$，直径 $d = 10\text{mm}$，两端高度差 $h = 15\text{m}$，管中液体密度 $\rho = 900\text{kg/m}^3$，运动黏度 $\nu = 45 \times 10^{-6}$ m^2/s，当测得两端压力如下时，（1）$p_1 = 0.45\text{MPa}$，$p_2 = 0.4\text{MPa}$；（2）$p_1 = 0.45\text{MPa}$，$p_2 = 0.25\text{MPa}$，求管中油液的流动方向和流速。

解： 假如管中油液静止，则管道下端油液压力应等于上端压力与油液重量产生的压力之和。

（1）$p_2 + \rho g h = 0.4 \times 10^6 + 900 \times 9.8 \times 15 = 5.323 \times 10^5\text{Pa} = 0.5323\text{MPa} > p_1$

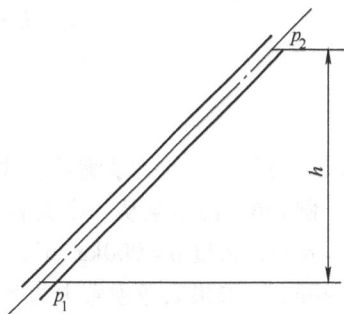

图 2-4　例 2-4 图

故油液从上向下流动，压力损失为

$$\Delta p = p_2 + \rho g h - p_1 = (0.5323 - 0.45) \times 10^6\text{Pa}$$

$$= 8.23 \times 10^4\text{Pa} = \frac{32\mu l v}{d^2}$$

故　　　$$v = \frac{\Delta p d^2}{32 \rho \nu l} = \frac{8.23 \times 10^4 \times 10^2 \times 10^{-6}}{32 \times 900 \times 45 \times 10^{-6} \times 20}\text{m/s} = 0.3175\text{m/s}$$

（2）$p_2 + \rho g h = 0.25 \times 10^6\text{Pa} + 900 \times 9.8 \times 15\text{Pa} = 3.823 \times 10^5\text{Pa} = 0.3823\text{MPa} < p_1$

故油液从下向上流动，压力损失为

$$\Delta p = p_1 - p_2 - \rho g h = (0.45 - 0.3823) \times 10^6\text{Pa} = 6.77 \times 10^4\text{Pa} = \frac{32\mu l v}{d^2}$$

故　　　$$v = \frac{\Delta p d^2}{32 \rho \nu l} = \frac{6.77 \times 10^4 \times 10^2 \times 10^{-6}}{32 \times 900 \times 45 \times 10^{-6} \times 20}\text{m/s} = 0.2612\text{m/s}$$

例 2-5 如图 2-5 所示，水从固定水位的水箱中沿其下部的竖直管道流出，已知管道直径为 d，出口流量系数为 C_q，水位高度为 h，试求管道出口流量与管长 L 的关系，并指出水位 h 为多少时，出口流量将不随管长 L 而变化。

解： 对截面 1-1 和截面 2-2 列伯努利方程

$$\frac{p_1}{\rho g} + \frac{\alpha_1 v_1^2}{2g} + h_1 = \frac{p_2}{\rho g} + \frac{\alpha_2 v_2^2}{2g} + h_2 + h_\text{w}$$

其中，$h_1 = h + L$，$h_2 = 0$，$p_1 = p_2 = 0$，$v_2 = v$。由于水箱直径远大于管道直径，所以可认为水箱液面的流速为 0，即 $v_1 = 0$；管道出口液流状态为湍流，故 $\alpha_2 = 1$。

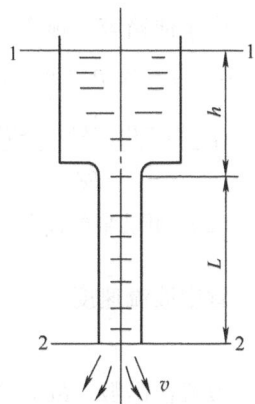

图 2-5　例 2-5 图

$$h + L = \left(1 + \lambda \frac{L}{d}\right)\frac{v^2}{2g}, \qquad v = \sqrt{\frac{2g(h+L)}{1 + \lambda \dfrac{L}{d}}}$$

管道出口流量为　　$$q = C_q \frac{\pi}{4} d^2 \sqrt{\frac{2g(h+L)}{1 + \lambda \dfrac{L}{d}}} = C_q \frac{\pi}{4} d^2 \sqrt{2g} \sqrt{\frac{h+L}{1 + \lambda \dfrac{L}{d}}}$$

若想使流量 q 与管长 L 无关，则上式中第二个根号下是常数即可，即

$$h + L = k\left(1 + \lambda\frac{L}{d}\right) \text{（其中 } k \text{ 为一常系数）}$$

$$h = \left(k\frac{\lambda}{d} - 1\right)L + k$$

所以，当 h 与 L 的关系满足上式的线性关系时，管道出口的流量将不随管长 L 而变化。

例 2-6   液压泵从一个大容积的油池中吸油，流量 $q = 144\text{L/min}$，油液黏度为 $\nu = 45 \times 10^{-6}\text{m}^2/\text{s}$，密度 $\rho = 900\text{kg/m}^3$，油液的空气分离压为 $2 \times 10^4\text{Pa}$，吸油管长度 $l = 10\text{m}$，直径 $d = 40\text{mm}$。如果只考虑管中的摩擦损失，求：（1）泵在油箱液面以上的最大允许安装高度 H。（2）当泵的流量增大一倍时，最大允许安装高度将如何变化？

解：（1）管中液流速度 $v = \dfrac{4q}{\pi d^2} = \dfrac{4 \times 144 \times 10^{-3}}{60 \times \pi \times 40^2 \times 10^{-6}}\text{m/s} = 1.91\text{m/s}$

液流雷诺数 $Re = \dfrac{vd}{\nu} = \dfrac{1.91 \times 40 \times 10^{-3}}{45 \times 10^{-6}} = 1698.5 < 2320$ 故 $\alpha = 2$

沿程压力损失

$$\Delta p_\lambda = \lambda\frac{l}{d}\frac{\rho v^2}{2} = \frac{75}{Re}\frac{l}{d}\frac{\rho v^2}{2}$$

$$= \frac{75}{1698.5} \times \frac{10}{40 \times 10^{-3}} \times \frac{900 \times 1.91^2}{2}\text{Pa} = 18122\text{Pa}$$

对油箱液面和泵吸油腔截面列伯努利方程

$$p_1 + \rho g h_1 + \frac{1}{2}\rho\alpha_1 v_1^2 = p_2 + \rho g h_2 + \frac{1}{2}\rho\alpha_2 v_2^2 + \Delta p_\lambda$$

由于油箱容积很大，且是敞开的，所以 $p_1 = p_a$，$v_1 = 0$，$h_1 = 0$，$p_2 = 2 \times 10^4\text{Pa}$，$h_2 = H$，$\alpha_2 = \alpha$，$v_2 = v$，$p_a = p_2 + \rho g H + \rho v^2 + \Delta p_\lambda$，则泵的最大安装高度为

$$H = \frac{p_a - p_2 - \rho v^2 - \Delta p_\lambda}{\rho g} = \frac{100000 - 20000 - 900 \times 1.91^2 - 18122}{900 \times 9.8}\text{m} = 6.64\text{m}$$

（2）如果泵的流量增加一倍，即 $q = 288\text{L/min}$

管中液流速度 $v = \dfrac{4q}{\pi d^2} = \dfrac{4 \times 288 \times 10^{-3}}{60 \times \pi \times 40^2 \times 10^{-6}}\text{m/s} = 3.82\text{m/s}$

液流雷诺数 $Re = \dfrac{vd}{\nu} = \dfrac{3.82 \times 40 \times 10^{-3}}{45 \times 10^{-6}} = 3395.6 > 2320$ 故 $\alpha = 1$

沿程压力损失

$$\Delta p_\lambda = \lambda\frac{l}{d}\frac{\rho v^2}{2} = 0.3164 Re^{-0.25}\frac{l}{d}\frac{\rho v^2}{2}$$

$$= 0.3164 \times 3395.6^{-0.25} \times \frac{10}{40 \times 10^{-3}} \times \frac{900 \times 3.82^2}{2}\text{Pa} = 68043\text{Pa}$$

泵的最大安装高度为

$$H = \frac{p_a - p_2 - 0.5\rho v^2 - \Delta p_\lambda}{\rho g} = \frac{100000 - 20000 - 0.5 \times 900 \times 3.82^2 - 68043}{900 \times 9.8}\text{m}$$

$$= 0.62\text{m}$$

例2-7 如图2-6所示，油在喷管中的流动速度 $v_1 = 6\text{m/s}$，喷管直径 $d_1 = 5\text{mm}$，油的密度 $\rho = 900\text{kg/m}^3$，喷管前端置一挡板，问在下列情况下管口射流对挡板壁面的作用力 F 是多少？（1）当壁面与射流垂直时（图2-6a）。（2）当壁面与射流成60°角时（图2-6b）。

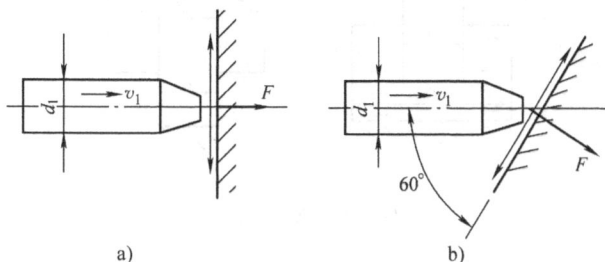

a) b)

图2-6 例2-7图

解：（1）在水平方向对射流列动量方程

$$F_x = \rho q(v_{2x} - v_{1x})，\text{其中，} v_{1x} = v_1，v_{2x} = 0$$

所以射流对挡板壁面的作用力为

$$F = -F_x = \rho q v_1 = \rho v_1 \frac{\pi d_1^2}{4}v_1 = 9000 \times 6^2 \times \frac{\pi \times 5^2 \times 10^{-6}}{4}\text{N} = 6.36\text{N}$$

（2）在平板法线方向对射流列动量方程为

$$F_n = \rho q(v_{2n} - v_{1n})$$

其中，$v_{1n} = v_1\sin60°$，$v_{2n} = 0$。所以射流对挡板壁面的作用力为

$$F = -F_n = \rho q v_1\sin60° = \rho v_1 \frac{\pi d_1^2}{4}v_1\sin60°$$

$$= 9000 \times 6^2 \times \frac{\pi \times 5^2 \times 10^{-6}}{4} \times \sin60°\text{N} = 5.51\text{N}$$

2.3 练习题

2-1 液压油有哪几种类型？液压油的牌号与黏度有什么关系？如何选用液压油？

2-2 已知某液压油的运动黏度为 $32\text{mm}^2/\text{s}$，密度为 900kg/m^3，问：其动力黏度和恩氏黏度各为多少？

2-3 已知某液压油在20℃时的恩氏黏度为 $°E_{20} = 10$，在80℃时为 $°E_{80} = 3.5$，试求温度为60℃时的运动黏度。

2-4 什么是压力？压力有哪几种表示方法？液压系统的工作压力与外界负载有什么关系？

2-5 解释如下概念：恒定流动，非恒定流动，通流截面，流量，平均流速。

2-6 伯努利方程的物理意义是什么？该方程的理论式和实际式有什么区别？

2-7 管路中的压力损失有哪几种？其值与哪些因素有关？

2-8 如图2-7所示，已知 $D = 250\text{mm}$，$d = 100\text{mm}$，$F = 80\text{kN}$，不计油液自重产生的压力，求下面两种情况下液压缸中液体的压力。

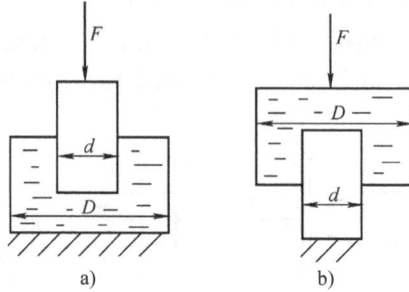

图2-7 题2-8图

2-9 图2-8所示各容器内盛满水，已知 $F = 5\text{kN}$，$d = 1\text{m}$，$h = 1\text{m}$，$\rho = 1000\text{kg/m}^3$，求：

（1）各容器底面所受到的压力及总作用力。

（2）若 $F = 0$，各容器底面所受的压力及总作用力。

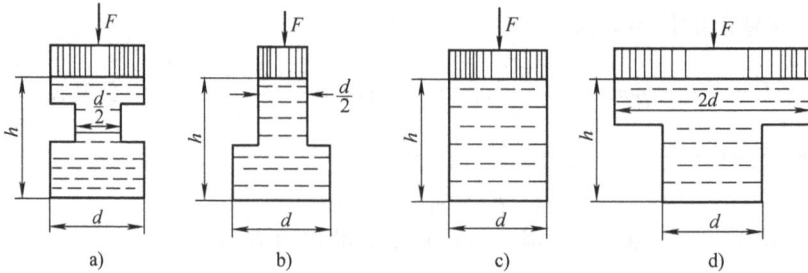

图2-8 题2-9图

2-10 如图2-9所示，球形容器内装有水，U形管测压计内装有水银，U形管一端与球形容器相连，一端开口。已知：$h_1 = 200\text{mm}$，$h_2 = 250\text{mm}$，水的密度 $\rho_1 = 1 \times 10^3\text{kg/m}^3$，水银密度 $\rho_2 = 13.6 \times 10^3\text{kg/m}^3$。求容器中 A 点的相对压力和绝对压力。

2-11 如图2-10所示，充满液体的倒置U形管，一端位于一液面与大气相通的容器中，另一端位于一密封容器中。容器与管中液体相同，密度 $\rho = 900\text{kg/m}^3$。若 $h_1 = h_2 = 1\text{m}$，试求 A、B 两处的真空度。

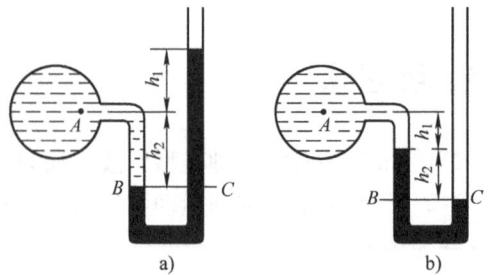

图2-9 题2-10图

2-12 图 2-11 所示容器上部充满压力为 p 的气体，容器内液面高度 $h = 400\text{mm}$，液柱高度 $H = 1\text{m}$，液体密度 $\rho = 900\text{kg/m}^3$，其上端与大气连通，问容器内气体的绝对压力和表压力各为多少？

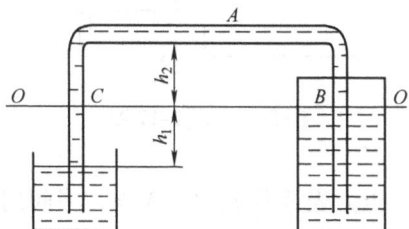

图 2-10 题 2-11 图

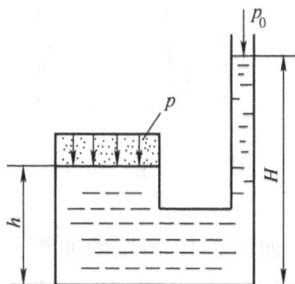

图 2-11 题 2-12 图

2-13 如图 2-12 所示，$d_1 = 20\text{mm}$，$d_2 = 40\text{mm}$，$D_1 = 75\text{mm}$，$D_2 = 125\text{mm}$，$q = 25\text{L/min}$，求 v_1，v_2，q_1，q_2 各为多少？

2-14 如图 2-13 所示，油管水平放置，截面 1—1、2—2 处的内径分别为 $d_1 = 5\text{mm}$，$d_2 = 2\text{mm}$，在管内流动的油液密度 $\rho = 900\text{kg/m}^3$，运动黏度 $v = 20\text{mm}^2/\text{s}$。若不计油液流动的能量损失，试问：

（1）截面 1—1 和 2—2 哪一处压力较高？为什么？

（2）若管内通过的流量 $q = 30\text{L/min}$，求两截面间的压差 Δp。

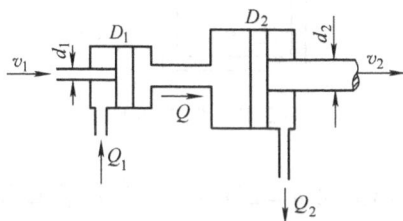

图 2-12 题 2-13 图

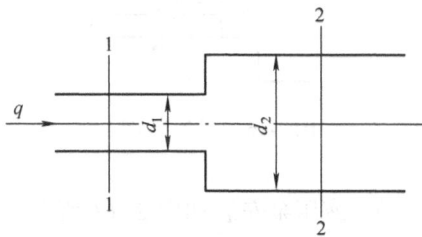

图 2-13 题 2-14 图

2-15 已知管道直径为 50mm，油的运动黏度为 20cSt，如果液体处于层流状态，那么可以通过的最大流量不超过多少？

2-16 图 2-14 所示的水箱，已知：水箱底部立管直径 $d = 20\text{mm}$，水的密度 $\rho = 1000\text{kg/m}^3$，假设动能修正系数为 1，不考虑压力损失，求：

（1）立管出口处的流速。（2）高立管出口 1m 处的水压力。

2-17 如图 2-15 所示，已知液面高度 $H = 5\text{m}$，截面 1—1 面积 $A_1 = 2000\text{mm}^2$，截面 2—2 面积 $A_2 = 5000\text{mm}^2$，液体密度 $\rho = 1000\text{kg/m}^3$，不计能量损失，求孔口的流量以及截面 2—2 处的压力（取 $\alpha = 1$，不计损失）。

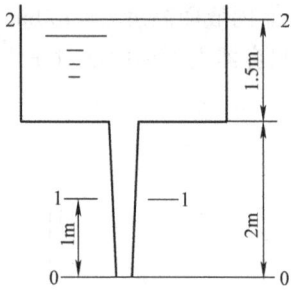

图 2-14 题 2-16 图

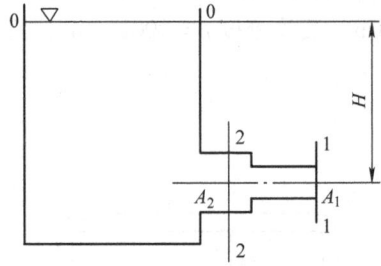

图 2-15 题 2-17 图

2-18 如图 2-16 所示的油箱，当放液阀关闭时，压力表读数 $p = 0.3\text{MPa}$，当阀门打开时，压力表读数 $p = 0.08\text{MPa}$。已知液体密度 $\rho = 820\text{kg/m}^3$，若管道内径 $d = 10\text{mm}$，不计液体流动时的能量损失，假设打开阀门时液流为湍流，试求流量 q。

2-19 图 2-17 所示为一流量计，$D_1 = 250\text{mm}$，$D_2 = 100\text{mm}$，流量计读数 $h = 40\text{mm}$ 汞柱，$\alpha = 1$，水平管道中液体的密度 $\rho_1 = 900\text{kg/m}^3$，水银密度 $\rho_2 = 13.6 \times 10^3 \text{kg/m}^3$，不计压力损失，求通过流量计的液体流量。

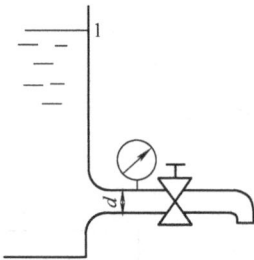

图 2-16 题 2-18 图

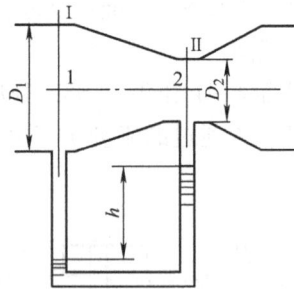

图 2-17 题 2-19 图

2-20 液压泵安装如图 2-18 所示，已知泵的输出流量 $q = 25\text{L/min}$，吸油管直径 $d = 25\text{mm}$，泵的吸油口距油箱液面的高度 $H = 0.4\text{m}$。设油的运动黏度 $\nu = 20\text{mm}^2/\text{s}$，密度 $\rho = 900\text{kg/m}^3$。若仅考虑吸油管中的沿程损失，试计算液压泵吸油口处的真空度。

2-21 图 2-19 所示液压泵的流量 $q = 60\text{L/min}$，吸油管的直径 $d = 25\text{mm}$，管长 $l = 2\text{m}$，滤油器的压降 $\Delta p_\xi = 0.01\text{MPa}$（不计其他局部损失）。液压油在室温时的运动黏度 $\nu = 142\text{mm}^2/\text{s}$，密度 $\rho = 900\text{kg/m}^3$，空气分离压 $p_d = 0.04\text{MPa}$。求泵的最大安装高度 $H_{\max}$。

2-22 水平放置的光滑圆管由两段组成（如图 2-20 所示），直径分别为 $d_1 = 10\text{mm}$ 和 $d_0 = 6\text{mm}$，每段长度 $l = 3\text{m}$。液体密度 $\rho = 900\text{kg/m}^3$，运动黏度 $\nu = 0.2 \times 10^{-4}\text{m}^2/\text{s}$，通过流量 $q = 18\text{L/min}$，管道突然缩小处的局部阻力系数 $\zeta = 0.35$。试求管内的总压力损失及两端的压差（注：局部损失按断面突变后的流速计算）。

2-23 内径 $d = 1\text{mm}$ 的水平阻尼管内有 $q = 0.3\text{L/min}$ 的流量流过，液压油的密度 $\rho = 900\text{kg/m}^3$，运动粘度 $\nu = 20\text{mm}^2/\text{s}$，欲使管的两端保持 1MPa 的压差，试计算阻尼管的理论长度。

2-24 如图 2-21 所示，外力 $F = 5\text{kN}$，活塞直径 $D = 60\text{mm}$，孔口直径 $d = 8\text{mm}$，流量系数 $C_q = 0.62$，油液密度 $\rho = 880\text{kg/m}^3$，油液在外力作用下由液压缸底部的小孔流出，不计摩擦，求作用在液压缸右端内侧壁面上的力。

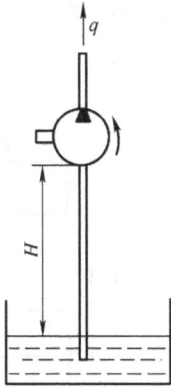

图 2-18 题 2-20 图

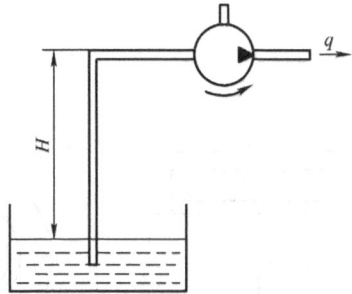

图 2-19 题 2-21 图

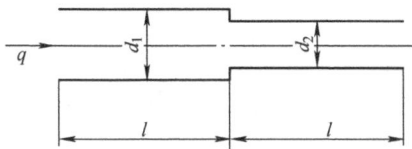

图 2-20 题 2-22 图

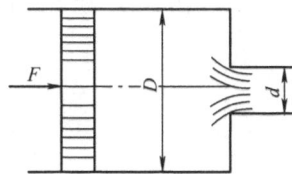

图 2-21 题 2-24 图

2-25 假设管道横截面积为 A，液体密度为 ρ，试分析图 2-22 所示两种情况下液体对固体壁面作用力 F 的方向及大小。

2-26 由液流的连续性方程知，通过某断面的流量与压力无关；而通过小孔的流量却与压差有关。这是为什么？

2-27 液压泵输出流量可手动调节，当 $q_1 = 25\text{L/min}$ 时，测得阻尼孔 R（见图 2-23）前的压力 $p_1 = 0.05\text{MPa}$；若泵的流量增加到 $q_2 = 50\text{L/min}$，阻尼孔前的压力 p_2 将是多大（阻尼孔 R 分别按细长孔和薄壁孔两种情况考虑)？

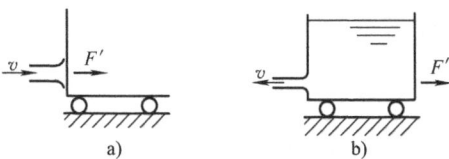

图 2-22 题 2-25 图

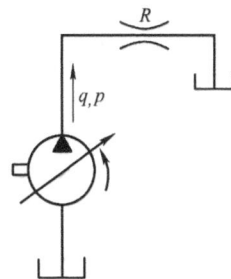

图 2-23 题 2-27 图

2-28　图 2-24 所示的滑动轴承中，轴的直径 $D=150\text{mm}$，轴承宽度 $B=250\text{mm}$，间隙 $\delta=1\text{mm}$，其中充满润滑油，当以转速 $n=180\text{r/min}$ 运转时，润滑油的温度为 $40℃$，其黏度 $\mu=0.054\text{Pa·s}$，求润滑油阻力损耗的功率。

2-29　如图 2-25 所示，柱塞受 $F=100\text{N}$ 的固定力作用下落，缸中油液经缝隙泄出。设缝隙厚度 $\delta=0.05\text{mm}$，缝隙长度 $l=80\text{mm}$，柱塞直径 $d=20\text{mm}$，油的动力黏度 $\mu=50\times10^{-3}\text{Pa·s}$。试计算：当柱塞和缸孔同心时，下落 0.1m 所需时间是多少？

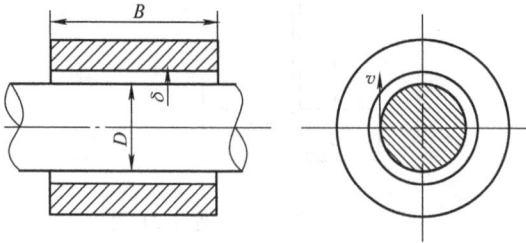

图 2-24　题 2-28 图　　　　　　　图 2-25　题 2-29 图

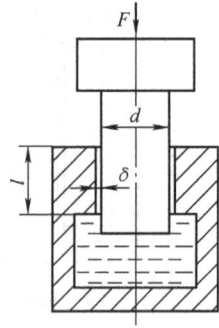

第 3 章

液压泵与液压马达

3.1　重点、难点分析

　　本章的重点是容积式泵和液压马达的工作原理；液压泵和液压马达的性能参数的定义、相互间的关系、量值的计算；常用液压泵和液压马达的典型结构、工作原理、性能特点及适用场合；外反馈限压式变量叶片泵的特性曲线（曲线形状分析、曲线调整方法）等内容。学习容积式液压泵和液压马达的性能参数及参数计算关系，是为了在使用中能正确选用与合理匹配元件；掌握常用液压泵和液压马达的工作原理、性能特点及适用场合是为了合理使用与恰当分析其故障，也便于分析液压系统的工作状态。

　　本章内容的难点是容积式液压泵和液压马达的主要性能参数的含义及其相互间的关系；容积式液压泵和液压马达的工作原理；容积式液压泵和液压马达的困油、泄漏、流量脉动、定子曲线、叶片倾角等相关问题；限压式变量泵的原理与变量特性；高压泵的结构特点。

　　1.　液压泵与液压马达的性能参数

　　液压泵与液压马达的性能参数主要有压力、流量、效率、功率、转矩等。

　　（1）泵的压力　泵的压力包括额定压力、工作压力和最大压力。液压泵（马达）的额定压力是指泵（马达）在标准工况下连续运转时所允许达到的最大工作压力，它与泵（马达）的结构形式与容积效率有关；液压泵（马达）的工作压力 $p_B(p_M)$ 是指泵（马达）工作时从泵（马达）出口实际测量的压力，其大小取决于负载；泵的最大压力是指泵在短时间内所允许超载运行的极限压力，它受泵本身密封性能和零件强度等因素的限制；工作压力小于或等于额定压力，额定压力小于最大压力。

　　（2）泵的流量　泵的流量分为排量、理论流量、实际流量和瞬时流量。泵（马达）的排量 $V_P(V_M)$ 是指在不考虑泄漏的情况下，泵（马达）的轴转过一转所能输出（输入）油液的体积；泵（马达）的理论流量 $q_{Pt}(q_{Mt})$ 是指在不考虑泄漏的情况下，单位时间内所能输出（输入）油液的体积；实际流量 $q_P(q_M)$ 是指泵（马达）工作时实际输出（输入）的流量；额定流量 $q_{Pn}(q_{Mn})$ 是指泵（马达）在额定转速和额定压力下工作时输出（输入）的流量。泵的瞬时流量 q_{Pin} 是液压泵在某一瞬间的流量值，一般指泵瞬间的理论（几何）流量。考虑到泄漏，泵（马达）的实际流量小于（大于）或等于额定流量，泵（马达）的理论流量大于（小于）实际流量。

（3）液压泵与液压马达的功率与效率　液压泵与液压马达的功率与效率主要指输入功率、输出功率、机械效率、容积效率、总效率。对于液压泵，输入的是机械功率 P_{PI}，输出的是液压功率 P_{PT}，两功率之比为泵的总效率 η_P，泵的输出功率小于输入功率，两者之间的差值为功率损失，包括容积损失和机械损失，这些损失分别用总效率 η_P、容积效率 η_{PV}、机械效率 η_{Pm} 表示。由于存在泄漏损失和摩擦损失，泵的实际流量 q_P 小于理论流量 q_{Pt}，理论转矩 T_{Pt} 小于实际转矩 T_P。与泵有关的计算公式有

$$\eta_P = \frac{P_{PT}}{P_{PI}} = \frac{p_P q_P}{P_{PI}} \qquad \eta_P = \eta_{PV}\eta_{Pm} \qquad q_{Pt} = V_{Pt} n_P$$

$$\eta_{PV} = \frac{q_P}{q_{Pt}} = 1 - \frac{q_P}{q_{Pt}} \qquad \eta_{Pm} = \frac{T_{Pt}}{T_P} \qquad T_{Pt} = \frac{V_P p_P}{2\pi}$$

对于液压马达，输入的是机械功率 P_{MI}，输出的是液压功率 P_{MT}，两功率之比为泵的总效率 η_M，马达的输出功率小于输入功率，两者之间的差值为功率损失，功率损失分为容积损失和机械损失，这些损失分别用总效率 η_M、容积效率 η_{MV}、机械效率 η_{Mm} 表示。马达的实际流量 q_M 大于理论流量 q_{Mt}，理论转矩 T_{Mt} 大于实际转矩 T_M。与马达有关的计算公式主要有

$$\eta_M = \frac{P_{MT}}{P_{MI}} = \frac{T_M \omega_M}{p_M q_M} \qquad \eta_M = \eta_{MV}\eta_{Mm} \qquad q_{Mt} = V_{Bt} n_M$$

$$\eta_{MV} = \frac{q_{Mt}}{q_M} = 1 - \frac{q_{ni}}{q_{mt}} \qquad \eta_{Mm} = \frac{T_M}{T_{Mt}} \qquad T_{Bt} = \frac{V_M p_M}{2\pi}$$

2. 液压泵的工作原理

容积式液压泵的共性工作条件是：有容积可变化的密封工作容积，有与变化相协调的配流机构；工作原理是当容积增大时吸油，当容积减小时排油。

不同的液压泵，密封工作容积的构成方式不同，容积变化的过程不同，配流机构的形式不同。外啮合齿轮泵的工作密闭容积由泵体、前后盖板与齿轮组成，啮合线将齿轮分为吸油腔和排油腔两个部分，工作时，轮齿进入啮合的一侧容积减小排油，轮齿脱开啮合的一侧容积增大吸油，啮合线自动形成配流过程；叶片泵是由定子、转子、叶片、配流盘等组成若干个密封密闭工作容积，转子旋转时叶片紧贴在定子内表面滑动，同时可以在转子的叶片槽内往复移动，当叶片外伸时吸油，叶片内缩时压油，由配流盘上的配流窗完成配流；柱塞泵的密闭工作容积是由柱塞与缸体孔配流盘（轴）组成，当柱塞在缸体孔内做往复运动时，柱塞向外伸出则柱塞底部容积增大吸油，柱塞向里缩回则柱塞底部容积减小排油，轴向柱塞泵由配流盘上的配流窗完成配流，径向柱塞泵由配流轴完成配流。

液压泵的密闭工作容积变化方式是难点之一，需要特别注意。齿轮泵靠轮齿的啮合与脱开实现整体容积变化；叶片泵的叶片外伸依靠叶片根部的液压作用力及作用在叶片上的离心力，内缩依靠定子内表面的约束；单作用叶片泵密闭容积大小变化是因为定子相对于转子存在偏心，叶片外伸完全依靠离心力的作用，内缩也靠定子内表面的约束；柱塞泵的柱塞在缸体孔内做往复运动时，轴向柱塞泵由斜盘与柱塞底部的弹簧（或顶部的滑履）共同作用实现，径向柱塞泵则是由定子与压环共同作用来完成。

3. 液压马达的工作原理

液压马达的共性工作原理是液压转矩形成的过程。齿轮马达是靠进油腔的液压油，作用

在每一齿轮齿侧的面积差而形成切向力差构成转矩；叶片马达是靠进油腔每一组工作腔内，液压油作用在叶片相邻侧面的液压作用力的差值形成转矩；轴向柱塞马达是靠作用在进油侧柱塞上斜盘垂直于柱塞轴线的反作用分力形成转矩；径向柱塞马达是靠进油侧偏心定子作用在柱塞上的切向反作用分力形成转矩。

液压马达按其结构类型分为齿轮马达、双作用叶片马达、轴向柱塞马达和径向柱塞马达。前三类为高速马达，高速液压马达的结构与同类液压泵大致相同，液压马达要求能够正反转，起动时能形成可靠的密封容积，为此液压马达在结构上具有对称性：进、出油口大小一样、泄漏油单独外引、叶片径向放置等。为保证起动时能形成可靠的密闭容积，双作用叶片马达的叶片根部装有燕式弹簧等。径向柱塞液压马达为低速马达，具有单作用曲柄连杆与多圆心内圆弧定子曲线等特殊结构。

4. 变量液压泵

排量可以改变的液压泵称为变量泵，按照变量方式不同有手动变量泵（含手动伺服变量）和自动变量泵两种，自动变量泵又分恒压变量泵、恒流量变量泵、恒功率变量泵、限压式变量泵、差压式变量泵等。轴向柱塞泵通过变量机构改变斜盘倾角可以改变排量；径向柱塞泵和单作用叶片泵是通过改变定子相对转子轴线的偏心距改变排量。

限压式变量叶片泵的原理是自动变量的变量泵工作过程的典型范例。其工作过程主要是定子两端的液压力与弹簧力相互作用而使定子与转子间偏心得到自动调整的过程，最后达到泵的输出流量随泵出口压力的增加而自动变小的效果。可以通过调整弹簧调整螺钉和最大偏心螺钉来调整泵的限定压力和最大流量；也可以通过调整上述螺钉，分析泵的特性曲线的变化过程。

5. 泵的困油现象

泵的困油现象是容积式液压泵普遍存在的一种现象。产生困油现象的条件是：在吸油与压油腔之间存在一个封闭容积，且容积大小发生变化。为了保证液压泵正常工作，泵的吸、压油腔必须可靠的隔开，而泵的密闭工作容积在吸油终了须向压油腔转移，在转移过程中，当密闭工作容积既不与吸油腔通又不与压油腔相通时，就形成了封油容积；若此封油容积的大小发生变化时，封闭在容积内的液压油受到挤压或扩张，在封油容积内就产生局部的高压或孔穴，于是就产生了困油现象。解决困油现象的方法有：开卸荷槽、开减振槽或减振孔、控制封油区的形成等。

在轴向柱塞泵中，由于配流窗口间隔角大于缸体孔分布角，柱塞底部容积在吸、压油转移过程中会产生困油现象。为减少困油现象的危害，可以通过在配流盘的配流窗上采取结构措施来消除：如在配流窗口前端开减振槽或减振孔，使柱塞底部闭死容积大小变化时与压油腔或吸油腔相通；若将配流盘顺着缸体旋转方向偏转一定角度放置，使柱塞底部密闭容积实现预压缩或预膨胀就可以减缓压力突变；对双作用叶片泵，由于定子的圆弧段为泵吸、压油腔的转移位置，设计时只要取圆弧段的圆心角大于吸、压油窗口的间隔角与叶片间的夹角，使封闭容积的大小不会发生变化，困油现象就不会产生；在外啮合齿轮泵中，为了保证齿轮传动的平稳性，要求重合度 $\varepsilon > 1$，因此会出现两对轮齿同时啮合的情况。此时两对轮齿同时啮合所构成的封闭容积既不与压油腔相通，也不与吸油腔相通，并且该容积大小先由大变小，后由小变大，因此便产生了困油现象，为消除齿轮泵困油现象，通常在泵的前、后盖板或浮动侧板、浮动轴套上开卸荷槽。

6. 液压泵的流量计算

液压泵流量计算的目的是了解影响液压泵流量大小的结构参数，从而了解液压泵的设计思路。在设计液压泵时，要求在结构紧凑的前提下得到最大的排量。液压泵流量计算的方法是：通过泵工作时，几何参数的变化量计算泵的排量，再通过排量与转速相乘得到理论流量，然后再乘以容积效率得到泵的实际流量。

对于齿轮泵排量：$V = 2\pi z m^2 B$，在节圆直径 $D = mz$ 一定时，增大 m、减小 z 可增大排量，为此齿轮泵的齿数都较少。为避免加工出现根切现象，须对齿轮进行正变位修正。对于双作用叶片泵排量：$V = 2\pi B(R^2 - r^2) - \dfrac{2\pi b s(R - r)}{\cos\theta}$，增大 $(R - r)$ 可以增大排量，但受叶片强度限制，一般取 $R/r = 1.1 \sim 1.2$。对于轴向柱塞泵排量：$V = (\pi d^2 D z \tan\alpha)/4$，在柱塞分布圆直径 D 一定时，增大柱塞直径 d 容易增大泵的排量，但因缸体的结构强度限制 $zd \leqslant 0.75\pi D$。

7. 液压泵的泄漏

由于液压泵内相对运动件大部分是采取间隙密封的密封方式，液压泵工作时，压油腔的高压油必然经过此间隙流向吸油腔和其他低压处，从而形成了泄漏。这样不仅降低了泵的容积效率，使泵的流量减小，而且限制了液压泵额定压力的提高。因此，控制泄漏、减少泄漏，是保证液压泵正常工作的基本条件之一。液压泵泄漏的条件是存在间隙和压差，并且其泄漏量与间隙值的三次方成正比、与压差的一次方成正比。分析泵的泄漏主要从密封间隙大小、间隙压差高低以及运动是否增加泄漏三个方面入手。

柱塞泵主要的泄漏间隙是柱塞与缸体孔之间的环形间隙，其次为轴向柱塞泵缸体与配流盘之间的端面间隙、滑履与斜盘之间的平面间隙。对于径向柱塞泵，除柱塞与缸体孔之间的环形间隙外，还有缸体与配流轴之间的径向间隙、滑履与定子内环之间的间隙。由于柱塞与缸体孔的环形间隙加工精度易于控制，并且其他间隙容易实现补偿，因此柱塞泵的容积效率和额定压力都较高。在叶片泵中，主要的泄漏间隙是转子与配流盘之间的端面间隙，其次还有叶片与转子叶片槽之间、叶片顶部与定子内环之间的间隙。中、高压双作用叶片泵为减少泄漏，有的将配流盘设计为浮动式配流盘，实现端面间隙自动补偿。对外啮合齿轮泵，其主要的间隙是齿轮端面与前后泵盖或左右侧板之间的端面间隙，其次还有齿顶与泵体内圆之间的径向间隙、两啮合轮齿间的啮合间隙。中、高压齿轮泵的端面间隙采用自动浮动补偿机构予以补偿。

8. 高压泵的特点

为提高各类液压泵的额定压力，除采取措施减小泄漏、提高容积效率外，还需要在结构设计时采取措施，减少作用在某些零件上的不平衡力。例如：在轴向柱塞泵中，将滑履与斜盘、缸体与配流盘之间设置静压平衡措施；在双作用叶片泵中，采用子母叶片、双叶片、柱销叶片等措施，减小吸油区叶片根部的液压作用力，以减小叶片顶部对定子吸油区段造成的磨损。对于齿轮泵，除在泵的端面间隙设置自动浮动补偿机构外，还可采用开径向力平衡槽等措施，补偿作用在齿轮轴上的液压径向不平衡力。

3.2 典型例题解析

例 3-1 已知某齿轮泵的额定流量 $q_0 = 100\text{L/min}$，额定压力 $p_0 = 25 \times 10^5\text{Pa}$，泵的转速

$n_1 = 1450 \text{r/min}$，泵的机械效率 $\eta_m = 0.9$，由实验测得：当泵的出口压力 $p_1 = 0$ 时，其流量 $q_1 = 106 \text{L/min}$；$p_2 = 25 \times 10^5 \text{Pa}$ 时，其流量 $q_2 = 101 \text{L/min}$。

（1）求该泵的容积效率 η_V。

（2）如泵的转速降至 500r/min，在额定压力下工作时，泵的流量 q_3 为多少？容积效率 η_V' 为多少？

（3）在这两种情况下，泵所需功率为多少？

解：（1）认为泵在负载为 0 的情况下的流量为其理论流量，所以泵的容积效率为

$$\eta_V = \frac{q_2}{q_1} = \frac{101}{106} = 0.953$$

（2）泵的排量

$$V = \frac{q_1}{n_1} = \frac{106}{1450} \text{L/r} = 0.073 \text{L/r}$$

泵在转速为 500r/min 时的理论流量为

$$q_3' = 500V = 500 \times 0.073 \text{L/min} = 36.5 \text{L/min}$$

由于压力不变，可认为泄漏量不变，所以泵在转速为 500r/min 时的实际流量为

$$q_3 = q_3' - (q_1 - q_2) = 36.5 \text{L/min} - (106 - 101) \text{L/min} = 31.5 \text{L/min}$$

泵在转速为 500r/min 时的容积效率为

$$\eta_V' = \frac{q_3'}{q_3} = \frac{31.5}{36.5} = 0.863$$

（3）泵在转速为 1450r/min 时的总效率 η 和驱动功率 P_1 为

$$\eta = \eta_m \eta_V = 0.9 \times 0.953 = 0.8577$$

$$P_1 = \frac{p_2 q_2}{\eta} = \frac{25 \times 101 \times 10^2}{0.8577 \times 60} \text{W} = 4.91 \times 10^3 \text{W}$$

泵在转速为 500r/min 时的总效率 η' 和驱动功率 P_2 为

$$\eta' = \eta_m \eta_V' = 0.9 \times 0.863 = 0.7767$$

$$P_2 = \frac{p_2 q_3}{\eta'} = \frac{25 \times 31.5 \times 10^2}{0.7767 \times 60} \text{W} = 1.69 \times 10^3 \text{W}$$

例3-2　某单作用叶片泵转子外径 $d = 80 \text{mm}$，定子内径 $D = 85 \text{mm}$，叶片宽度 $B = 28 \text{mm}$，调节变量时定子和转子之间最小调整间隙 $\delta = 0.5 \text{mm}$。求：

（1）该泵排量为 $V_1 = 15 \text{mL/r}$ 时的偏心量 e_1。

（2）该泵最大可能的排量 V_{max}。

解：（1）$V = 2\pi e DB$

故　　$$e = \frac{V}{2\pi DB} = \frac{15 \times 10^{-6}}{2\pi \times 85 \times 28 \times 10^{-6}} \text{m} = 1.00 \times 10^{-3} \text{m} = 1.00 \text{mm}$$

（2）叶片泵变量时最小调整间隙为 $\delta = 0.5\text{mm}$，所以定子与转子最大偏心量为

$$e_{\max} = (D - d)/2 - \delta = (85 - 80)/2\text{mm} - 0.5\text{mm} = 2\text{mm}$$

该泵最大可能的排量 $V_{\max}$ 为

$$V_{\max} = 2\pi e_{\max}DB = 2\pi \times 2 \times 85 \times 28 \times 10^{-9}\text{m}^3/\text{r}$$

$$= 29.9 \times 10^{-6}\text{m}^3/\text{r} = 29.9\text{mL}/\text{r}$$

例3-3 由变量泵和定量马达组成的系统，泵的最大排量 $V_{P\max} = 0.115\text{mL}/\text{r}$，泵直接由 $n_P = 1000\text{r}/\text{min}$ 的电动机带动，马达的排量 $V_M = 0.148\text{mL}/\text{r}$，回路最大压力 $p_{\max} = 83 \times 10^5\text{Pa}$，泵和马达的总效率均为 0.84，机械效率均为 0.9，在不计管阀等的压力损失时，求：

（1）马达最大转速 $n_{M\max}$ 和在该转速下的功率 P_M。

（2）在这些条件下，电动机供给的转矩 T_P。

（3）泵和马达的泄漏系数 k_P、k_M。

（4）整个系统功率损失的百分比。

解：（1）当变量泵排量最大时，马达达到最大转速，即

$$V_{P\max}n_P\eta_{PV}\eta_{MV} = V_Mn_{M\max}$$

$$n_{M\max} = \frac{V_{P\max}n_P\eta_{PV}\eta_{MV}}{V_M} = \frac{115 \times 1000 \times \dfrac{0.84}{0.9} \times \dfrac{0.84}{0.9}}{148 \times 60}\text{r}/\text{s} = 11.28\text{r}/\text{s}$$

最大转速时马达的输出功率为

$$P_M = T_M\omega_M = p_{\max}V_Mn_{M\max}\eta_{Mm}$$

$$= 83 \times 10^5 \times 0.148 \times 10^{-6} \times 0.9 \times 11.28 \times 10^{-3}\text{W} = 12.47 \times 10^3\text{W}$$

（2）电动机供给泵的转矩为

$$T_P = \frac{P_{\max}V_P}{2\pi\eta_{Pm}} = \frac{83 \times 10^5 \times 115 \times 10^{-6}}{2\pi \times 0.9}\text{N} \cdot \text{m} = 168.8\text{N} \cdot \text{m}$$

（3）泵的泄漏系数 k_P 为

$$k_P\Delta p = V_{P\max}n_P(1 - \eta_{PV})$$

$$k_P = \frac{V_{P\max}n_P(1 - \eta_{PV})}{\Delta p}$$

$$= \frac{115 \times 10^{-6} \times 1000}{83 \times 10^5 \times 60}\left(1 - \frac{0.84}{0.9}\right)\text{m}^3/(\text{Pa} \cdot \text{s}) = 1.54 \times 10^{-11}\text{m}^3/(\text{Pa} \cdot \text{s})$$

液压马达的泄漏系数 k_M 为

$$k_M = \frac{V_Mn_{M\max}}{\Delta p} \times \frac{(1 - \eta_{MV})}{\eta_{MV}}$$

$$= \frac{148 \times 10^{-6} \times 11.28}{83 \times 10^5 \times 60} \times \frac{1 - 0.84/0.9}{0.84/0.9}\text{m}^3/(\text{Pa} \cdot \text{s}) = 1.5 \times 10^{-11}\text{m}^3/(\text{Pa} \cdot \text{s})$$

（4）因为不计管阀等的压力损失，所以系统的效率为

$$\eta = \eta_P \eta_M = 0.84 \times 0.84 = 0.7056$$

系统损失功率的百分比 $\delta = 1 - \eta = 1 - 0.7056 = 0.2954 = 29.54\%$

例 3-4　有一液压泵，当负载 $p_1 = 9MPa$ 时，输出流量为 $q_1 = 85L/min$，而负载 $p_2 = 11MPa$ 时，输出流量为 $q_2 = 82L/min$。用此泵带动一排量 $V_M = 0.07L/r$ 的液压马达，当负载转矩 $T_M = 110N \cdot m$ 时，液压马达的机械效率 $\eta_{Mm} = 0.9$，转速 $n_M = 1000r/min$，求此时液压马达的总效率。

解：液压马达的机械效率为 $\eta_{Mm} = \dfrac{2n_M \pi T_M}{p_M q_M} = \dfrac{2n_M \pi T_M}{p_M V_M n_M} = \dfrac{2\pi T_M}{p_M V_M}$

则　　　　$p_M = \dfrac{2\pi T_M}{V_M \eta_{Mm}} = \dfrac{2\pi \times 100}{0.07 \times 0.9}Pa = 10.97 \times 10^6 Pa = 10.97MPa$

泵在负载 $p_2 = 11MPa$ 的情况下工作，此时输出流量为 $q_2 = 82L/min$，则液压马达的容积效率为

$$\eta_{MV} = \frac{V_M n_M}{q_P} = \frac{0.07 \times 1000}{82} = 0.854$$

液压马达的总效率为

$$\eta_M = \eta_{MV} \eta_{MM} = 0.854 \times 0.9 = 0.77$$

3.3　练习题

3-1　什么是容积式液压泵？它是怎样工作的？这种泵的工作压力和输出流量的大小各取决于什么？

3-2　标出图 3-1 中齿轮泵和齿轮马达的齿轮旋转方向。

3-3　什么是液压泵和液压马达的公称压力？其大小由什么来决定？

3-4　提高齿轮泵的工作压力，所要解决的关键问题是什么？高压齿轮泵有哪些结构特点？

3-5　什么是齿轮泵的困油现象？困油现象有何害处？用什么方法消除困油现象？其他类型的液压泵是否有困油现象？

3-6　试说明齿轮泵的泄漏途径。

3-7　双作用叶片泵定子过渡曲线有哪几种形式？哪一种曲线形式存在着刚性冲击？哪一种曲线形式存在着柔性冲击？哪一种曲线形式既没有刚性冲击也没有柔性冲击？哪一种曲线形式是目前所普遍采用的曲线？为什么？

3-8　如图 3-2 所示凸轮转子泵，其定子内曲线为完整的圆弧，壳体上有两片不旋转但可以伸缩（靠弹簧压紧）的叶片。转子外形与一般叶片泵的定子曲线相似。试说明泵的工作原理，在图上标出其进、出油口，并指出凸轮转一转泵吸压油几次。

3-9　限压式变量叶片泵有何特点？适用于什么场合？用何方法来调节其流量 – 压力特性？

3-10　试详细分析轴向柱塞泵引起容积效率降低的原因。

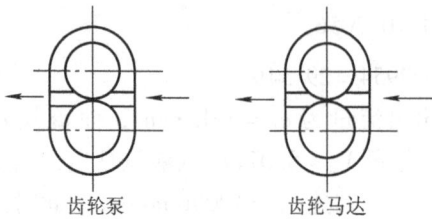

图 3-1　题 3-2

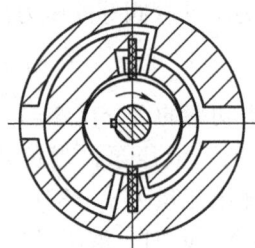

图 3-2　题 3-8

3-11 为什么柱塞式轴向变量泵倾斜盘倾角 γ 小时容积效率低？试分析它的原因。

3-12 当泵的额定压力和额定流量为已知时，试说明图 3-3 所示各工况压力表的读数（管道压力损失除图 3-3c 所示为 Δp 外均忽略不计）。

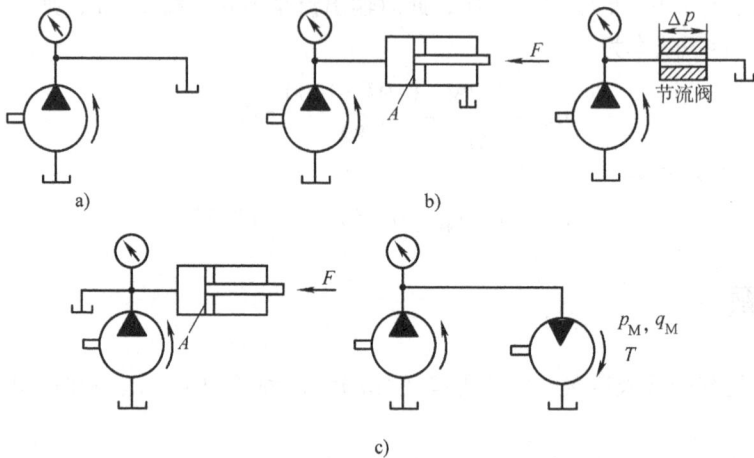

图 3-3　题 3-12

3-13 确定图 3-4 中齿轮泵的吸、压油口。已知三个齿轮节圆直径 $D = 49\text{mm}$，齿宽 $b = 25\text{mm}$，齿数 $z = 14$，齿轮转速 $n_P = 1450\text{r/min}$，容积效率 $\eta_{PV} = 0.9$，求该泵的理论流量 q_{Pt} 和实际流量 q_P。

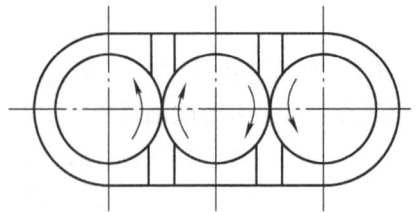

图 3-4　题 3-13

3-14 液压泵的排量 $V_P = 25\text{cm}^3/\text{r}$，转速 $n_P = 1200\text{r/min}$，输出压力 $p_P = 5\text{MPa}$，容积效率 $\eta_{PV} = 0.96$，总效率 $\eta_P = 0.84$，求泵输出的流量和输入功率。

3-15 某双作用叶片泵，当压力 $p_1 = 7\text{MPa}$ 时，流量 $q_1 = 54\text{L/min}$，输入功率 $P_{in} = 7.6\text{kW}$；负载为 0 时，流量 $q_2 = 60\text{L/min}$，求该泵的容积效率和总效率。

3-16 要求设计输出转矩 $T_M = 52.5\text{N·m}$，转速 $n_M = 30\text{r/min}$ 的液压马达。设马达的排量 $V_M = 105\text{cm}^3/\text{r}$，求所需要的流量和压力各为多少？（马达的机械效率、容积效率均为 0.9）

3-17 一泵排量为 V_P，泄漏量为 $q_{Pl} = k_1 p_P$（k_1—常数，p_P—工作压力）。此泵也可作为

液压马达使用。请问当二者的转速相同时，泵和液压马达的容积效率相同吗？为什么？（提示：分别列出泵和液压马达的容积效率表达式）

3-18　已知轴向柱塞泵的额定压力为 $p_P = 16\mathrm{MPa}$，额定流量 $q_P = 330\mathrm{L/min}$，设液压泵的总效率为 $\eta_P = 0.9$，机械效率为 $\eta_{Pm} = 0.93$。求：

（1）驱动泵所需的额定功率。

（2）计算泵的泄漏流量。

3-19　ZB75 型轴向柱塞泵有七个柱塞，柱塞直径 $d = 23\mathrm{mm}$，柱塞中心分布圆直径 $D = 71.5\mathrm{mm}$。问当斜盘倾斜角 $\gamma = 20°$时液压泵的排量 V 等于多少？当转速 $n = 1500\mathrm{r/min}$ 时，设已知容积效率 $\eta_V = 0.93$，问液压泵的流量 q 应等于多少？

3-20　直轴式轴向柱塞泵斜盘倾角 $\gamma = 20°$，柱塞直径 $d = 22\mathrm{mm}$，柱塞分布圆直径 $D = 68\mathrm{mm}$，柱塞数 $Z = 7$，机械效率 $\eta_m = 0.90$，容积效率 $\eta_V = 0.97$，泵转速 $n = 1450\mathrm{r/min}$，输出压力 $p_P = 28\mathrm{MPa}$。试计算：

（1）平均理论流量。

（2）实际输出的平均流量。

（3）泵的输入功率。

第 4 章

液 压 缸

4.1 重点、难点分析

在液压系统中，液压缸属于执行装置，用以将液压能转变成往复运动的机械能。由于工作机的运动速度、运动行程与负载大小、负载变化的种类繁多，液压缸的规格和种类也呈现出多样性。因此，液压缸的设计以及与设计相关的：缸的类型、缸的组成、缸的计算、缸的结构以及与结构相关的问题为本章的重点。对于液压缸的种类，由于液压缸种类繁多，而活塞式液压缸应用广泛，因而活塞式液压缸是诸类缸中的重点；就缸的计算而言，对三种不同连接形式的单杆液压缸的压力（p_1、p_2）、推力 F、速度 v、流量 q 及负载 F 等量的计算关系是重点；对与缸结构相关的问题，液压缸的排气、缓冲是重点。

液压缸的结构比较简单，易于理解和学习，但是对于直观性不强的差动液压缸、缸的背压、缸的缓冲概念的理解可视为本章的难点。

1. 液压缸的种类

液压缸的类型很多，按照不同的机构特征，液压缸可以分成不同的类型。按液压缸的结构形式可分为活塞缸和柱塞缸；按照液压油的作用方式可分为双作用缸和单作用缸；按照缸的固定方式可分为缸固定和杆固定；对于活塞式缸按照活塞杆在端盖伸出情况可分为双出杆缸和单出杆缸；按照缸的用途又可分为普通缸和特殊缸（普通液压缸通常指活塞缸、柱塞缸、摆动缸等，特殊液压缸主要指伸缩缸、增压缸、数字缸、步进缸等）；按照工作压力和用途可分为中低压缸、中高压缸、高压缸三类。

单出杆活塞缸一般用于单向负载较大的工进、另一方向负载较小的快速退回场合；双出杆活塞缸用于双向运动可以得到相同的速度和承受同样的负载的场合。对于单出杆缸无论是缸固定还是杆固定，其运动范围相同；但是对于双出杆液压缸，缸固定时的运动范围大于杆固定时的情况。单作用液压缸适合于单向需要液压动力且返向有外力推回的场合；双作用缸适合于双向均需要液压动力要求的场合。柱塞缸一般用作长行程的单作用缸，所有直线运动的液压缸都适合于负载力与活塞轴线重合且不承受径向力的场合。

2. 液压缸的结构

一个典型结构的活塞式液压缸由活塞、活塞杆、缸体、端盖（导向）组成。不同用途的液压缸这四个组成部分的结构形式、材质种类、尺寸大小、连接方式各不相同。液压缸的缸体有铸造成型与型材加工成型两种，前者可以用铸铁、铸铝、铸钢经过铸造加工成型，后者可选择钢管（有缝钢管、无缝钢管）、铝管加工成型；活塞杆可以分为实心杆与空心杆两种，材质一般为结构钢；活塞可以用铸铁、铸铝等材料制造；端盖材料受缸的连接方式影响，一般用铸铁与钢材两种材料。缸与端盖的连接形式参看表4-1，活塞与活塞杆的连接形式参看表4-2，缸的安装固定方式参看图4-3（见练习题4-1）。

表 4-1 缸的端盖与缸体的连接

法 兰 连 接		螺 纹 连 接	
优点	缺点	优点	缺点
1. 结构简单	1. 连接端部较大	1. 重量较轻	1. 端部结构复杂
2. 加工方便	2. 外形尺寸大	2. 外形尺寸小	2. 削弱了缸体强度
3. 易于拆装		3. 结构紧凑	
半 环 连 接		拉 杆 连 接	
优点	缺点	优点	缺点
1. 结构简单	键槽削弱了缸体	1. 结构简单	1. 重量大，体积大
2. 工艺性好	强度	2. 工艺性好	2. 拉杆受力，影响密封性
3. 易于拆装		3. 通用性大	
钢 丝 连 接		焊 接	
优点	缺点	优点	缺点
1. 结构简单	1. 拆装不方便	1. 结构简单	1. 焊后有变形
2. 尺寸小，重量轻	2. 承载能力小	2. 尺寸小	2. 局部有硬化
			3. 内孔不易加工

表 4-2 缸的活塞杆与活塞的连接

整 体 式	销 连 接

（续）

整 体 式		销 连 接	
优点	缺点	优点	缺点
1. 结构简单	磨损后需整体更换，	1. 工艺简单	1. 承载能力小
2. 轴向尺寸小	因而成本高	2. 装配方便	2. 需有防脱落的措施

半 环 连 接		螺 纹 连 接	
优点	缺点	优点	缺点
1. 拆卸方便	结构复杂	1. 结构简单	需有防松措施
2. 连接可靠		2. 连接稳固	
3. 承载能力大，耐冲击			

3. 液压缸背压的概念

背压就是指液压缸回油腔的压力。对于双作用式液压缸，无论是单出杆缸还是双出杆缸，油液从缸中出流的腔称之为回油腔，也称背压腔。该腔的压力称为回油压力或背压。在理论计算时，当不涉及实际管路时，若无负载的（与工作负载方向相反）作用，则将该缸的回油压力视为零。在实际情况下，由于管路长度与弯头的存在，造成压力损失较大，此时回油压力不但不能为零，有时会高达几个兆帕。在进行液压计算时，要正确理解理论计算与实际计算的差别，注意背压的处理与判别。

4. 差动缸的概念

差动缸是指将单活塞杆液压缸的无杆腔与有杆腔连通并同时通压力油使用的液压缸。这种连接方式称缸的差动连接。缸差动连接时若不考虑管道压力损失，则缸两腔的压力相等；缸两腔的面积差就产生了差动力；在差动力作用下液压油推动活塞向有杆腔方向运动。缸在差动时，其有杆腔的排油与泵的供油汇合进入无杆腔，因此进入无杆腔的流量增大（为两者之和），活塞前进速度为 v_3，较非差动连接时活塞前进速度 v_1 增大。活塞后退速度为 v_2，若要使 $v_3 = v_2$，只需使缸的结构参数 $D = \sqrt{2}\,d$。可见液压缸的差动连接可以在泵供油量一定的情况下使缸活塞的运动速度增加。因此，缸的差动连接可以提高系统的效率，降低制造成本，广泛应用于单向运动时快速小负载、慢速大负载的场合，特别适合于机床的液压系统。

5. 液压缸的计算

液压缸的计算主要涉及以下参数：缸的结构参数——缸内径（D）、活塞杆外径（d）、摆动缸定子半径（R_1）、摆动缸转子半径（R_2）；液压油的动力参数——进油压力（p_1）、回油压力（p_2）、供油流量（q）；外载荷的动力参数——往复缸的推力（F）、速度（v），摆动缸的转矩（T）、角速度（ω）等量值间的逻辑运算关系。

（1）对于各类往复运动的液压缸有效计算面积

无杆腔面积
$$A_1 = \frac{\pi}{4}D^2$$

有杆腔面积
$$A_2 = \frac{\pi}{4}(D^2 - d^2)$$

差动面积
$$A_3 = \frac{\pi}{4}d^2$$

（2）对于双出杆液压缸

双向分别供油 $v = \dfrac{q}{A_2} = \dfrac{4q}{\pi(D^2 - d^2)}$ $\quad F = A_2(p_1 - p_2) = \dfrac{\pi}{4}(D^2 - d^2)(p_1 - p_2)$

（3）对于单出杆液压缸

无杆腔供油时 $v_1 = \dfrac{q}{A_1} = \dfrac{4q}{\pi D^2}$ $\quad F_1 = A_1(p_1 - p_2) = \dfrac{\pi}{4}D^2(p_1 - p_2)$

有杆腔供油时 $v = \dfrac{q}{A_2} = \dfrac{4q}{\pi(D^2 - d^2)}$ $\quad F_2 = A_2(p_1 - p_2) = \dfrac{\pi}{4}(D^2 - d^2)(p_1 - p_2)$

差动连接供油时 $v_3 = \dfrac{q}{A_{31}} = \dfrac{4q}{\pi d^2}$ $\quad F_3 = A_3(p_1 - p_2) = \dfrac{\pi}{4}d^2(p_1 - p_2)$

（4）对于柱塞缸

$$v = \frac{q}{A_3} = \frac{4q}{\pi d^2} \quad F = A_3(p_1 - p_2) = \frac{\pi}{4}d^2(p_1 - p_2)$$

（5）对于摆动缸

$$\omega = 2\pi n = \frac{2q\eta_V}{b(R_2^2 - R_1^2)} \quad T = b\int_{R_1}^{R_2}(p_1 - p_2)r\mathrm{d}r\eta_\mathrm{m} = \frac{b}{2}(R_2^2 - R_1^2)(p_1 - p_2)\eta_\mathrm{m}$$

6. 液压缸的缓冲

缸的缓冲装置是在运动速度快、惯性大的液压缸上所设置的一种减缓冲击的装置。缓冲装置常用的有间隙缓冲与可调缓冲两类，前者用于运动速度与质量比较固定的液压缸，后者主要用于速度与质量变化的缸。

液压缸在缓冲时通过回油腔节流口的作用，将进油腔液压油的压能、运动部件的动能转化成缓冲腔液压油的压力能。这种压能可以用节流口流量通用公式分析，当采用节流口可调式缓冲装置时，缓冲过程中的缓冲阻尼是固定不变的，而在缓冲开始时运动部件的速度是最高的，所以在缓冲开始时产生的缓冲压力也最高，随着运动部件的速度降低，缓冲压力逐渐降低；当采用节流口可变式的缓冲装置时，缓冲过程中的缓冲阻尼是随着节流孔面积的减小而逐渐提高的，虽然在缓冲开始时运动部件的速度最高，但节流阻尼最小，缓冲压力高，随着运动部件的速度降低，节流口通流面积减小，阻尼作用增强，缓冲压力也逐渐降低。所以节流口可变式较节流口可调式节流缓冲装置的缓冲效果好并且位置精度高。

7. 液压缸的排气

排气装置是用于液压缸排出气体的装置。对于长期不使用的缸或者新投入使用的缸，其内部总会存有气体，这样会引起缸的振动和爬行，有时影响缸运动平稳性。缸排气的方法主要有：排气阀排气、排气塞排气、进出油口排气几种形式。无论采用哪种排气方式，一定要记住气体比油轻，应当将排气装置安装于缸工作腔的最高位置，否则排气无效。

8. 液压缸设计时要注意的几个问题

液压缸属于非标准件，在工程实际中往往要进行缸的设计。在设计缸时要注意以下几个问题：在确定了负载大小、选定了压力与种类后，根据缸的类型计算活塞杆的直径、计算得到缸的直径，首先要圆整成密封圈的标准直径，并选择好相应的密封方式和密封圈。根据缸受力情况，验算缸的壁厚与活塞杆的稳定性。一般中低压系统无需进行强度验算，但是对于以传递运动为主的液压缸，要进行速度验算；对于惯性力较大的缸要进行缓冲部分的设计；对于停顿时间较长的缸要进行排气部分设计；对于法兰式液压缸的端盖螺栓要进行强度计算。

4.2 典型例题解析

例 4-1 在图 4-1a 所示的液压回路中，采用限压式变量叶片泵，图 4-1b 所示为泵的流量压力特性曲线，当调速阀调定的流量 $q_2 = 2.5\text{L/min}$ 时，液压缸两腔作用面积 $A_1 = 50\text{cm}^2$、$A_2 = 25\text{cm}^2$，求：

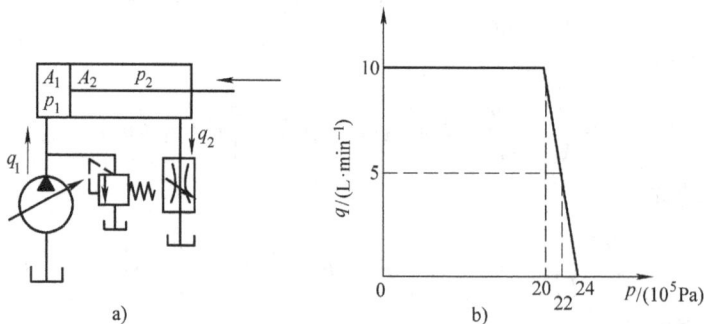

图 4-1 例 4-1 图

（1）液压缸左腔的压力 p_1。

（2）当负载 $F = 0$ 时，缸右腔压力 p_2。

（3）当负载 $F = 9000\text{N}$ 时，缸右腔压力 p_2。

解：（1）$q_1 = \dfrac{A_1}{A_2}q_2 = \dfrac{50}{25} \times 2.5\text{L/min} = 5\text{L/min}$

查流量压力特性曲线，得 $p_1 = 22 \times 10^5\text{Pa}$

（2）$p_2 = \dfrac{A_1}{A_2}p_1 = \dfrac{50}{25} \times 22 \times 10^5\text{Pa} = 44 \times 10^5\text{Pa}$

（3）$p_2 = \dfrac{1}{A_2}(p_1A_1 - F) = \dfrac{1}{25 \times 10^{-4}} \times (50 \times 22 \times 10^1 - 9000)\text{Pa} = 8 \times 10^5\text{Pa}$

例 4-2 设计一单杆活塞液压缸，已知负载 $F = 4\text{kN}$，活塞与液压缸的摩擦阻力 $F_f = 0.8\text{kN}$，液压缸的工作压力为 6MPa，试确定液压缸内径 D。若活塞最大运动速度为 0.04m/s，系统的泄漏损失为 6% ，应选用多大流量的液压泵？若泵的总效率为 0.86，不计管路压力损失，电动机的驱动功率为多少？

解：

$$p \frac{\pi D^2}{4} = F + F_f$$

$$D = \sqrt{\frac{4(F + F_f)}{\pi p}} = \sqrt{\frac{4 \times (4000 + 800)}{\pi \times 6 \times 10^6}} \text{m} = 31.9 \times 10^{-3} \text{m} = 31.9 \text{mm}$$

选择液压缸内径 $D = 32\text{mm}$。

泵的流量

$$q = \frac{vA}{\eta_v} = \frac{v \pi D^2}{4 \eta_v} = \frac{0.04 \times \pi \times 32^2 \times 10^{-6}}{4 \times (1 - 0.06)} \text{m}^3/\text{s} = 34.2 \times 10^{-6} \text{m}^3/\text{s}$$

电动机的驱动功率

$$P = \frac{pq}{\eta} = \frac{6 \times 34.2}{0.86} \text{W} = 238.6 \text{W}$$

例 4-3 图 4-2 所示增速缸，a、b 为进油口，c 为回油口，已知 $D = 200\text{mm}$，$d_1 = 150\text{mm}$，$d = 50\text{mm}$，液压泵的流量 $q = 30\text{L/min}$，求：液压泵仅往 a 口输油时活塞的运动速度和泵同时往 a、b 两口输油时活塞的运动速度。

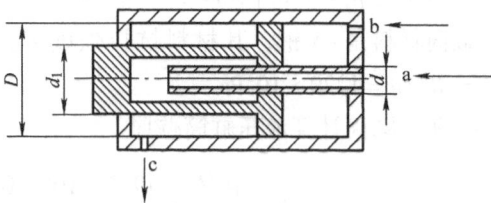

图 4-2 例 4-3 图

解： 当液压泵仅往 a 口输油时，活塞的运动速度

$$v = \frac{4q}{\pi d^2} = \frac{4 \times 30 \times 10^{-3}}{\pi \times 50^2 \times 10^{-6} \times 60} \text{m/s} = 0.255 \text{m/s}$$

泵往 a、b 两口输油时，活塞的运动速度

$$\frac{\pi d^2}{4} v + \frac{\pi D^2}{4} v = q$$

则

$$v = \frac{4q}{\pi (D^2 + d^2)} = \frac{4 \times 30 \times 10^{-3}}{\pi (200^2 + 50^2) \times 10^{-6} \times 60} \text{m/s} = 0.017 \text{m/s}$$

例 4-4 一单杆液压缸快进时采用差动连接，快退时油液输入缸的有杆腔，设缸快进、快退时的速度均为 0.1m/s，工进时杆受压，推力为 25000N。已知输入流量 $q = 25\text{L/min}$，背压 $p_2 = 2 \times 10^5 \text{Pa}$，求：（1）缸和活塞杆直径 D、d。（2）缸筒材料为 45 钢时缸筒的壁厚。（3）如活塞杆铰接，缸筒固定，安装长度为 1.5m，校核活塞杆的纵向稳定性。

解：（1）当液压缸差动连接时

$$v = \frac{4q}{\pi d^2}$$

则
$$d = \sqrt{\frac{4q}{\pi v}} = \sqrt{\frac{4 \times 25 \times 10^{-3}}{\pi \times 0.1 \times 60}} \, \text{mm} = 0.07284 \, \text{mm}$$

由于缸的进退速度相等，所以 $A_1 = 2A_2$，即 $\dfrac{\pi D^2}{4} = 2 \times \dfrac{\pi(D^2 - d^2)}{4}$

$$D = \sqrt{2}d = \sqrt{2} \times 0.07284 \, \text{mm} = 0.103 \, \text{mm}$$

取标准直径 $D = 100 \, \text{mm}$，$d = 70 \, \text{mm}$。

（2）工作进给时液压缸无杆腔的压力

$$p_1 \frac{\pi D^2}{4} = F + p_2 \frac{\pi(D^2 - d^2)}{4}$$

$$p_1 = \frac{4F}{\pi D^2} + p_2 \frac{D^2 - d^2}{D^2} = \frac{4 \times 25000}{\pi \times 0.1^2} \, \text{Pa} + 2 \times 10^5 \times \frac{0.1^2 - 0.07^2}{0.1^2} \, \text{Pa}$$

$$= 32.85 \times 10^5 \, \text{Pa} < 16 \, \text{MPa}$$

故取实验压力 $p_y = 1.5 p_1 = 49.3 \times 10^5 \, \text{Pa}$。

缸筒材料是 45 钢，其材料抗拉强度 $R_m = 6100 \times 10^5 \, \text{Pa}$，取安全系数 $n = 5$，许用应力 $[\sigma] = R_m/n = 1220 \times 10^5 \, \text{Pa}$。

按薄壁圆筒计算液压缸筒壁厚

$$\delta \geqslant \frac{p_y D}{2[\sigma]} = \frac{49.3 \times 10^5 \times 0.1}{2 \times 1220 \times 10^5} \, \text{m} = 0.00202 \, \text{m} = 2.02 \, \text{mm}$$

故缸筒壁厚取 3mm。

（3）活塞杆截面最小回转半径

$$r_k = \sqrt{\frac{J}{A}} = \sqrt{\frac{\pi d^4/64}{\pi d^2/4}} = d/4 = 17.5 \, \text{mm}$$

活塞杆的细长比 $l/r_k = 1.5/0.0175 = 85.7$

根据已知条件和配套教材《液压与气压传动》中的表 4-8 和表 4-9，得 $\psi_1 = 85$，$\psi_2 = 2$，$f = 4.9 \times 10^8 \, \text{N} \cdot \text{m}$，$\alpha = 1/5000$

$$\psi_1 \sqrt{\psi_2} = 85 \times \sqrt{2} = 120 > l/r_k$$

故活塞杆保持稳定工作的临界值为

$$F_k = \frac{fA}{1 + \dfrac{\alpha}{\psi_2}\left(\dfrac{l}{r_k}\right)^2} = \frac{4.9 \times 10^8 \times \pi \times 7^2 \times 10^{-4}}{4\left[1 + \dfrac{1}{5000 \times 2} \times 85.7^2\right]} \, \text{N} = 1.087 \times 10^6 \, \text{N}$$

安全系数为

$$n = \frac{F_k}{F} = \frac{1.087 \times 10^6}{25000} = 43.5 \gg n_k = 2 \sim 4$$

由计算可知活塞的纵向稳定性足够。

4.3 练习题

4-1 图4-3所示三种结构形式的液压缸，活塞与缸筒直径分别为D、d，如进入缸的流量为q，压力为p，分析各缸产生的推力、速度大小以及运动的方向。

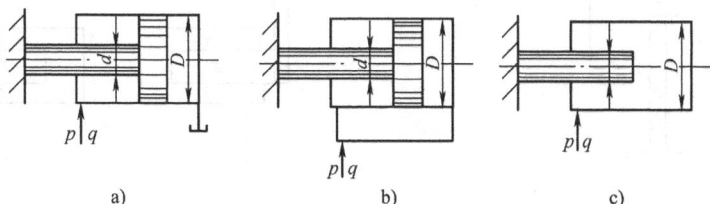

图4-3 题4-1图

4-2 图4-4所示两个结构相同相互串联的液压缸，无杆腔的面积$A_1 = 100\text{cm}^2$，有杆腔面积$A_2 = 80\text{cm}^2$，缸1输入压力$p_1 = 9 \times 10^5\text{Pa}$，输入流量$q_1 = 12\text{L/min}$，不计损失和泄漏，求：

(1) 两缸承受相同负载时（$F_1 = F_2$），该负载的数值及两缸的运动速度。

(2) 缸2的输入压力是缸1的一半时（$p_2 = p_1/2$），两缸各能承受多少负载？

(3) 缸1不受负载时（$F_1 = 0$），缸2能承受多少负载？

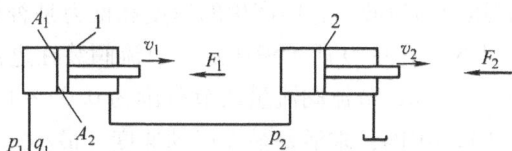

图4-4 题4-2图

4-3 如图4-5所示，已知液压泵的排量$V = 6\text{mL/r}$，转速$n = 1000\text{r/min}$，溢流阀的调定压力为10MPa时，液压缸A、B的有效面积皆为1000mm^2；A、B液压缸需举升的重物分别为$W_A = 4500\text{N}$、$W_B = 8000\text{N}$，试求：

(1) A、B重物上升和上升停止时液压泵的工作压力。

(2) A、B重物上升的速度。

4-4 图4-6所示两液压缸，缸内径D，活塞杆直径d均相同，若输入缸中的流量都是q，压力为p，出口处的油直接通油箱，且不计一切摩擦损失，比较它们的推力、运动速度和运动方向。

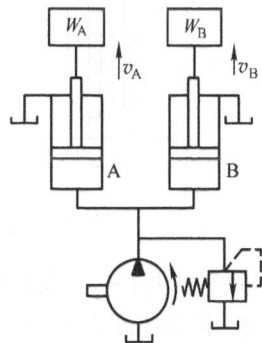

图4-5 题4-3图

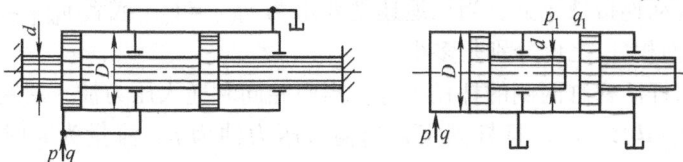

图4-6 题4-4图

4-5 图4-7所示一与工作台相连的柱塞缸，工作台重980kg，如果缸筒柱塞间摩擦阻力为$F_f = 1960\text{N}$，$D = 100\text{mm}$，$d = 70\text{mm}$，$d_0 = 30\text{mm}$，求工作台在0.2s时间内从静止加速到最

大稳定速度 $v=7\mathrm{m/min}$ 时，泵的供油压力和流量各为多少?

4-6　如图 4-8 所示用一对柱塞缸实现工作台的往复。两柱塞直径分别为 d_1 和 d_2，供油流量和压力分别为 q 和 p，求两个方向运动时的速度和推力。

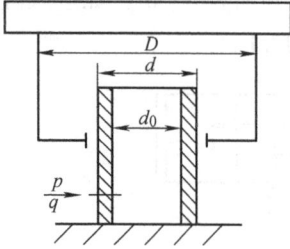

图 4-7　题 4-5 图

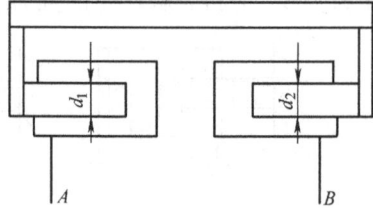

图 4-8　题 4-6 图

4-7　图 4-9 所示两个单柱塞缸，缸内径为 D，柱塞直径为 d，其中一个缸筒固定，柱塞克服负载移动，另一个柱塞固定，缸筒克服负载而运动。如果在这两个柱塞缸中输入同样流量和压力的油液，它们产生的速度和推力是否相等? 为什么?

4-8　图 4-10 所示液压缸，节流阀装在进油路上，设缸内径为 $D=125\mathrm{mm}$，活塞杆直径为 $d=90\mathrm{mm}$，节流阀流量调节范围为 $0.05\sim10\mathrm{L/min}$，进油压力 $p_1=40\times10^5\mathrm{Pa}$，回油压力 $p_2=10\times10^5\mathrm{Pa}$，求活塞最大运动速度、最小运动速度和推力。

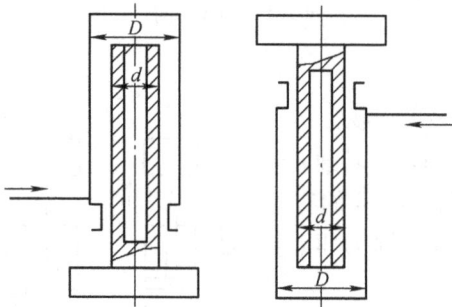

图 4-9　题 4-7 图

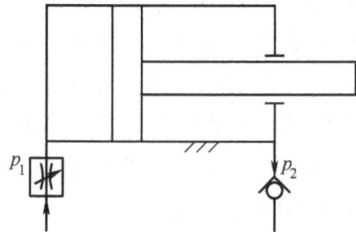

图 4-10　题 4-8 图

4-9　设计一差动连接的液压缸，泵的流量 $q=19.5\mathrm{L/min}$，压力为 $63\times10^5\mathrm{Pa}$，工作台快进、快退速度为 $5\mathrm{m/min}$，试计算液压缸的内径 D 和活塞杆的直径 d，当外载为 $25\times10^3\mathrm{N}$ 时，溢流阀的调定压力为多少?

4-10　某一差动连接液压缸，当往返速度要求为 $v_{快进}=v_{快退}$ 或者 $v_{快进}=2v_{快退}$ 时，求活塞面积 A_1 和活塞杆面积 A_2 之比分别是多少?

4-11　若双出杆活塞缸两侧的杆径不等，当两腔同时通入压力油，活塞能否运动? 如左右侧杆径为 d_1、$d_2(d_1>d_2)$，且杆固定，当输入压力油为 p，流量为 q 时，问缸向哪方向走? 速度、推力各为多少?

4-12　单杆缸差动连接时，由于有杆腔的油液流出，产生背压，所以无杆腔和有杆腔的压力并不一样大，有杆腔的压力比无杆腔的大，在此情况下能实现差动动作吗? 如果外载为零，差动连接时，有杆腔和无杆腔的压力间有什么关系?

第 5 章

液压控制阀

5.1 重点、难点分析

随着科技的发展和技术的进步，液压阀的种类越来越多，结构也越来越紧凑，在教材中选择了最常见的液压阀为代表，介绍了这些阀的工作原理、典型结构、工作特性与主要用途，同时，选择了少量目前市面上应用较多的英国力士乐公司的液压阀作为新型阀代表。本章的重点内容是各种常用的液压阀，例如换向阀（手动式、机动式、电动式、液动式、电液动式）、压力阀（溢流阀、减压阀、顺序阀、压力继电器）、流量阀（普通节流阀、调速阀），其工作原理、典型结构、工作特性、职能符号的识别和阀的选用。在换向阀中，以电磁换向阀和电液换向阀的工作原理为重点；对于压力控制阀，以先导式溢流阀的工作原理和该阀的流量—压力特性曲线的分析为重点；对流量阀，以普通节流阀和调速阀的工作特性分析为重点。在分析流量阀原理时，要抓住负载变化与速度变化间的关系这个要点，节流阀的原理就是小孔流量公式在实际液压阀中的应用，调速阀的原理就是分析当负载变化时，如何使通过阀的流量不随负载的变化而变化的过程。在分析压力阀工作原理时，着重要搞清利用节流降压的原理；通过作用在阀芯上的液压力与弹簧力相平衡，以及通过压力反馈，保持阀的进（出）口压力稳定的原理。搞懂了先导式溢流阀的工作原理和工作特性，其他压力阀的工作原理就不难理解了。

在上述各种阀中，对阀的工作原理的理解以及阀的工作特性的分析是本章重点中的重点，也是本章的难点。随着技术的进步，各种新型结构的阀层出不穷，但是，无论其结构如何变化，阀的基本工作原理都不变；通过对阀工作特性的分析，可以加深对阀工作原理的理解，同时也是阀的选择与应用的依据。

1. 方向控制阀

方向控制阀又分为单向阀和换向阀两类。

（1）单向阀　单向阀按照控制方式分为普通单向阀、液控单向阀两类；按照阀芯形式分为球芯、锥芯、柱芯三种；按照阀芯移动方向分为直通式、直角式两种。普通单向阀的原理是只允许液流向一个方向流动，反向截止。要求单向阀正向开启时压力损失小，反向关闭时密封性好。因此普通单向阀作用在阀芯上的弹簧只起复位作用，其开启压力仅为 0.03 ~ 0.05MPa；反向关闭时靠锥阀芯或球阀芯与阀体上的密封线密封。液控单向阀是靠控制油路的压力油控制其反向的启闭。使用时要注意控制压力油口的连通方式，不工作时要使其接油箱，否则控制活塞难以灵活运动，易导致阀反向失灵。

（2）换向阀 换向阀的种类很多，按照阀芯在阀体内的工作位置分为二位、三位、多位；按照主油路进出油口数分为二通、三通、四通、五通、多通；按照阀的控制方式又分为：手动、机动（又称为行程阀）、电磁动、液动、电液动；按照阀芯的运动形式分为滑阀、转阀；按照阀芯的定位方式分为钢球定位式和自动复位式等。换向阀的共性工作原理就是通过阀芯与阀体的相对移（转）动切换液流的方向。换向阀若阀芯为弹簧复位，撤去换向信号后，阀芯会自动回到中位，称之为自动复位式；若阀芯带有钢球定位装置，撤去换向信号后，阀仍处于信号撤销前的位置，称之为钢球定位式。

换向阀的阀芯处于不同工作位置时，各主油路进、出油口的连通方式称为阀的机能。对于二位阀，阀芯的安装位置称为常位，操作信号的输入使阀芯切换到另一个工作位置称为换向；撤去操作信号后阀芯再回到常位，称为复位。对于三位换向阀，阀芯处于中位时，主油路的连通方式成为该阀的中位机能。阀的中位机能用以满足执行元件不工作时系统的工作要求，其中 M 型、H 型、K 型可使液压泵卸载，O 型、M 型可使液压缸停在任意位置，H 型、Y 型可使液压执行元件处于浮动状态，P 型可实现液压缸的差动连接。

换向阀的不同的操作方式具有各自的特点：手动、机动换向阀工作可靠；液动换向阀操作力大，易于控制大流量；电磁换向阀操作灵活易于实现自动控制；电液动换向阀集电磁换向阀与液动换向阀的优点于一体，既可控制大流量也易于实现自动控制。电液换向阀由液动换向阀与电磁换向阀组合而成，电磁阀为其先导阀用以控制液动阀换向，液动阀为主阀用以实现主油路的换向。根据控制压力油来源，电液换向阀分为内控式与外控式两种控制方式；根据电磁阀的回油方式，电液换向阀又分为内排式和外排式两种回油方式。若液动换向阀是弹簧对中形式，其电磁先导阀应当选 Y 型中位机能，亦便于主阀阀芯复位；对于内控式主阀阀芯为 M 型中位机能的电液换向阀，有必要在主油路回油口处加背压阀，以保证主阀阀芯换向的最低控制压力。电磁换向阀的换向迅速，换向冲击大；电液换向阀可通过调节控制油路上的节流阀来控制换向时间，以减小换向冲击。

2. 压力控制阀

压力控制阀分为溢流阀、减压阀、顺序阀、压力继电器等。

压力控制阀的共性工作原理是：利用节流降压原理，通过作用在阀芯一端的弹簧力与另一端的液压力相互平衡而工作。工作时作用在阀芯上的力系平衡，阀口液流满足流量通用方程。在分析压力阀的工作原理时，一定要抓住阀的进（出）口压力、阀芯、弹簧这三个环节。例如：先导式溢流阀，当先导阀未开启时，由于无油液流动，主阀两端所受液压力相等，故阀芯在弹簧力作用之下处于一端位置，主阀阀芯溢流口关闭；先导阀打开时，小股液流流经主阀阀芯阻尼孔，使主阀阀芯一端的液压力超过另一端的液压力与弹簧力之和，主阀阀芯移动，打开主阀口溢流。先导式溢流阀工作时，主阀与先导阀均处于开启状态。同样，先导式减压阀工作时，其先导阀开启，主阀阀芯也处于抬起状态。

不同用途的压力阀，所控制的压力点是不同的。对于溢流阀，其作用是控制阀进口的压力，与弹簧力相作用的是阀的进口压力；对于减压阀，其作用是控制阀的出口压力，与弹簧力相作用的是阀的出口压力；顺序阀的工作状况与溢流阀大致相当；压力继电器是控制油压与弹簧力比较。为使阀芯的反应灵敏，其弹簧腔的压力必须为零，弹簧腔油液要引回油箱。

由于溢流阀并联在系统中使用，出口接油箱，其弹簧腔的油液由阀体内部通道引到阀出口，即内泄漏方式；而减压阀与顺序阀串联在支油路上使用，其出油口接油路，弹簧腔的油液必须单独引回油箱，即外泄漏方式。

从直动式溢流阀与先导式溢流阀的流量-压力特性曲线的对比可看出，直动式溢流阀的调压偏差大于先导式，即其曲线斜率小于先导式溢流阀。这是因为直动式溢流阀阀芯上的调压弹簧直接与阀的入口油压相作用，为使弹簧能在较小的压缩量下获得足够的与之平衡的液压力，弹簧刚度就要加大，这就使得开启压力与额定压力之差即调压偏差加大，因此，直动式溢流阀的特性曲线斜率小于先导式溢流阀。当通过直动式溢流阀的流量发生变化时，相同的流量变化，造成其入口压力的波动量大于先导式溢流阀，其定压精度低于先导式溢流阀。当操作调整调压螺母时，直动式溢流阀的弹簧变形力较大，调压费力，所以直动式溢流阀适用于低压、小流量、且对于压力稳定性要求不高的系统。而先导式溢流阀由先导阀与主阀两部分组成，其作用在阀芯的力主要是进口压力 p 与通过阻尼小孔后的液压力 p'、主阀阀芯的弹簧力。而弹簧刚度很小，因此当通过阀的流量发生变化时，主阀阀芯移动，但弹簧力变化不大，从而减小了进口压力 p 的变化，调压偏差小；阀芯另一端作用的压力 p' 是由先导阀调节的，而先导阀的承压面积很小，且灵敏度很高，所以其弹簧力也不大，调节省力、灵活。可见先导式溢流阀适用于高压大流量，对压力稳定性要求较高的系统。溢流阀常开时用作稳压阀，常闭时用作安全阀，遥控口接回油箱时用作卸载阀。

减压阀的作用是减压和稳压。减压就是将较高的入口压力 p_1 减低为较低的出口压力 p_2，稳压就是将出口压力稳定在所调定的数值上。但是减压阀的工作是有条件的，只有当减压阀的进口压力大于其调定压力 $0.3\sim0.5MPa$ 时，减压阀的先导阀开启，主阀阀芯处于工作状态时，此阀才能起到减压和稳压作用，其出口压力达到调定值；当阀的进口压力小于出口压力或出口压力为零时，减压阀失去作用，其阀芯处于非工作状态，此时调节减压阀无效；当负载压力大于减压阀的调定压力或为无穷大（液压油活塞达到终点）时，减压阀仍处于工作状态，出口压力仍为减压阀的调定值，此时流经减压阀口通向负载的流量为零，但仍有极少量油液流经先导阀的泄漏口流回油箱，此时保持减压阀主阀阀芯处于工作状态。

顺序阀在结构和工作原理等方面虽然与溢流阀大致相同，但由于阀的应用场合、性能和在油路中的连接方式不同，导致在阀的结构、泄油的方式、控油的形式、工作的状态也不同。因此，顺序阀不可与溢流阀互用。

3. 流量控制阀

流量控制阀是用来控制或调节液流流量的阀，流量控制阀的共性工作原理是：利用流量调节原理，在阀两端压差一定的情况下，通过调节阀口通流面积，调节通过阀的流量。流量阀的流量与节流口的结构形式与通流面的形状有直接的关系，受到制造工艺的限制，节流口的结构形式主要有缝隙式、三角槽式、薄壁孔式三类。越接近于薄壁孔其节流性能越好；节流口通流面的水利半径越大通流能力越好。因此，流量阀的节流孔力争做成大水利半径的薄壁孔。根据小孔流量通用公式，流经阀口的流量与通流面积的一次方成正比，与阀口两端压差的 $1/2$ 次方成正比，还与油液的物理性质、孔口的结构参数有关。

根据阀节流口两端压差能否保持稳定，流量阀又分为节流阀、调速阀、溢流节流阀等。节流阀的工作原理比较简单，只要了解调节通流面积的方法和节流口的形式即可；而对调速阀的工作原理的理解却具有一定的难度。调速阀由差压式减压阀与节流阀串联而成，液流进入调速阀后先经过减压阀的减压口、后经过节流阀的节流口。当输入油液流量较小时，油压较低，减压阀的阀芯处于最下端，减压节流口开度最大，不起减压作用；当输入流量增加后，减压阀出口的油压提高，当提高的油压对阀芯向上的作用力大于阀芯上端的油压与弹簧力之和时，减压阀芯上移，稳定在某一新的位置上，减压阀口减小，减压作用形成，减压阀进入工作状态；此后不管调速阀两端压差如何变化，减压阀芯自动反馈移动，自动调整平衡，保证节流阀节流口两端的压差基本不变，于是就保证了通过调速阀的流量不发生变化。需要注意的是，对于调速阀，只有在保证调速阀两端压差大于阀的最小压差时，也就是调速阀内的减压阀进入工作状态后，才能保证通过阀的流量不受阀两端压差变动的影响。

4. 新型液压控制阀

新型液压控制阀是相对于常规液压阀而言的。实际上这些新型液压控制阀已经得到广泛应用，有些阀的市场占有量超过了常规液压阀。目前常见的新型液压控制阀主要有伺服阀、电液比例阀、二通插装阀、叠加阀等。

伺服阀与普通液压控制阀主要的不同点是：前者可以通过连续多变的输入控制信号，得到连续随动的、放大的且快速的输出响应；而后者只能实现间断的开关量的响应。伺服阀的输入控制信号一般为微小的电压信号，而输出的控制量一般为液流的压力、流量与流向，伺服阀控制精度高，响应快，根据输入信号的方式不同，又分为电液伺服阀和机液伺服阀。对于伺服阀重点要掌握"反馈"在整个控制环节中的作用，以及伺服阀的性能特点。

电液比例阀是介于普通液压控制阀与伺服阀之间的新型阀，又分为开环控制与闭环控制两种。学习电液比例阀时，首先要搞清比例电磁铁的电流、工作行程、电磁吸力之间的关系特性，在此基础上了解电液比例溢流阀、电液比例调速阀的原理与应用，进而分析电液比例阀的特点。

二通插装阀为锥阀结构的控制阀，具有体积小、通流能力强、密封性好、反应快捷等优点，特别适合于大流量的高压系统。二通插装阀既可用于压力控制，也可用于方向及流量控制。作压力阀用时，工作原理与普通压力阀相同；作方向阀用时，由于一个锥阀单元只有两个主油口，阀芯有两种工作状态，因此使用时需两个锥阀单元并联组成三通回路，两个三通回路并联组成四通回路。作流量阀时，阀口开启量可以直接控制。

叠加阀的工作原理完全与普通液压阀相同，但其安装型式和阀体的结构不同，叠加阀最大优点是相关的阀体直接叠加安装，阀体上的油路对应连通，组成系统单元，节省了油路板和连接管道。这种阀结构紧凑、布置灵活、组装快捷，而且占地面积小，系统的设计与制造周期短，应用十分广泛。

5.2 典型例题解析

例5-1 如图5-1所示，两减压阀调定压力分别为p_{J1}和p_{J2}，随着负载压力的增加，请问图5-1a和图5-1b所示两种连接方式中液压缸的左腔压力决定于哪个减压阀？为什么？另一个减压阀处于什么状态？

解： 图5-1a所示液压缸的左腔压力决定于调定压力较低者，当$p_{J1} > p_{J2}$时，随着负载压力的增加，阀2的先导阀被负载压力顶开，其阀芯首先抬起，把出口C点压力为阀2的调定值p_{J2}之后，随着流量的不断输入，阀2入口（即阀1出口）油压升高，阀1的阀芯抬起，

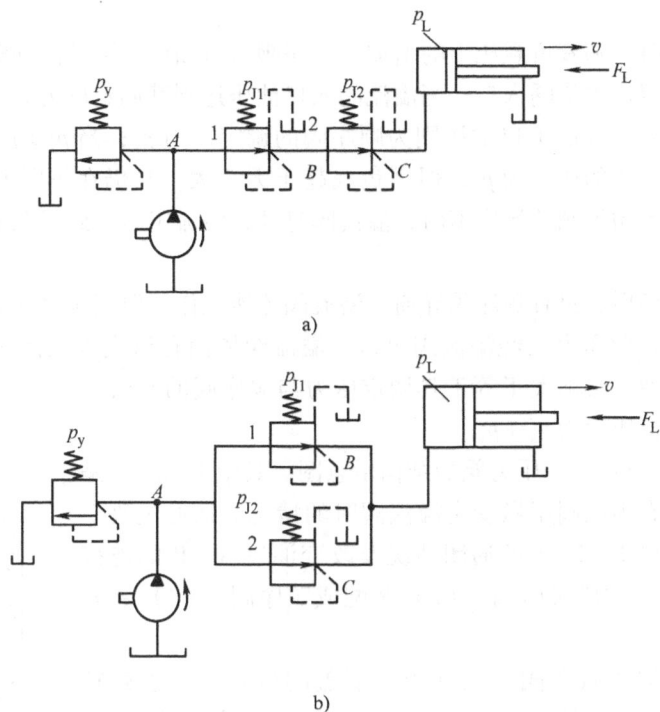

a)

b)

图 5-1 例 5-1 图

使阀 1 出口（即 B 点）压力定为阀 1 的调定值 p_{J1}，对出口（C 点）压力无影响。当 $p_{J1} < p_{J2}$ 时，随着负载压力的增加，阀 1 先导阀首先被负载压力顶开，阀 1 起作用，使出口压力为阀 1 的调定值 p_{J1}，而阀 2 则因出口压力不会再升高，使其阀口仍处全开状态，相当于一个通道，不起减压作用。

图 5-1b 所示液压缸的左腔压力决定于调定压力较高者。假设 $p_{J2} > p_{J1}$，随着负载压力的增加，当达到阀 1 的调定值 p_{J1} 时，阀 1 开始工作，出口压力瞬时由阀 1 调定为 p_{J1}。因阀 2 的阀口仍全开，而泵仍不断供油，使液压缸的左腔油压继续增加，阀 1 不能使出口定压。此时因出口压力的增加，使阀 1 的导阀开度加大，减压阀口进一步关小。当负载压力增加到阀 2 的调定值 p_{J2} 时（此时阀 1 的减压阀口是否关闭，取决于 p_{J2} 的值与使减压阀 1 阀口关闭压力的大小关系），阀 2 的阀芯抬起，起减压作用，使出口油压为 p_{J2}，不再升高。此时阀 1 的入口、出口油压与阀 2 的相同，其导阀开度和导阀调压弹簧压缩量都比原调定值要大，减压阀口可能关闭或关小。

在上述两种回路中，由于减压阀的减压作用，使其过流量都比泵的供油量少，因此 A 点压力很快升高，当达到溢流阀调定压力 p_y 时，溢流阀开启，溢流定压，使泵的出口、即 A 点压力稳定为 p_y。

例 5-2 如图 5-2 所示，顺序阀与溢流阀串联，其调定压力分别为 p_x 和 p_y，随着负载压力的增加，请问液压泵的出口压力 p_p 为多少？若将两阀位置互换，液压泵的出口压

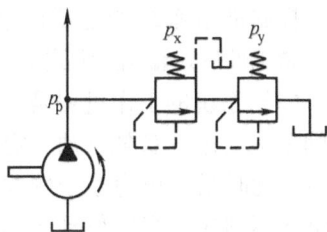

图 5-2 例 5-2 图

力 p_p 又为多少？

解：当 $p_x > p_y$ 时，随着负载压力的增加，顺序阀入口油压逐渐升高到顺序阀的调定压力后，顺序阀打开，接通溢流阀入口，当溢流阀入口油压达到其调定压力时，溢流阀溢流，使其入口压力稳定为 p_y，泵的出口油压则为顺序阀的调定压力 p_x；当 $p_y > p_x$ 时，在顺序阀开启接通油路的瞬间，泵的压力为 p_x，但因负载趋于无穷大，泵仍在不断的输出流量，所以当泵出口油压升高到溢流阀的调定值时，溢流阀打开，溢流定压。此时泵的出口压力为溢流阀的调定值 p_y。

当两阀位置互换后，只有顺序阀导通，溢流阀才能工作。但当顺序阀导通时，其入口油压为其开启压力 p_x，此压力又经溢流阀出口、溢流阀体内孔道进入其阀芯上腔。所以溢流阀开启时，其入口油压必须大于等于其调定压力与顺序阀的开启压力之和，即泵的出口压力为 $p_x + p_y$。

例 5-3　图 5-3 所示为一压力阀的结构示意图。其中 1、2、3 是油口，图示装配状态为该阀用做安全溢流阀时的情况。请通过改变上、下盖位置，油口 1、2、3 的通闭情况及改变油口 A、B 的连接情况等方法：（1）装配成减压阀。（2）装配成顺序阀。（3）装配成液控顺序阀。

解：（1）装配成减压阀　交换上、下盖的位置，上盖旋转 180°，油口 2 作为泄油口接油箱，封闭油口 1、3，A 为进油口，B 为出油口，该阀就可以当减压阀用。

（2）装配成顺序阀　将上盖旋转 180°，油口 2 作为泄油口接油箱，油口 1 接油箱，封闭油口 3，该阀就可以当顺序阀用。

（3）装配成液控顺序阀　将上盖旋转 180°，油口 2 作为泄油口接油箱，油口 1 接油箱，油口 3 作为液控口，该阀就可以当液控顺序阀用。

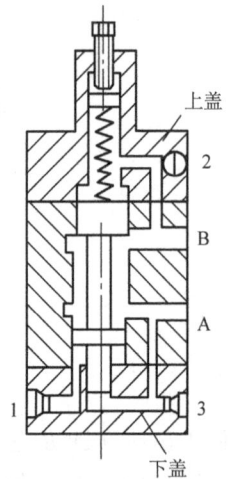

图 5-3　例 5-3 图

例 5-4　图 5-4 所示为一定位夹紧系统。请问：（1）1、2、3、4 各为什么阀？各起什么作用？（2）系统的工作过程。（3）如果定位压力为 2MPa，夹紧缸 6 无杆腔面积 $A = 0.02\text{m}^2$，夹紧力为 50kN，1、2、3、4 各阀的调整压力为多少？

解：（1）阀 1 是顺序阀，它的作用是使定位液压缸 5 先动作，夹紧液压缸 6 后动作。阀 2 是卸荷溢流阀，作用是使低压泵 7 卸荷。阀 3 是压力继电器，作用是当系统压力达到夹紧压力时，发出电信号，控制进给系统的电磁阀换向。阀 4 是溢流阀，当夹紧工件后起溢流稳压作用。

（2）系统的工作过程是：电磁铁 1DT 通电，换向阀左位工作，双泵供油，定位液压缸 5 运动进行定位。此时系统压力小于顺序阀 1 的调定压力，所以缸 6 不动作。当定位动作结束后，系统压力升高到顺序阀 1 的调定压力时，顺序阀 1 打开，夹紧液

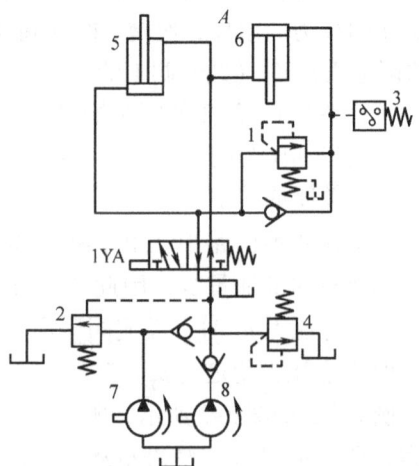

图 5-4　例 5-4 图

压缸 6 运动。当夹紧后的压力达到所需要的夹紧力时，卸荷阀 2 使低压大流量泵 7 卸荷，此时高压小流量泵供油补偿泄漏，保持系统压力，夹紧力的大小由溢流阀 4 调节。

（3）阀 1 调定压力 $p_1 = 2\text{MPa}$，阀 4 的调定压力 $p_4 = F/A = (50000/0.02)\text{MPa} = 2.5\text{MPa}$，阀 3 的调定压力应大于 2.5MPa，阀 2 的调定压力 p_2 应介于 p_1、p_4 之间。

例 5-5 图 5-5 所示系统中，负载 F 随着活塞从左向右的运动呈线性变化，活塞在缸的最左端时，负载最小，其值为 $F_1 = 10^4\text{N}$；活塞运动到缸的最右端时，负载最大，其值为 $F_2 = 5 \times 10^3\text{N}$。活塞无杆腔面积 $A = 2000\text{mm}^2$，油液密度 $\rho = 870\text{kg/m}^3$，溢流阀的调定压力 $p_y = 10\text{MPa}$，节流口的节流系数

图 5-5 例 5-5 图

$C_q = 0.62$。求：（1）若阀针不动，活塞伸出时的最大速度与最小速度之比为多少？（2）若活塞位于缸中间时，缸的输出功率为 $P = 15\text{kW}$，针阀节流口的面积为多少？（3）图中所绘阀的作用是什么？

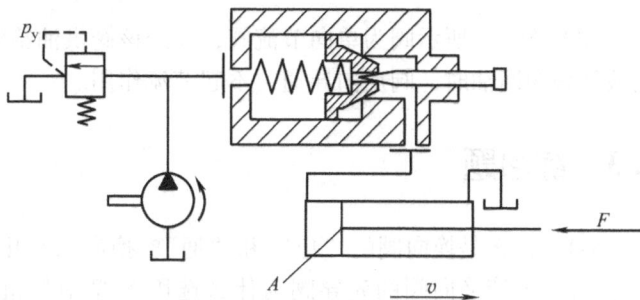

解：（1）节流口的进口压力为溢流阀的调定压力，出口压力即是液压缸无杆腔压力，它随负载的不同而变化，由于负载随活塞的运动呈线性变化，所以压力也随活塞的运动呈线性变化，故

$$p_1 = \frac{F_1}{A} = \frac{10^4}{2000 \times 10^{-6}} = 50 \times 10^5 \text{Pa} \quad \text{为最大压力}$$

$$p_2 = \frac{F_2}{A} = \frac{5 \times 10^3}{2000 \times 10^{-6}} = 25 \times 10^5 \text{Pa} \quad \text{为最小压力}$$

所以，通过节流阀的最大流量与最小流量之比，也就是活塞的最大运动速度和最小运动速度之比为

$$\frac{v_{max}}{v_{min}} = \frac{q_{max}}{q_{min}} = \frac{C_q A_T \sqrt{\dfrac{2}{\rho}(p_y - p_2)}}{C_q A_T \sqrt{\dfrac{2}{\rho}(p_y - p_1)}} = \sqrt{\frac{100 - 25}{100 - 50}} = 1.22$$

（2）由于负载随活塞的运动呈线性变化，所以当活塞运动到液压缸中间时的压力为

$$p_3 = \frac{(F_1 + F_2)/2}{A} = \frac{(5 + 10) \times 10^3/2}{2000 \times 10^{-6}}\text{Pa} = 37.5 \times 10^5 \text{Pa}$$

通过节流口的流量为

$$q_3 = \frac{P}{p_3} = \frac{15 \times 10^3}{37.5 \times 10^5}\text{m}^3/\text{s} = 4 \times 10^{-3}\text{m}^3/\text{s}$$

节流口面积为

$$A_T = \cfrac{q_3}{C_q \sqrt{\cfrac{2}{\rho}(p_y - p_3)}} = \cfrac{4 \times 10^3}{0.62 \sqrt{\cfrac{2}{870}} \times (100 - 37.5) \times 10^5}\text{m}^2$$

$$= 53.82 \times 10^{-6}\text{m}^2 = 53.82\text{mm}^2$$

（3）图 5-5 所示阀为单向节流阀，泵经该阀供油给液压缸时，阀起节流作用，液压缸的油液经该阀回油时，阀反向导通，不起节流作用。

5.3　练习题

5-1　什么是换向阀的"位"和"通"？换向阀有几种控制方式？其职能符号如何表示？

5-2　电液换向阀的先导阀为什么选用 Y 型中位机能？改用其他型机能是否可以？为什么？

5-3　哪些阀可以做背压阀用？单向阀当背压阀使用时，需采取什么措施？

5-4　若正处于工作状态的先导式溢流阀（阀前压力为某定值时），主阀阀芯的阻尼孔被污物堵塞后，阀前压力会发生什么变化？若先导阀前小孔被堵塞，阀前压力会发生什么变化。

5-5　若将减压阀的进出油口反接，会出现什么现象？

5-6　试分析自控内泄式顺序阀与溢流阀的区别（从结构特征、在回路中作用、性能特点三方面加以分析）。

5-7　用结构原理图和职能符号，分别说明顺序阀、减压阀和溢流阀的异同点。

5-8　顺序阀和溢流阀是否可以互换使用？

5-9　图 5-6 所示为某溢流阀的流量压力特性曲线，其调定压力、开启压力、拐点压力如图 5-6 所示，将该阀分别用作安全阀和溢流阀时系统的工作压力各为多少？

5-10　在图 5-7 所示的回路中，溢流阀的调定压力为 4MPa，若阀芯阻尼孔造成的损失不计，试判断下列几种情况下，压力表的读数为多少？

（1）YA 断电，负载为无限大时。

（2）YA 断电，负载压力为 2MPa 时。

（3）YA 通电，负载压力为 2MPa 时。

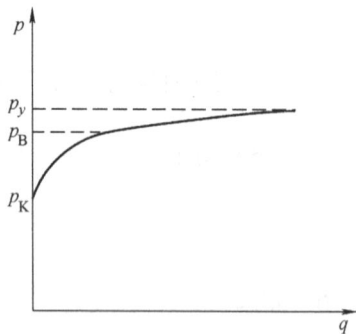

图 5-6　题 5-9 图

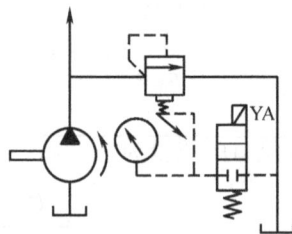

图 5-7　题 5-10 图

5-11　如图 5-8 所示的两个回路中，各溢流阀的调定压力分别位 $p_{y1}=3MPa$，$p_{y2}=2MPa$，$p_{y3}=4MPa$，问当负载为无穷大时，液压泵出口的压力 p_p 各为多少？

5-12　图 5-9 所示的回路中，溢流阀的调定压力为 $p_y=5MPa$，减压阀的调定压力 $p_j=2.5MPa$。试分析下列情况，并说明减压阀的阀芯处于什么状态？

（1）当泵压力 $p_p=p_y$ 时，夹紧缸使工件夹紧后，A、C 点的压力为多少？

（2）当泵压力由于工作缸快进而降到 $p_y=1.5MPa$ 时，A、C 点的压力各为多少？

（3）夹紧缸在未夹紧工件前作空载运动时，A、B、C 三点的压力各为多少？

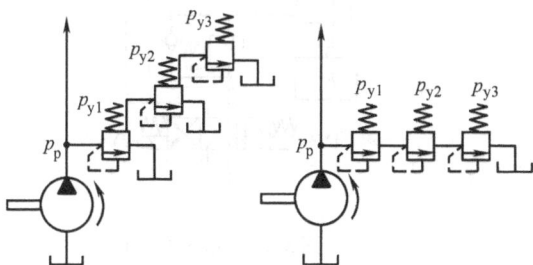

图 5-8　题 5-11 图

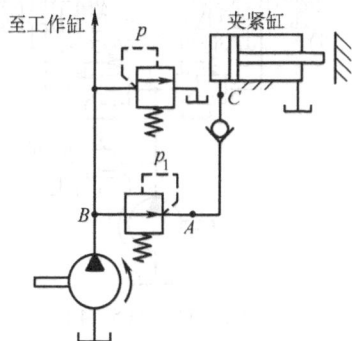

图 5-9　题 5-12 图

5-13　图 5-10a，图 5-10b 所示回路的参数相同，液压缸无杆腔面积 $A=50cm^2$，负载 $F_L=10000N$，试分别确定此两回路在活塞运动时和活塞运动到终点停止时 A、B 两处的压力。

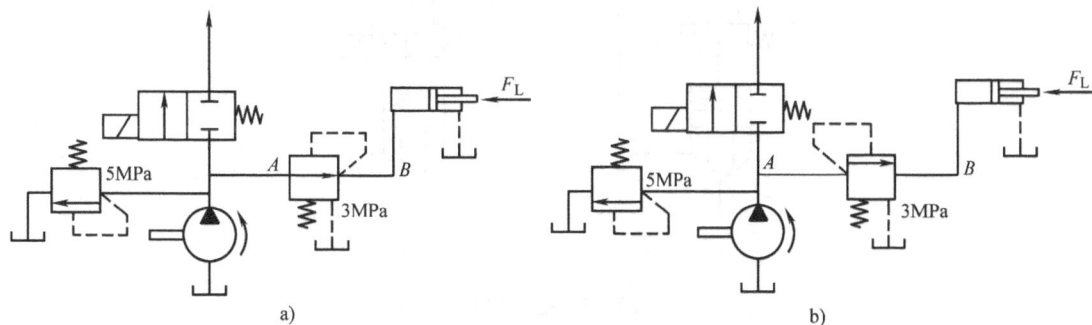

a)　　　　　　　　　　　　b)

图 5-10　题 5-13 图

5-14　图 5-11 所示的液压系统中，液压缸的有效面积 $A_1=A_2=100cm^2$，液压缸 I 负载 $F_L=35000N$，液压缸 II 运动时负载为零。不计摩擦阻力、惯性力和管路损失，溢流阀的调定压力为 4MPa，顺序阀的调定压力为 3MPa，减压阀的调定压力为 2MPa。求下列三种情况下，管路中 A、B 和 C 点的压力。

（1）液压泵起动后，两换向阀处于中位。

（2）1YA 通电，液压缸 I 活塞移动时和活塞运动到终点后。

（3）1YA 断电，2YA 通电，液压缸 II 活塞运动时及活塞碰到挡铁时。

5-15 图 5-12 所示系统中，设重物和活塞总重 $F_G = 100kN$，活塞杆直径 $d = 150mm$，活塞直径 $D = 200mm$，单向顺序阀的调定压力为 3MPa，问 2DT 通电时，重物会不会因自重而下滑？重物空程向下时，若不计摩擦，压力表读数为多少？

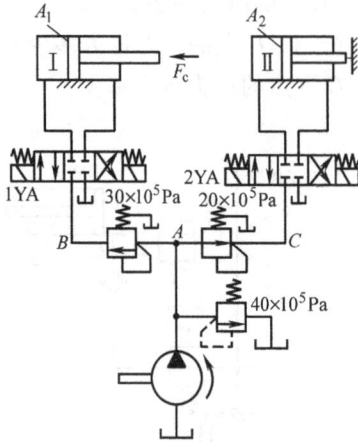

图 5-11 题 5-14 图

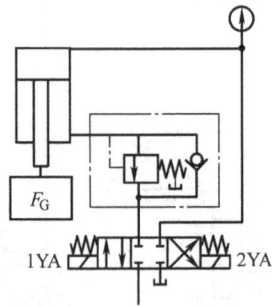

图 5-12 题 5-15 图

5-16 节流阀的最小稳定流量具有什么意义？影响其数值的因素主要有哪些？

5-17 图 5-13 所示为用插装阀组成的两组方向控制阀，试分析其功能相当于什么换向阀，并用标准的职能符号画出。

5-18 比例阀的特点是什么？

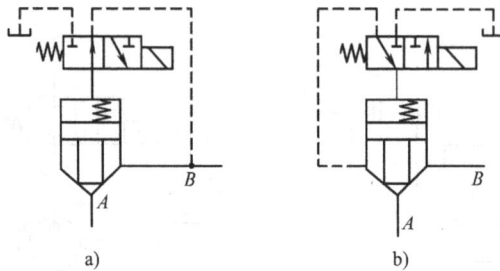

a)   b)

图 5-13 题 5-17 图

第 6 章

液压辅助元件

6.1　重点、难点分析

　　液压油中的杂质对液压元件的磨损与堵塞和液压元件的泄漏是液压系统故障的主要来源。因此，对液压油的过滤和净化以及液压元件的密封是本章内容的重点。对于过滤器应掌握其典型结构及其特性（过滤精度等级、压力损失、应用场合等），过滤精度与系统工作压力间的关系及过滤器的安装等问题；对于液压元件的密封主要了解密封的种类、密封的机理、密封件的特点与应用场合。

　　本章的难点是蓄能器的相关计算，主要涉及蓄能器储存液压能时、缓解液压冲击时和吸收液压泵脉动时的容量的计算；蓄能器输出液体体积的计算；囊式蓄能器用于系统保压时，所维持的最低压力与蓄能器的充气压之间关系的计算等。

　　1. 过滤器

　　为防止液压油的污染，提高液压元件和系统的工作可靠性，应采取必要的过滤措施。过滤器就是过滤油液中的杂质，维护油液清洁，保证系统正常工作的液压元件。目前所使用的过滤器，按过滤精度可分为四级：粗过滤器（$d \geqslant 0.1mm$）、普通过滤器（$d \geqslant 0.01mm$）、精过滤器（$d \geqslant 0.001mm$）和特精过滤器（$d \geqslant 0.0001mm$）。过滤精度的选择是根据系统的工作压力、液压元件运动件的密封间隙和液压元件的重要程度。一般初过滤用网式或线隙式过滤器，普通过滤用烧结式过滤器，精过滤用纸芯式过滤器，若需滤除磁性金属颗粒，则用磁性过滤器。过滤器可以安装在液压泵的吸油口、出油口、系统的回油路或旁油路上，也可以专门设置过滤系统。在泵吸油口安装的过滤器，要有足够大的通流能力，以防止泵产生空穴现象；在泵出油口安装的过滤器，应具有一定的机械强度，防止因高压力而损坏；还应考虑滤芯堵塞报警装置和不停机更换滤芯等问题。

　　2. 蓄能器

　　这是一种液压能的储存装置，它在液压系统中的主要功用是：保压、补充泄漏、作辅助动力源、吸收液压冲击、消除压力脉动等。按照液体加载的方式不同，蓄能器分为弹簧式、重锤式和充气式三类。充气式的蓄能器，根据液体与气体隔离的方式不同，又分为活塞式、囊式和气瓶式三种。实际应用时应按不同用途选用不同类型的蓄能器，计算所需的容量。蓄能器的安装位置是根据该装置在液压系统中的作用而定的。安装蓄能器时要考虑到方便检修与液压泵停车或卸载时防止蓄能器内油液倒流两种情况,前者通常的解决方法是在蓄能器与管道之间安装截止阀;后者的一般措施是在蓄能器与液压泵之间安装单向阀。

对于蓄能器容量的计算,主要是用好气体状态方程。根据气体不同的变化过程,如等温过程、等压过程、等容过程、绝热过程,采用不同的气体状态方程。当蓄能器用于弥补泄漏、补油保压时,气体的体积膨胀是缓慢的,有充分时间吸排热量;蓄能器充油时气体被压缩的进程也是渐变的,油液有充分的时间放热,这两种情况都可认为气体温度是近似不变的,属等温过程。此时,气体状态方程($PV^n = $ const)中的指数 $n = 1$。当蓄能器用于大量供油时,蓄能器中的气体来不及和外界进行热交换,可以近似认为是绝热过程。在气体状态方程中取 $n = 1.4$。通常蓄能器在一个工作循环中,先充油后排油。因此,在进行蓄能器容量的计算时,都要进行等温和绝热两种计算,最后取较大值作为蓄能器容量的估算值。用于缓冲蓄能器的最低压力 p_2 与充气压力 p_0 的取值范围为:用于蓄能的折合型囊式蓄能器 $p_0 = (0.8 \sim 0.85)p_2$;用于缓冲的波纹型囊式蓄能器 $p_0 = (0.6 \sim 0.65)p_2$。

3. 密封装置

液压系统的泄漏分为内泄漏与外泄漏,以液压缸为例,如图6-1所示,由系统内的高压腔向低压腔泄漏属于内泄漏;由系统内向系统外泄漏为外泄漏。内泄漏会降低系统的容积效率、使液压油发热;外泄漏也会造成浪费,污染环境。解决泄漏的有效措施就是密封。

密封分为非接触式密封与接触式密封两类。非接触式密封又称为间隙密封,接触式密封又称为密封圈密封。对于密封主要是搞清各种密封件的密封机理、密封件的特点与应用场合。间隙密封是靠控制间隙提高密封性的,其特点是摩擦力小、体积小、寿命长、但是泄漏量无法为零,主要用于各种阀、泵内零件间的动密封;密封圈密封主要有 O 形、Y 形、V 形等密封圈,是靠密封件的弹性变形实现密封的,其特点是密封性好、无泄漏、有一定的磨损补偿功能,但是体积较大、摩擦力较大、寿命不长。广泛用于各种动、静密封。对于液压缸的缸体与端盖、活塞与活塞杆的静密封可选用 O 形密封圈密封;对缸活塞与缸体间的动密封可采用 O 形、Y 形密封圈密封;对缸的活塞杆与端盖间的动密封可选用 O 形、V 形密封圈密封。

4. 油箱

在液压系统中,油箱主要有三个作用:储存油液、散发热量、分离和沉淀杂质。油箱分为开式和闭式两种结构,开式结构的油箱其油面与大气相通,主要用于各种固定设备;闭式结构油箱的油面与大气隔绝,多用于行走车辆与工程机械。油箱属于非标准件,一般需要根据液压系统的实际要求专门设计。油箱大部分是用钢板焊接而成,油箱顶板需要安装油泵和阀件,因此,设计时要考虑油箱的容量、油量的指示、油箱的清洗、顶板的强度、油箱的散热、隔板的设置等问题。一个设计合理的油箱是液压系统正常工作的基础条件。

5. 热交换器

热交换器包括冷却器和加热器,他们的用途是安装在油箱上或串接在油路中,对液压油进行冷却或加热以保证液压油具有合适的工作温度。冷却器要求有足够的散热面积、较高的散热效率和较小的压力损失。根据冷却介质不同,冷却器有水冷式、风冷式和冷媒式三种,固定液压设备常在系统的回油管上安装水冷式冷却器。加热器有热水加热、蒸汽加热和电加热三种,常用电加热器。电加热器安装时应注意将其发热部位完全浸在油液的流动处,加热器表面的功率密度不得超过 3W/cm^2,以免油液因局部温度过高而引起变质。

6. 油管与管接头

油管件的作用是连接液压元件、输送液压油液。要求油管具有足够的强度，良好的密封性能，较小的压力损失并且方便装拆。常用的油管有钢管、铜管、橡胶管、塑料管、尼龙管等。在进行系统设计时要根据液压系统的工作压力选择油管的种类和壁厚；根据系统的通流量来确定油管的内径。对于不同的油管，应选用相应的管接头：焊接式管接头、卡套式管接头、扩口式管接头、橡胶软管接头、快换接头等。安装米制管接头时要注意在管接头与液压元件之间采用组合密封垫，防止泄漏；在选用英制（管螺纹）管接头时，要注意安装中不允许使螺纹部分完全旋入，要保留几扣螺纹，以确保锥形螺纹面的密封。

6.2　典型例题解析

例 6-1　如图 6-1 所示的液压系统，泵的流量 $q_P = 0.5L/s$，系统的最大工作压力（相对压力）$p_{max} = 8MPa$，允许的压降为 1MPa，执行元件做间歇运动，运动时 0.1s 内的用油量为 0.8L；间歇最短时间为 30s。确定系统中所用蓄能器的容量（假设蓄能器为波纹型囊式蓄能器）。

解：因为泵的流量为 0.5L/s，远小于执行元件运动时 1s 内的用油量 8L，所以系统采用蓄能器短时大量供油。系统的最大相对压力为 8MPa，允许的压降为 1MPa，所以蓄能器工作时的最高压力 $p_1 = 8MPa$，释放能量后的压力 $p_2 = 7MPa$。间歇时（30s）泵向蓄能器充油，其排油量为 400mL/s × 30s = 12L。因此，蓄能器容量应小于 12L。具体计算如下：

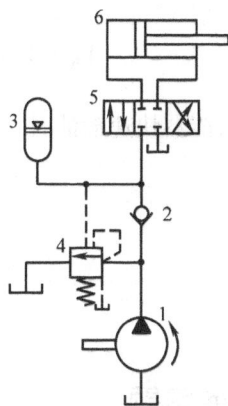

图 6-1　例 6-1 图
1—液压泵　2—单向阀　3—蓄能器
4—溢流阀　5—换向阀　6—液压缸

（1）蓄能器排油过程：蓄能器在 0.1s 内排油 0.8L，属绝热过程，$n = 1.4$，$V_W = V_2 - V_1 = 0.8L$，$V_2 = 0.8 + V_1$，$p_0 V_0^n = p_1 V_1^n = p_2 V_2^n = \text{const}$

故

$$\left(\frac{p_1}{p_2}\right)^{\frac{1}{n}} = \frac{V_2}{V_1} \qquad \left(\frac{8}{7}\right)^{\frac{1}{1.4}} = \frac{0.8 + V_1}{V_1} \qquad V_1 = 7.99L \qquad V_2 = 8.79L$$

取 $p_0 = 0.62$　　　$p_2 = 0.62 \times 7MPa = 4.34MPa$，则

$$V_0 = \left(\frac{p_1}{p_0}\right)^{\frac{1}{n}} V_1 = \left(\frac{8}{4.34}\right)^{\frac{1}{1.4}} \times 7.99L = 12.37L$$

（2）充油过程：在间歇的 30s 内，泵向蓄能器充油，因时间小于 1min，故也属绝热过程。充油时，泵应向蓄能器提供油量为

$$V_P = V_0 - V_1 = 12.37 - 7.99L = 4.38L$$

蓄能器的充油时间为

$$t = V_P / q_P = 4.38/0.5s = 8.76s < 30s$$

故该蓄能器的容量满足系统要求。

例 6-2　系统中液压泵的最大流量 $q = 40 \text{L/min}$，最高工作温度为 60℃，油液的运动黏度 $v_{60} = 7.3 \text{cSt}$（$1 \text{cst} = 10^{-6} \text{m}^2/\text{s}$），欲使系统供油管路液流处于层流状态，求导管直径。

解：油液流动时的雷诺数为

$$Re = \frac{vd}{v_{60}} = \frac{4q}{\pi d^2} \times \frac{d}{v_{60}} = \frac{4 \times 40 \times 10^{-3}}{60 \times \pi \times 7.3 \times 10^{-6} \times d} < 2320$$

故

$$d > \frac{4 \times 40 \times 10^3}{60 \times \pi \times 7.3 \times 2320} \text{m} = 0.0501 \text{m} = 50.1 \text{mm}$$

例 6-3　一波纹型囊式蓄能器总容积 $V_0 = 4 \text{L}$，系统最高工作压力 $p_1 = 6 \text{MPa}$，最低工作压力 $p_2 = 3.5 \text{MPa}$，求蓄能器所能输出的油液体积？

解：取充气压力 $p_0 = 0.65 p_2 = 0.65 \times 3.5 \text{MPa} = 2.275 \text{MPa}$

当蓄能器慢速输油时，$n = 1$，则

$$V_W = V_0 p_0 \left(\frac{1}{p_2} - \frac{1}{p_1} \right) = 4 \times 2.275 \times \left(\frac{1}{3.5} - \frac{1}{6} \right) \text{L} = 1.083 \text{L}$$

当蓄能器快速输油时，$n = 1.4$，则

$$V_W = V_0 p_0^{\frac{1}{1.4}} \left[\left(\frac{1}{p_2} \right)^{\frac{1}{1.4}} - \left(\frac{1}{p_1} \right)^{\frac{1}{1.4}} \right]$$

$$= 4 \times 2.275^{0.7143} \times \left[\left(\frac{1}{3.5} \right)^{0.7143} - \left(\frac{1}{6} \right)^{0.7143} \right] \text{L} = 0.94 \text{L}$$

6.3　练习题

6-1　过滤器有哪几种类型？分别有什么特点？

6-2　蓄能器的种类有哪些？安装使用时应注意哪些问题？

6-3　在某液压系统中，系统的最高工作压力为 30MPa，最低工作压力为 15MPa。若蓄能器充气压力为 10MPa，求当需要向系统提供 6L 压力油时，选用多大容量的囊式蓄能器。

6-4　容量为 2.5L 的囊式蓄能器，气体的充气压力为 2.5MPa，当系统的工作压力从 $p_1 = 7 \text{MPa}$ 变化到 $p_2 = 5 \text{MPa}$ 时，求蓄能器能输出油液的体积。

6-5　油管和管接头有哪些类型？各适用于什么场合？接头处是如何密封的？油管安装时应注意哪些问题？

6-6　设管道流量为 25L/min，若限制管内流速不大于 5m/min 时，应选择多大内径的油管。

6-7　确定油箱容积时要考虑哪些主要因素？

6-8　在设计开式油箱结构时应考虑哪些因素？

6-9　常用的密封装置有哪些？各具备哪些特点？主要应用于液压元件哪些部位的密封？

第 7 章

液压基本回路

液压基本回路是由几个液压元件组成，用以完成某特定功能的液压系统的基本单元。液压基本回路包括压力控制回路、速度控制回路、方向控制回路和多缸控制回路，其内容主要涵盖了各种回路的组成、工作原理、工作特性以及回路的使用场合。它既是液压阀的综合应用，也是分析和设计液压系统的基础。本章的内容在整篇教材中起承上启下的作用。

7.1　重点、难点分析

在液压设备中，能够实现负载动力参数的控制和调节是对系统的基本要求，调速与调压是完成上述功能的主要方法。调速回路与调压回路是本章的重点内容。在调速回路中重点掌握：液压系统的调速方式；每种调速回路的结构组成及其调速原理；各种调速方式的特点比较；节流调速回路及容积调速回路中如泵的工作压力、活塞运动速度或马达转速、活塞能克服的外载推力或马达能克服的外载转矩、电动机的驱动功率、回路的效率等性能参数的计算。在调压回路中重点掌握：各种调压方法的原理与特点；平衡回路的平衡方法与适用场合；卸荷回路的卸荷方式与卸荷条件。其中调速回路是重点中的重点。在多缸控制回路中顺序动作回路和同步回路也是本章的重点内容。

本章的难点是：三种节流调速回路的速度 – 负载特性；液压效率的概念；三种容积调速回路的调速过程与特性；系统卸荷的方式；容积 – 节流调速的调速过程；同步回路中提高同步精度的补偿措施等。

液压基本回路虽然是由若干液压元件组成的，但是往往其中只有一个或几个元件是关键的功能元件，它们的性能决定了回路的特性与工作方式，因此，在学习液压基本回路时，一定要抓住这一问题的关键。另外，为实现某一特定功能，可以选择多种方法，本章只是介绍了其中常用的几种；为了增强学生对学习基本回路的兴趣，进一步加深学生对所学过液压元件功能的认识，培养创新能力，可以引导学生从设计的角度学习本章内容，这样可以起到举一反三、事半功倍的效果。

1. 压力控制回路

压力控制回路是为满足液压缸（液压马达）对力（力矩）的要求，利用压力控制阀来控制和调节液压系统或系统支路压力的回路。

1）调压回路是每个液压系统普遍应用的基本回路之一。调压回路的关键元件是溢流阀，按照溢流阀的功能可分为安全限压与溢流稳压两种。在调压回路中，若工作压力变化不大，压力平稳性要求不高时，可采用直动式溢流阀；若各工作阶段的工作压力相差较大时，应采用先导式溢流阀，通过对其遥控口的控制实现多级调压、远程调压和无级调压。

2）卸荷回路是在大功率的液压系统中经常使用的基本回路之一。液压泵卸荷是指液压泵在很小或近于零功率工况下运转的工作状态。分为压力卸荷与流量卸荷两种，压力卸荷是指泵的流量在零压或很低的压力下流回油箱，主要应用于定量泵的场合；流量卸荷是指泵的输出压力虽然很高，但输出流量很小或接近于零流量输出的工作状态，多用于变量泵的场合。在压力卸荷回路中，关键元件是卸荷阀（换向阀或溢流阀）；流量卸荷回路中的主要功能元件是变量泵。需要注意的是，当采用电液换向阀的中位机能（M型、H型、K型）实现压力卸荷时，若系统中的液动换向阀采用内控方式时，要注意保持系统中的最低控制压力，否则系统无法恢复工作状态；当采用先导型溢流阀卸荷时，往往在溢流阀的遥控口与电磁滑阀之间设置阻尼，以防止系统在卸压或升压时产生液压冲击。

3）减压回路的作用是使系统的支路获得可以调节的低压状态，多用于工件的夹紧、导轨的润滑及系统的控制油路中。减压阀是此回路的主要功能元件。减压回路的工作条件是：作用在该回路上的负载压力要不低于其减压阀的调定压力，保证减压阀的主阀阀芯处于工作状态。为防止减压回路的压力受主油路压力干扰的影响，往往在减压阀与液压缸之间串接一个单向阀。

4）增压回路是使系统的支路获得高于系统压力的回路，此回路的关键元件是增压器。增压回路主要用于要求系统中局部油路的压力高于系统压力且流量不大的场合。在增压回路中增压不增功，压力的放大是以流量的降低为代价的。若选用单作用增压器可以获得断续的高压油；选用双作用增压器能获得连续的高压油。

5）平衡回路是用于平衡垂直运动液压缸的运动部件重力的回路。其原理是，利用平衡阀在缸的下腔产生一个背压以平衡运动部件的自重。其中，平衡阀是关键功能元件。当重力负载变化不大时，可选择采用单向顺序阀的平衡回路；若重力负载变化较大时，为提高系统的可靠性同时减少功率的消耗，应采用液控平衡阀的平衡回路。液控单向阀的平衡回路适用于要求执行元件长时间可靠的停留在某一位置的场合。

2. 速度控制回路

速度控制回路是调节和改变执行元件的速度的回路，又称为调速回路。能实现执行元件运动速度的无级调节是液压传动的优点之一。

1）节流调速回路中，按流量阀的不同，分为节流阀式的节流调速回路与调速阀式的节流调速回路。按照流量阀的安装位置不同又分为进油路节流、回油路节流和旁路节流三种回路。各种节流调速回路都是由定量泵、流量阀、溢流阀和执行元件组成的；都是通过调节流量阀的通流面积，调节进入执行元件的流量从而改变负载的运动速度；流量阀是该回路的关键功能元件。

在节流阀式的节流调速回路中，三种节流调速回路的共同特点是速度刚性小。其中，旁路节流调速回路在低速、低负载时速度刚度最小，其承载能力也随速度的降低而减小。进、回油路节流调速回路的速度－负载特性基本相同，其速度刚性在高速、大负载时较小，二者的差别在于：后者的运动平稳较高，能承受一定的负载；进油路节流调速回路只有在增设了背压阀后，其运动的稳定性才能提高。在调速过程中，进油路节流和回油路节流调速回路的溢流阀均处于开启状态，起稳压和分流的作用；在旁路节流调速回路的调速过程中，溢流阀不开启，起到安全保护作用。在进、回油路节流调速回路中，既有溢流损失，也有节流损失，系统的效率不高；在旁油路节流调速回路中，只有节流损失，没有溢流损失，系统的效率较进、回油路节流调速回路要高。因此在同样元件组成的条件下，旁路节流调速回路的功率损失小、效率高，但速度稳定性差。它们的速度－负载特性均可通过小孔流量方程得出。

调速阀式的节流调速回路与节流阀式的节流回路比较，虽然提高了回路的速度刚性，但是节流损失增大，系统的造价较高。其回路特性的分析方法、系统特点的提炼、主要元件的作用与相应的节流阀式的节流调速回路基本相似，只是回路的刚性更高，负载平稳性更好，系统效率更低。

2）容积调速回路是通过改变泵或马达的排量实现执行元件速度调节的回路。在变量泵－定量马达组成的容积调速回路中，具有恒转矩特性；在定量泵－变量马达组成的容积调速回路中，具有恒功率特性。对于变量泵－变量马达组成的容积调速回路，为使马达的速度逐步得到提高，往往在低速段将马达的排量置于最大，由小到大调节泵的排量，系统输出端呈现恒转矩特性；在高速段，将泵的排量置于最大，将马达的排量由大到小调节，此时系统输出呈现恒功率特性。容积调速回路常见于闭式回路中，其溢流阀为系统安全阀。此回路既无节流损失，也无溢流损失，回路的效率高，用于大功率（＞5kW）的场合。但当负载变化时，会引起容积调速回路中泵和马达泄漏量的变化，因此，回路速度刚性较差。

3）容积节流调速回路分为限压式变量泵与调速阀组成的调速回路和差压式变量泵与节流阀组成的调速回路两种，它由变量泵按需要量供油，流量阀控制调节进入（或流出）执行元件的流量。只有节流损失，没有溢流损失。回路中通过流量阀的流量不因负载变化而改变，速度刚性好。该回路具有速度平稳性好与系统效率高的双重优点，适用于速度平稳性要求高、功率损失小的中小功率（3～5kW）的液压系统。

仅元件的功能而言，流量阀是控制流量大小的，变量泵也可以通过调节自身排量，直接满足执行元件的速度需要。而在容积节流调速回路中流量阀、变量泵二者并存，对于执行元件的速度究竟由谁起主导作用，这是此回路学习的难点。事实上，变量泵是流量的产生之源，但其输出流量的大小完全受控于流量阀：流量阀开口大，变量泵输出流量增加，则流量阀的过流量增加；流量阀开口小，变量泵输出流量减小，则通过流量阀的流量减小；当流量阀完全关闭时，变量泵对外输出油液的流量为零。因此，执行元件的速度是由变量泵与调速阀二者联合控制的。容积节流调速回路也称为联合调速回路。

3. 快速运动回路及速度换接回路

为了提高效率，使执行元件获得尽可能快的运动速度，需要采用快速运动回路。在执行元件工作过程中需要两种以上速度时，则选择速度换接回路。

1）常见的快速运动回路有：液压缸差动连接快速运动回路、双泵供油快速运动回路、利用高位油箱补油的快速运动回路、利用增速缸增速的快速运动回路等。在差动连接的快速运动回路中，泵的流量与缸有杆腔的回油流量，通过二位三通或三位五通换向阀汇合，进入缸的无杆腔实现活塞的快速运动；当执行元件在不同的工作阶段速度要求相差很大时，应考虑采用双联泵供油的快速运动回路，当执行元件快进时用双泵供油，工进时大泵卸载，小泵供油，用流量控制阀控制工进的运动速度；对于立式大直径的液压缸可利用运动部件的自重实现快速运动，此时高位油箱的液压油通过液控单向阀向液压补油；对于卧式的大直径液压缸，可采用增速缸或辅助缸实现活塞的快速运动，此时液压的非工作腔需要通过充液阀补油。

2）速度换接回路分为快慢速的速度换接和慢慢速的速度换接两种。换接平稳性和换接精度是速度换接回路评价换接质量的两项重要指标。快慢速换接回路，有压力控制和行程控制两种。前者以双泵供油、压力控制实现快慢速自动换接；后者以单泵供油，行程阀或电磁阀来实现快慢速行程控制。慢慢速的速度换接可用调速阀的串联或并联实现。调速阀串联的速度换接回路，要求第二工进速度小于第一工进速度；调速阀并联的速度换接回路，两次工进速度间互不影响，但因调速阀的定差减压阀在速度转换瞬间存在滞后，不宜用于在同一行程中需要有两次工进速度转换的场合。

4. 方向控制回路

方向控制回路是控制执行元件的启动、停止或改变运动方向的回路。有换向回路、锁紧回路和制动回路等。

对于换向回路的换向过程可以用电磁换向阀、电液换向阀、机动换向阀、机液换向阀等实现。电磁换向阀、电液换向阀易实现自动控制，但可靠性不高；机动换向阀的可靠性较高，但是当执行元件速度很低时，易出现换向死点。对频繁连续往复运动的执行元件，多采用机液阀换向。机液换向阀的换向回路按照制动过程不同，分为时间控制制动和行程控制制动两种制动形式，时间控制制动式换向回路的特点是运动部件制动的时间基本不变，多用于运动速度较大、换向频率高、换向精度要求不高的液压系统，例如平面磨床工作台的换向过程；行程控制制动式换向回路的特点是运动部件的制动距离基本不变、换向精度高，多用于工作部件运动速度不大但换向精度要求高的液压系统，例如外圆磨床工作台的换向过程。

锁紧回路主要用于要求执行元件可靠的停在任意位置的液压系统，对于重力负载系统，必须考虑锁紧回路。最常用的锁紧方法是采用液控单向阀锁紧。在此回路中，为保证执行元件在锁紧时迅速可靠，其控制油路必须与油箱接通。

当要求执行元件的运动尽快平稳的停止时，需采用制动回路。在制动回路中，溢流阀与单向阀的组合，能够对油路中因执行元件的惯性所造成的高压或负压起到缓冲和补油的作用。这里的溢流阀和单向阀均可选取小规格的阀。为使系统可靠的工作，要求制动回路溢流阀的调定压力比主油路溢流阀的调定压力高 5% ~ 10% 。

5. 多缸控制回路

多缸控制回路包括顺序动作回路、同步回路、防扰回路。

顺序动作回路有压力控制、行程控制和时间控制三种控制方式。压力控制顺序动作回路是利用油路的压力变化，通过内控顺序阀或压力继电器来实现顺序动作，为保证此回路顺序动作可靠，压力控制元件的调定压力应大于前一动作执行元件最高工作压力的 10% ~ 15% ，这种回路只适用于执行元件不多、负载变化不大的场合。利用行程阀或行程开关的顺序动作回路，属于行程控制的顺序动作回路，此回路动作可靠性强，应用十分广泛。时间控制的顺序动作回路是靠延时阀控制实现顺序动作的，由于时间控制顺序动作回路既不如时间继电器控制电磁阀方便，也不够精确，应用较少。

同步回路是实现两个执行元件以相同的速度或相同的位移运动的回路。按照控制方式不同，同步回路分为流量控制、容积控制和伺服控制三种。流量控制同步回路是通过流量控制阀控制进入或流出执行元件的流量，来实现速度同步，其特点是结构简单，但调整麻烦，且同步精度不高。容积控制同步回路是将两相等容积的油液分配到尺寸相同的两执行元件，实现位移同步。将两活塞有效面积相同的液压缸串联起来的同步回路，同步精度和效率都较高，但是因液压存在制造误差、内泄漏等因素，容易出现同步的位置误差，需采取补偿措施进行补偿。采用比例阀或伺服阀的同步回路同步精度高，但是系统的复杂程度和造价都较高。若系统为闭环控制，可以通过检测装置检测活塞位移信号，经过放大后，反馈给比例阀或伺服阀来控制进入液压缸的流量，从而实现较精确的同步运动。

防干扰回路用于多缸互不干扰的系统中。此回路既可采用双泵分别供油以实现快速进给和工作进给，从而实现多缸快、慢速互不干扰；也可通过单向阀（保压时间短）、蓄能器（保压时间长）、换向阀等液压元件的控制达到对系统某支路防止干扰的目的。

7.2 典型例题解析

例 7-1 图 7-1 所示为一顺序动作回路，设阀 A、B、C、D 的调定压力分别为 p_A、p_B、p_C、p_D，定位动作负载为 0，若不计油管及换向阀、单向阀的压力损失，试分析确定：

（1）A、B、C、D 四元件间的压力调整关系。

（2）当 1YA 瞬时通电后，定位液压缸作定位动作时，1、2、3、4 点的压力。

（3）定位液压缸到位后，夹紧液压缸动作时，1、2、3、4 点处的压力。

（4）夹紧液压缸到位后，1、2、3、4 点处的压力又如何？

解：（1）A、B、C、D 四元件间的压力调整关系为：$p_A > p_B > p_C$，$p_D < p_B$。

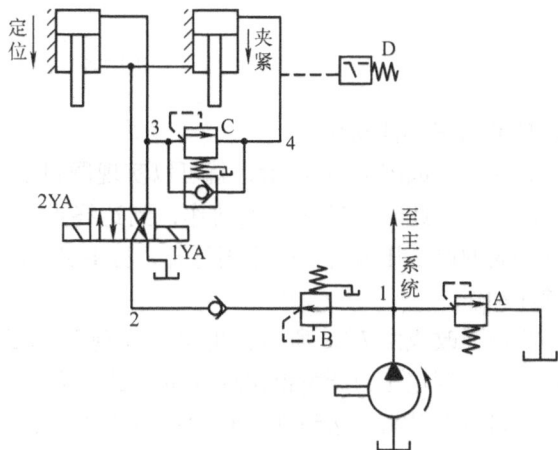

图 7-1 例 7-1 图

（2）定位缸动作时，负载为 0，减压阀 B 阀口全开，所以 1、2、3、4 点的压力均为 0。

（3）定位液压缸到位后，泵的出口压力逐渐升高，直到达到顺序阀 C 的调定压力，顺序阀 C 打开，夹紧缸动作，假设加紧缸负载压力为 $p_F(p_B > p_F > p_C)$，此时减压阀口仍旧全开，故此阶段 1、2、3、4 点的压力为：$p_1 = p_2 = p_3 = p_4 = p_F$。

（4）当夹紧缸到位后，若主系统仍处于未接通的停止状态，泵的出口压力逐渐升高，直到达到溢流阀 A 的调定压力，溢流阀溢流保压，减压阀 B 的阀芯抬起，起减压作用，故各点的压力为：$p_1 = p_A$，$p_2 = p_3 = p_4 = p_B$。

例 7-2 请问如图 7-2a 所示液压系统能否实现缸 A 运动到终点后，缸 B 才动作的功能？若不能实现，请问在不增加液压元件的条件下如何改进？

解：不能实现所要求的顺序动作。这是因为节流阀和内控式顺序阀并联，二者入口压力相同，都是溢流阀的调定压力。当顺序阀的调定压力小于或等于溢流阀的调定压力时，缸 A、B 同时动作，当顺序阀的调定压力大于溢流阀的调定压力时，缸 A 动作，顺序阀不工

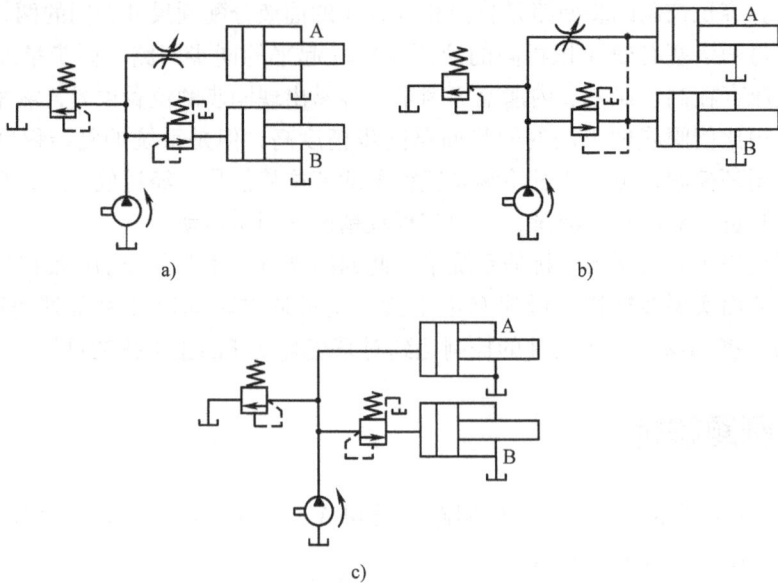

a)

b)

c)

图 7-2 例 7-2 图

作，缸 B 始终不能动作。

将原图改成图 7-2b 所示，就可以实现题目要求的顺序动作，即把内控式顺序阀改变为液控顺序阀。此时，当缸 A 先动作，到达终点后，节流阀出口压力升高，当压力升高到液控顺序阀的调定压力时，顺序阀打开，缸 B 进油并动作，从而实现了缸 A 先动、缸 B 后动的顺序动作。

将原图改成图 7-2c 所示，也可以实现题目要求的顺序动作，即把节流阀去掉。此时，将顺序阀的调定压力调整得比缸 A 的负载压力高，缸 A 就可以先动作，当缸 A 到达终点后，泵的出口压力升高，达到顺序阀的调定压力时，顺序阀打开，缸 B 进油并运动，故而实现了缸 A 先动、缸 B 后动的顺序动作。但这种回路中缸 A 的速度不可调。

例 7-3 在图 7-3 所示的油路中，已知：$F = 9\text{kN}$，$A_1 = 50\text{cm}^2$，$A_2 = 20\text{cm}^2$，液压泵的流量 $q_P = 25\text{L/min}$，节流阀节流孔面积 $A_T = 0.02\text{cm}^2$，节流孔近似薄壁小孔，其前后的压差 $\Delta p = 4\text{bar}(1\text{bar} = 10^5\text{Pa})$，流量系数 $C_q = 0.62$，背压阀的调整压力 $p_b = 5\text{bar}$，当活塞向右运动时，若通过换向阀和管道的压力损失不计，试求：

(1) 液压缸回油腔的压力 p_2。

(2) 液压缸进油腔的工作压力 p_1。

(3) 溢流阀的调整压力 p_y。

(4) 进入液压缸的流量 q_1。

(5) 溢流阀的流量 q_y。

(6) 通过背压阀的流量 q_b。

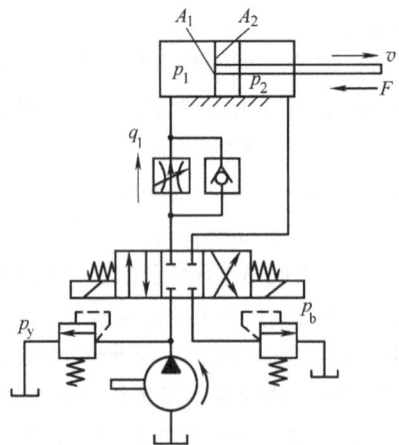

图 7-3 例 7-3 图

（7）活塞向右运动的速度 v。

（8）假设液压泵的效率 $\eta_{Pv}=0.8$，$\eta_{Pm}=0.9$，求驱动液压泵的电动机功率 P。

解：（1）$p_2=p_b=5\text{bar}$

（2）$p_1=\dfrac{F+p_2A_2}{A_1}=\dfrac{9000+5\times20\times10^1}{50\times10^{-4}}\text{Pa}=20\times10^5\text{Pa}=20\text{bar}$

（3）$p_y=\Delta p+p_1=4\text{bar}+20\text{bar}=24\text{bar}$

（4）进入液压缸的流量就是通过节流阀的流量

$$q_1=C_qA_T\sqrt{\frac{2}{\rho}\Delta p}=0.62\times0.02\times10^{-4}\times\sqrt{\frac{2}{900}\times4\times10^5}\,\text{m}^3/\text{s}=3.7\times10^{-5}\text{m}^3/\text{s}=2.22\text{L/min}$$

（5）$q_y=q_P-q_1=25\text{L/min}-2.22\text{L/min}=22.78\text{L/min}$

（6）$q_b=q_1A_2/A_1=2.22\times20/50\text{L/min}=0.89\text{L/min}$

（7）$v=q_1/A_1=2.22/(50\times60\times10^{-4})\text{mm/s}=7.4\text{mm/s}$

（8）$P=\dfrac{p_yq_P}{\eta_{Pv}\eta_{Pm}}=\dfrac{24\times25\times10^2}{60\times0.8\times0.9}\text{W}=1.38\times10^3\text{W}=1.38\text{kW}$

例 7-4 图 7-4 所示为一种采用增速缸的液压机液压系统回路。柱塞与缸体一起固定在机座上，大活塞与活动横梁相连可以上下移动。已知 $D=400\text{mm}$，$D_1=120\text{mm}$，$D_2=160\text{mm}$，$D_3=360\text{mm}$，液压机的最大下压力 $F=3000\text{kN}$，移动部件自重 $G=20\text{kN}$，摩擦阻力忽略不计，液压泵的流量 $q_P=65\text{L/min}$。问：

（1）液控单向阀 C 和顺序阀 B 的作用是什么？

（2）顺序阀 B 和溢流阀的调定压力为多少？

（3）通过液控单向阀 C 的流量为多少？

解：（1）液控单向阀 C 的作用是在大活塞向下快速运动时向 Ⅱ 腔补充油液和大活塞向上运动回程时回油，当大活塞向下快速运动时，换向阀处于左位，液压泵向 Ⅰ 腔输油，由于没有负载，泵的输出压力很小，顺序阀 A 不通，所以随着大活塞的下移，Ⅱ 腔压力小于大气压，油箱就可以通过单向阀 C 向 Ⅱ 腔补充油液。

图 7-4 例 7-4 图

当大活塞和横梁接触到工件时，负载增加，泵的出口压力升高，达到顺序阀 A 的调定压力时，顺序阀 A 打开，液压泵同时向 Ⅰ 腔和 Ⅱ 腔供油，单向阀 C 关闭，停止补油。当大活塞向上运动回程时，由于液控单向阀的液控口接通液压泵的出口，液控单向阀反向导通，使 Ⅱ 腔油液流回油箱。

顺序阀 B 的作用是在大活塞和横梁停在上端的时候保持压力，以免由于其自重而下落，它也可以在活塞和横梁向下运动的时候产生背压，防止由于负载的突然减小造成前冲现象。其主要作用是保持压力。

（2）$p_{x1}=\dfrac{4G}{\pi(D^2-D_3^2)}=\dfrac{4\times20000}{\pi(400^2-360^2)\times10^{-6}}\text{Pa}=8.38\times10^5\text{Pa}$

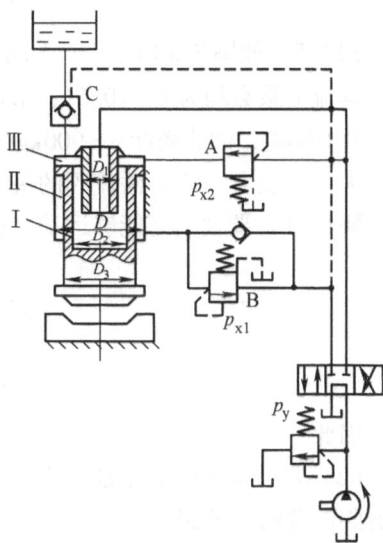

在压制工件时，Ⅰ腔和Ⅱ腔同时进油，所以

$$p_y = \frac{4F}{\pi D^2} = \frac{4 \times 3000 \times 10^3}{\pi \times 400^2 \times 10^{-6}} \text{Pa} = 23.9 \times 10^6 \text{Pa} = 23.9 \text{MPa}$$

（3）当液控单向阀 C 用于补充油液时

$$q_{c1} = \frac{4q_P}{\pi D_2^2} \times \frac{\pi(D^2 - D_2^2)}{4} = q_P \times \frac{D^2 - D_2^2}{D_2^2}$$

$$= 65 \times \frac{400^2 - 160^2}{160^2} \text{L/min} = 341 \text{L/min}$$

当液控单向阀 C 用于回油时

$$q_{c1} = \frac{4q_P}{\pi(D^2 - D_3^2)} \times \frac{\pi(D^2 - D_2^2)}{4} = q_P \times \frac{D^2 - D_2^2}{D^2 - D_3^2}$$

$$= 65 \times \frac{400^2 - 160^2}{400^2 - 360^2} \text{L/min} = 287 \text{L/min}$$

例 7-5　如图 7-5 所示，已知 $q_P = 10 \text{L/min}$，$p_y = 5 \text{MPa}$，两节流阀均为薄壁小孔型节流阀，其流量系数均为 $C_q = 0.62$，节流阀 1 的节流面积 $A_{T1} = 0.02 \text{cm}^2$，节流阀 2 的节流面积 $A_{T2} = 0.01 \text{cm}^2$，油液密度 $\rho = 900 \text{kg/m}^3$，当活塞克服负载向右运动时，求：（1）液压缸左腔的最大工作压力。（2）溢流阀的最大溢流量。

解：（1）要使活塞能够运动，通过节流阀 1 的流量必须大于通过节流阀 2 的流量，即

$$C_q A_{T1} \sqrt{\frac{2(p_P - p)}{\rho}} > C_q A_{T2} \sqrt{\frac{2p}{\rho}}$$

$$0.02\sqrt{5 - p} > 0.01\sqrt{p}$$

因此　　　　　　　　　　　　　　　$p < 4 \text{MPa}$

（2）当节流阀的通流量最小时，溢流阀的溢流量最大。在节流面积一定的情况下，当节流阀两端的压差最小时（因节流阀的进口压力由溢流阀调定，所以当其出口压力最大时），其通流量最小。故通过节流阀的最小流量为

$$q_{T1min} = C_q A_{T1} \sqrt{\frac{2(p_P - p)}{\rho}} = 0.62 \times 0.02 \times 10^{-4} \sqrt{\frac{2(5-4) \times 10^6}{900}} \text{m}^3/\text{s}$$

$$= 5.845 \times 10^{-5} \text{m}^3/\text{s} = 3.5 \text{L/min}$$

则溢流阀的最大溢流量为

$$q_{ymax} = q_P - q_{T1min} = (10 - 3.5) \text{L/min} = 6.5 \text{L/min}$$

例 7-6　在图 7-6 所示的定量泵–变量马达回路中，定量泵 1 的排量 $V_P = 80 \times 10^{-6} \text{m}^3/\text{r}$，转速 $n_P = 1500 \text{r/min}$，机械效率 $\eta_{Pm} = 0.84$，容积效率 $\eta_{Pv} = 0.9$，变量液压马达的最大排量 $V_{Mmax} = 65 \times 10^{-6} \text{m}^3/\text{r}$，容积效率 $\eta_{Mv} = 0.9$，机械效率 $\eta_{Mm} = 0.84$，管路高压侧压力损失 $\Delta p = 1.3 \text{MPa}$，不计管路泄漏，回路的最高工作压力 $p_{max} = 13.5 \text{MPa}$，溢流阀 4 的调定压力 $p_y = 0.5 \text{MPa}$，变量液压马达驱动转矩 $T_M = 34 \text{N} \cdot \text{m}$ 为恒转矩负载。求：

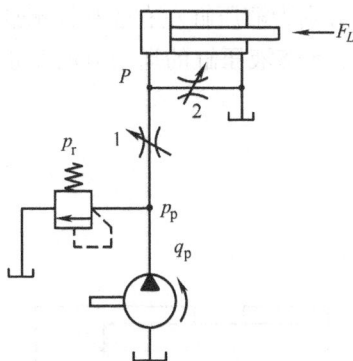

图 7-5　例 7-5 图

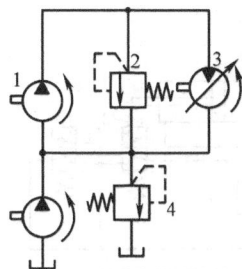

图 7-6　例 7-6 图

（1）变量液压马达的最低转速及其在该转速下的压降。

（2）变量液压马达的最高转速。

（3）回路的最大输出功率。

解：（1）$n_{Mmin} = \dfrac{V_P n_P \eta_{Pv} \eta_{Mv}}{V_{Mmax}} = \dfrac{80 \times 1500 \times 0.9 \times 0.9}{65} \text{r/min} = 1495 \text{r/min}$

$$\Delta p_M = \frac{2\pi T_M}{V_{Mmax} \eta_{Mm}} = \frac{2\pi \times 34}{65 \times 10^{-6} \times 0.84} \text{Pa} = 3.91 \times 10^6 \text{Pa} = 3.91 \text{MPa}$$

（2）马达的入口最大压力

$$p_{Mmax} = p_{max} - \Delta p = (13.5 - 1.3) \text{MPa} = 12.2 \text{MPa}$$

马达的最大压降为

$$\Delta p_{Mmax} = p_{Mmax} - p_y = (12.2 - 0.5) \text{MPa} = 11.7 \text{MPa}$$

由于马达输出的是恒转矩，所以

$$V_{Mmax} \Delta p_M \eta_{Mm} = V_{Mmin} \Delta p_{Mmax} \eta_{Mm}$$

$$V_{Mmin} = \frac{V_{Mmax}}{\Delta p_{Mmax}} \Delta p_M = \frac{65 \times 10^{-6}}{11.7} \times 3.91 \text{m}^3/\text{r} = 21.7 \times 10^{-6} \text{m}^3/\text{r}$$

马达的最大转速

$$n_{Mmax} = \frac{V_{Mmax}}{V_{Mmin}} n_{Mmin} = \frac{65 \times 10^{-6}}{21.7 \times 10^{-6}} \times 1495 \text{r/min} = 4478 \text{r/min}$$

（3）$P_{Mmax} = T_M \times 2 n_{Mmax} \pi = \dfrac{34 \times 4478 \times 2\pi}{60} \text{W} = 15936 \text{W}$

7.3　练习题

7-1　如图 7-7 所示，试说明由行程阀与液动阀组成的自动换向回路的工作原理。

7-2 如图7-8所示双向差动回路中，A_1、A_2和A_3分别为液压缸左右腔和柱塞缸的工作面积，且$A_1 > A_2$，$A_2 + A_3 > A_1$。输入流量为q。试问图示状态液压缸的运动方向及正反向速度各多大？

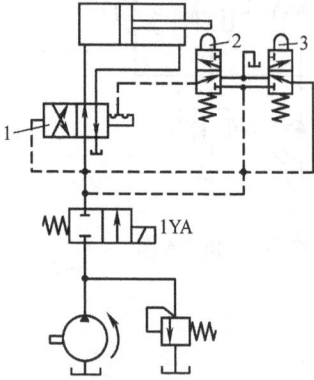

图7-7 题7-1图

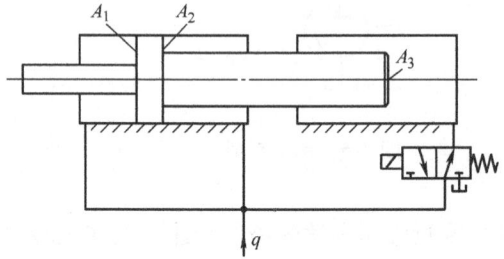

图7-8 题7-2图

7-3 三个溢流阀的调定压力如图7-9所示。试问泵的供油压力有几级？数值各多大？

7-4 如图7-10所示的卸荷回路中，当电磁铁1Y或2Y通电后液压缸并不动作，请分析原因，并提出改进措施。

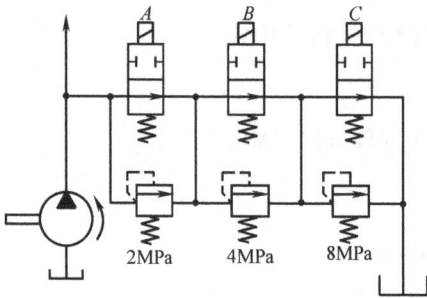

图7-9 题7-3图

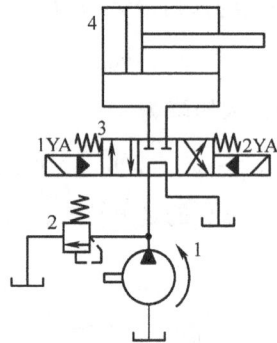

图7-10 题7-4图

7-5 三种采用节流阀的节流调速回路中，在节流阀口从全开到逐渐关小的过程中是否都能调节液压缸的速度？溢流阀是否都处于溢流稳压工作状态？节流阀口能起调速作用的通流面积临界值A_{Tcr}为多大？设负载为F，液压缸左右两腔的工作面积分别为A_1、A_2，泵的流量为q（理论流量为q_{tP}，泄漏系数为k_1，溢流阀的调定压力为p_y，不计调压偏差）、油液密度为ρ，节流阀口看作是薄壁孔，流量系数为C_q。

7-6 如图7-11所示液压泵输出流量$q_P = 10L/\min$。缸的无杆腔面积$A_1 = 50cm^2$，有杆腔面积$A_2 = 25cm^2$。溢流阀的调定压力$p_y = 2.4MPa$。负载$F = 10kN$。节流阀口视为薄壁孔，流量系数$C_q = 0.62$。油液密度$\rho = 900kg/m^3$。试求：（1）节流阀口通流面积A_T为0.02cm^2和

0.01cm^2 时的缸速 v、泵压 p_P、溢流功率损失 ΔP_y 和回路效率 η。（2）当 $A_T = 0.01\text{cm}^2$ 和 0.02cm^2 时，若负载 $F = 0$，则泵压和缸的两腔压力 p_1 和 p_2 多大？（3）当 $F = 10\text{kN}$ 时，若节流阀最小稳定流量为 $50 \times 10^{-3}\text{L/min}$，对应的 A_T 和缸速 v_{min} 多大？若将回路改为进油节流调速回路，则 A_T 和 v_{min} 多大？两者比较说明什么问题？

7-7 能否用普通的定值减压阀后面串联节流阀来代替调速阀工作？在三种节流调速回路中试用，其结果会有什么差别？为什么？

7-8 图 7-12 所示为采用调速阀的进油节流调速回路，回油腔加背压阀。负载 $F = 9000\text{N}$。缸的左右两腔面积分别为 $A_1 = 50\text{cm}^2$，$A_2 = 20\text{cm}^2$。背压阀的调定压力 $p_b = 0.5\text{MPa}$。调速阀两端最小压差 $\Delta p = 0.4\text{MPa}$。不计管道和换向阀压力损失。试问：(1)欲使缸速恒定。不计调压偏差，溢流阀最小调定压力 p_y 多大？(2)背压若增加了 Δp_b，溢流阀调定压力的增量 Δp_y 应有多大？

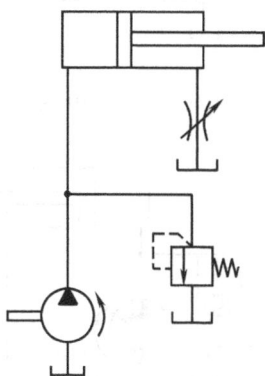

图 7-11 题 7-6 图

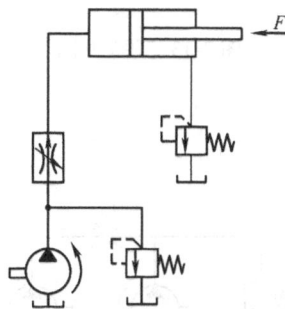

图 7-12 题 7-8 图

7-9 图 7-13 所示回路可以实现"快进→工进（1）→工进（2）→快退→停止"的动作循环，且工进（1）速度比工进（2）快；试说明系统的工作原理，并列出电磁铁动作顺序表。

7-10 如图 7-14 所示，双泵供油、差动快进 - 工进速度换接回路有关数据如下：泵的输出流量 $q_1 = 16\text{L/min}$，$q_2 = 16\text{L/min}$，所输油液的密度 $\rho = 900\text{kg/m}^3$，运动黏度 $\upsilon = 20 \times 10^{-6}\text{m}^2/\text{s}$；缸的大小腔面积 $A_1 = 100\text{cm}^2$，$A_2 = 60\text{cm}^2$；快进时的负载 $F = 1\text{kN}$；油液流过方向阀时的压力损失 $\Delta p_v = 0.25\text{MPa}$，连接缸两腔的油管 $ABCD$ 的内径 $d = 1.8\text{cm}$，其中 ABC 段因较长（$L = 3\text{m}$），计算时需计其沿程压力损失，其他损失及由速度、高度变化形成的影响皆可忽略。试求：（1）快进时缸速 v 和压力表读数。（2）工进时若压力表读数为 8MPa，此时回路承载能力多大（因流量小，不计损失）？液控顺序阀的调定压力宜选多大？

7-11 图 7-15 所示调速回路中，泵的排量 $V_P = 105\text{mL/r}$，转速 $n_P = 1000\text{r/min}$，容积效率 $\eta_{Pv} = 0.95$。溢流阀调定压力 $p_y = 7\text{MPa}$。液压马达排量 $V_M = 160\text{mL/r}$，容积效率 $\eta_{Mv} = 0.95$，机械效率 $\eta_{Mm} = 0.8$，负载转矩 $T = 16\text{N} \cdot \text{m}$。节流阀最大开度 $A_{Tmax} = 0.2\text{cm}^2$（可视为薄壁孔口），其流量系数 $C_q = 0.62$，油液密度 $\rho = 900\text{kg/m}^3$。不计其他损失。试求：（1）通过节流阀的流量和液压马达的最大转速 n_{max}、输出功率 P 和回路效率 η，并请解释为何效率

很低？（2）若将 p_y 提高到 8.5MPa，n_{Mmax} 将为多大？

7-12 试说明图 7-16 所示容积调速回路中单向阀 A 和 B 的功用。在缸正反向移动时，为向系统提供过载保护，安全阀应如何接？试作图表示之。

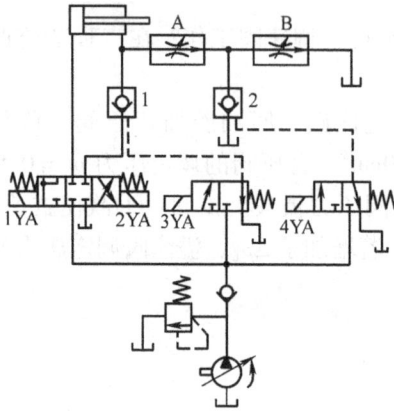

图 7-13 题 7-9 图

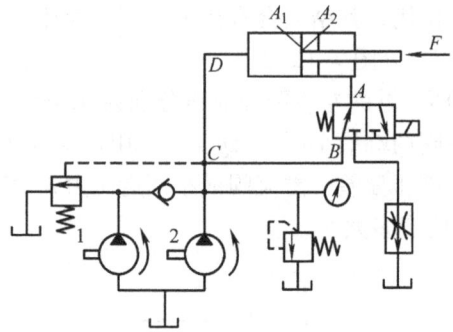

图 7-14 题 7-10 图

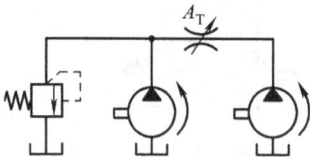

图 7-15 题 7-11 图

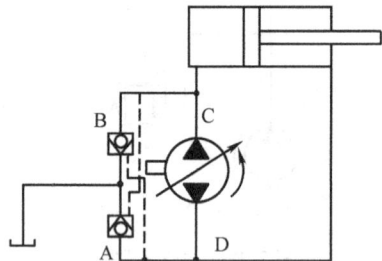

图 7-16 题 7-12 图

7-13 图 7-17 所示液压回路中，限压式变量叶片泵调定后的流量压力特性曲线如图所示，调速阀调定的流量为 2.5L/min，液压缸两腔的有效面积 $A_1 = 2A_2 = 50cm^2$，不计管路损失，求：

（1）缸的左腔压力 p_1。

（2）当负载 $F = 0$ 和 $F = 9000N$ 时的右腔压力 p_2。

（3）设泵的总效率为 0.75，求当负载 $F = 9000N$ 时系统的总效率。

7-14 图 7-18 所示为一速度换接回路，要求能实现"快进→工进→停留→快退"的工作循环，压力继电器控制换向阀切换。问该回路能实现要求的动作吗？请说明原因。

7-15 请问如图 7-19 所示的两种回路能否通过电磁阀 3 的通电、断电实现活塞的换向和两个方向上的调速。

7-16 如图 7-20 所示，已知两活塞向右运动时缸 I 和缸 II 的负载压力分别为 $p_{F1} = 3MPa$，$p_{F2} = 2MPa$。顺序阀、减压阀和溢流阀的调整压力分别为 $p_x = 4MPa$，$p_J = 3MPa$，$p_y = 7MPa$，三种阀全开时的压力损失均为 0.2MPa，其他阀的压力损失忽略不计。试说明在图示状态下两液压缸是如何动作的，两缸运动和停止时 A、B、C、D 四点处的压力是如何变化的？

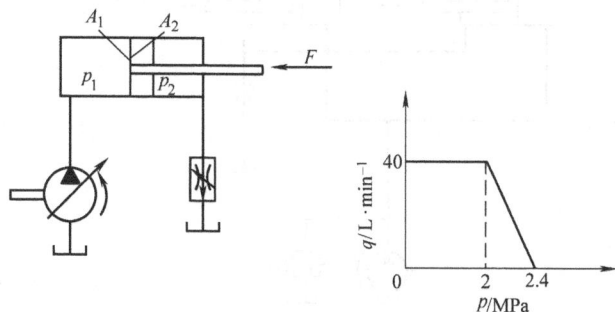

图 7-17 题 7-13 图

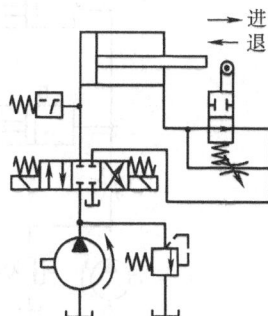

图 7-18 题 7-14 图

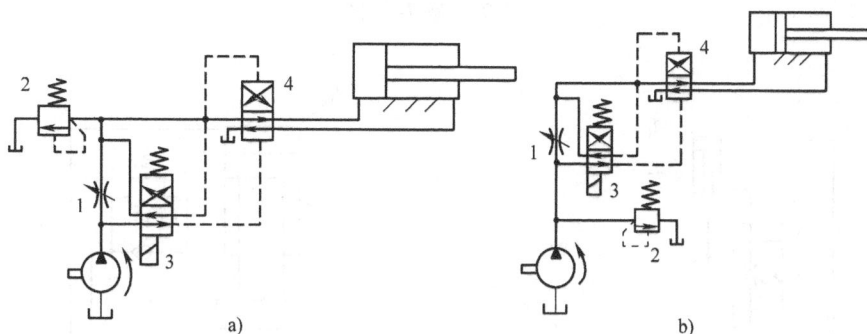

图 7-19 题 7-15 图
1—节流阀 2—溢流阀 3—电磁换向阀 4—换向阀

7-17 如图 7-21 所示，A、B 为完全相同的两个液压缸，负载 $F_1 > F_2$。已知节流阀能调节缸速并不计压力损失。试判断图 7-21a 和图 7-21b 中，哪个缸先动？哪个缸速度快？说明原因。

7-18 试说明图 7-22 所示平衡回路是怎样工作的？回路中的节流阀能否省去？为什么？

7-19 如图 7-23 所示的液压系统，已知运动部件质量为 G，泵 1 和 2 的最大工作压力分别为 p_1、p_2，不计管路的压力损失，问：

（1）阀 4、5、6、9 各是什么阀？各有什么作用？

（2）阀 4、5、6、9 的调定压力如何？

（3）系统包含哪些基本回路？

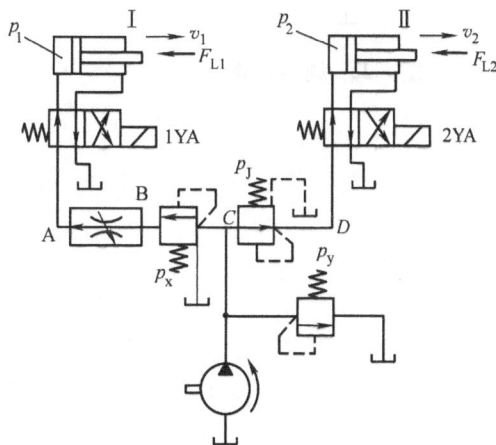

图 7-20 题 7-16 图

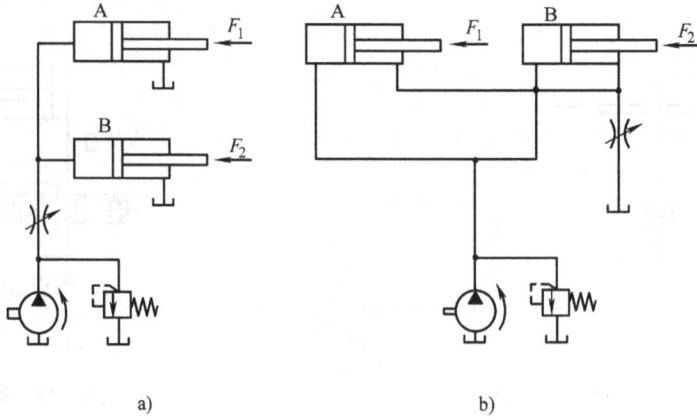

a) b)

图 7-21　题 7-17 图

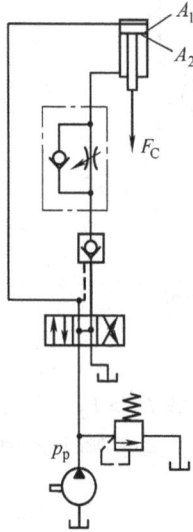

图 7-22　题 7-18 图

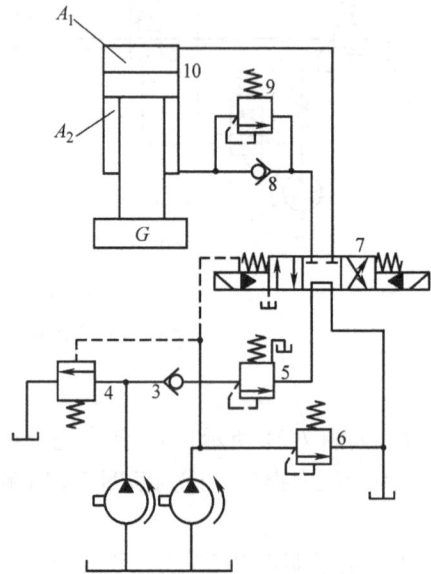

图 7-23　题 7-19 图

第 8 章

典型液压系统

8.1 重点、难点分析

典型液压系统是对以前所学的液压元件基本知识及液压基本回路的结构、工作原理、性能特点的检验与综合，也是将上述知识在实际设备上的具体应用。因为液压传动应用十分广泛，受篇幅的限制，在此只能选择金属切削设备的动力头、锻压机械的压力机、轻工机械的注塑机和工程机械的挖掘机的液压系统为代表，分析这些系统的组成、工作原理、系统特点，从而达到读懂中等以上复杂程度的液压传动系统的学习目的。本章的重点与难点均是对典型液压系统工作原理图的阅读和各系统特点的分析。对于任何液压系统，能否读懂系统原理图是正确分析系统特点的基础，只有在对系统原理图读懂的前提下，才能对系统在调速、调压、换向等方面的特点给予恰当的分析和评价，才能对系统的控制和调节采取正确的方案。因此，掌握分析液压系统原理图的步骤和方法是重中之重的内容。

1. 分析液压系统工作原理图的步骤和方法

对于典型液压系统的分析，首先要了解设备的组成与功能，了解设备各部件的作用与运动方式，如有条件，应当实地考察所要分析的设备，在此基础上明确设备对液压系统的要求，以此作为液压系统分析的依据；其次要浏览液压系统图，了解所要分析系统的动力装置、执行元件、各种阀件的类型与功能，此后以执行元件为中心，将整个系统划分为若干个子系统油路；然后以执行元件动作要求为依据，逐一分析油路走向，每一油路均应按照先控制油路、后主油路，先进油、后回油的顺序分析；然后就是针对执行元件的动作要求，分析系统的方向控制、速度控制、压力控制的方法，弄清各控制回路的组成及各重要元件的作用；再就是通过对各执行元件之间的顺序、同步、互锁、防干扰等要求，分析各子系统之间的联系；最后归纳与总结整个液压系统的特点，加深对系统的理解。

2. 在此选用 YT4543 型组合机床动力滑台的液压系统

作为金属切削专用机床进给部件的典型代表，此系统针对单缸执行元件，以速度与负载的变换为主要特点。要求运动部件实现"快进→一工进→二工进→死挡铁停留→快退→原位停止"的工作循环。具有快进运动时速度高、负载小，工进运动时速度低、负载大的特点。系统采用限压式变量泵供油，调速阀容积节流调速方式，该调速方式具有速度刚性好调速范围大的特点；系统的快速回路是采用三位五通电液换向阀与单向阀、行程阀组成的液压缸差动连接的快速运动回路，具有系统效率较高、回路简单的特点；速度的换接采用行程阀和液控顺序阀联合动作的快进与工进的速度换接回路，具有换接平稳可靠的特点；两种工进采用调速阀串联与电磁滑阀组成的速度变换回路实现两次工进速度的换接，换接平稳；采用中位机能为 M 型的电液换向阀实现执行元件换向和液压泵的卸荷。该系统油路设计合理，元件使用恰当，调速方式正确，能量利用充分。

3. 国产 MLS₃ –170 型采煤机

作为现代综合机械化长臂采煤设备的代表，其特点是工作负荷大、传动功率大、工作环境差、工作空间狭小。要求其传动部件的单位质量所传递的功率越大越好，由于其移动速度低、负载大，故其牵引部分必须有很大的传动比和牵引力，并能够实现无级调速。为便于安全操作，要求整个系统具有完善的安全保护措施和灵活的操作功能。因此，该传动系统采用恒功率变量泵供油，以轴向柱塞定量马达为采掘执行元件，其调速方式属于变量泵－定量马达的容积调速方式。在控制系统中采用了由泵位调节器、液压恒功率调节器和电动机恒功率调节器三个部分组成的恒功率变量结构，使系统的效率更高，稳定性更好。在上述装置中，泵位调节器就是在液压泵上设置的手动伺服变量机构；液压恒功率调节器就是系统的压力反馈测量装置；电动机恒功率调节器就是电动机的电流反馈测量装置。这样，可以利用泵位调节器对马达进行手动调速及换向；利用液压恒功率调节器和电动机恒功率调节器在给定的速度范围内进行自动调速。滚筒式采煤机滚筒高度的调节、机身倾斜度的调整以及挡煤板的翻转，通常采用液压传动系统完成。这些控制与调节装置单独设立，与牵引部的液压系统无关。

4. EX400 型挖掘机的液压系统

作为工程机械液压设备的代表，液压挖掘机工作过程由动臂升降、斗杆收放、铲斗转动、平台回转、整机行走等动作组成，在一个作业循环中还可以形成如动臂升降与斗杆收放合流、平台回转与整机行走合流、斗杆收放与整机行走合流等复合动作。该系统是典型的压力控制的多缸配合动作容积节流调速系统，在系统中采用两台恒功率变量泵供油，系统的效率高；多路换向阀采用减压式手动控制阀操纵，使换向平稳且手感好；多路换向阀采用油路串并联的连接方式，系统的操作安全性好，并具有一定的复合动作操纵性；系统具有多个载荷限定阀，限定了各执行元件的工作压力，提高了系统的安全性；油箱单独设置冷却器，使系统的温升小，工作稳定性高。

5. YB32 –200 型压力机的液压系统

作为锻压机械液压系统的代表，此系统以压力变换为主、功率比大、压力高，属于高压或超高压系统。压力机工作时要求带动上滑块的液压缸活塞能够自动实现"快速下行→慢速加压→保压延时→泄压→快速回程→原位停止"的动作循环，空程时速度大，加压时推力大；下滑块液压缸要求实现"顶出→退回"的动作循环，有时还需要实现"浮动"功能。该系统采用高压大流量恒功率变量泵供油，利用活塞自重充液的快速运动回路实现主缸的快速下行，系统的效率高；采用背压阀与液控单向阀组成的平衡回路控制主缸的回油压力，既满足了主缸上滑块的中位平衡要求，又能满足液压缸的加压力与变速的需要；采用单向阀的保压回路和用顺序阀的泄压回路保证了主缸回程时压力变化的平稳过渡；采用辅助泵单独为控制路供油，控制油路的油压不受主油路压力变化的影响，从而提高了系统的可靠性；主液压缸油路与顶出缸油路串连的设计，使主液压缸的动作与顶出缸运动的顺序得到可靠的控制，提高了设备的安全性。

6. SZ-250/160 型注塑机的液压系统

作为轻工机械液压设备的代表，它具备了多缸顺序动作系统的特点，注塑机的动作循环为"合模缸合模→注射座缸前进→注射缸注射→系统保压→注塑件冷却→注射座缸后退→合模缸开模→顶出缸顶出塑料制品→顶出缸后退"，当塑料制品冷却时，液压马达带动螺杆旋转对颗粒状塑料母料进行预塑。注塑机将熔化的塑料以高压注入模腔，为获得足够大的锁模力，设备采用液压-机械联合增力的合模机构，使得合模平稳可靠；为提高生产率，合模过程平稳，合模机构在合模与开模的过程中，有"慢速→快速→慢速"的速度变化，系统中各运动件的快速是靠变量泵通过低压大流量供油实现；因为塑料制品的品种形状和模具浇注系统的不同，系统中采用了节流调速回路和多级调压回路，使注射成型过程中的压力和速度成为可调的；系统采用了双联泵供油系统，速度高时采用双泵供油，速度低时采用单泵供油，另一泵卸载的工作方式；不同工作阶段的工作压力是由先导型溢流阀与电磁滑阀所控制的，多个远程调压阀组成多级调压回路控制；注射、顶出、预塑工作循环的速度微调，由节流阀或旁通型调速阀实现；多个执行元件的动作顺序由行程开关控制，这种控制方式机动灵活，系统简单。

7. 盘式热分散机比例压力和流量复合控制液压系统

作为废纸处理设备液压系统的代表，其特点是自动化程度高，定位精度高，通过比例控制阀和 PLC 结合，实现了磨盘定位系统（即功率负荷闭环和间隙调整闭环）双闭环恒间隙控制，并保证主电动机功率在其调节范围内准确的调节间隙。系统采用比例压力和比例流量复合控制，通过比例流量阀控制分散机的位移和间隙大小，通过比例溢流阀根据负载大小控制主电动机工作在恒功率，大大简化了系统结构和元件数量。为了设备安全使用，系统压力只有在比例溢流阀有控制电压的情况下才能随着控制电压的变化而变化，液压执行元件才能工作，并且采用液控单向阀保证了液压系统的电磁换向阀处于断电状态时磨盘间隙保持不变。整个液压系统采用了叠加式液压元件，应特别注意液控单向阀与单向节流阀的位置，以及与液控单向阀相叠加的电磁换向阀的中位机能（必须是 Y 型或 H 型）。由于液压系统 24h 连续工作，所以液压泵的排量要在满足使用要求的前提下尽量小，同时配有冷却器，以确保系统温升在规定范围内。

8. XLB1800×10000 型平板硫化机的液压系统

作为平板硫化设备的代表，平板硫化机的主要功能是提供硫化所需的压力和温度。其具体动作为"第一次排气→第二次排气保压→硫化工序→开模"，硫化机的工作平台上升高度必须一致，所以热板的平衡装置尤为重要。当平衡装置采用机械结构时，存在制造、安装误差，这些积累误差会导致上升和下降过程中的不平衡，而且平衡轴加工难度大，设备维修复杂。经改进，这里采用平衡液压缸（一个液压缸的上腔与另一个液压缸的下腔通过管路连接），在热板的两端分别设置一组平衡液压缸能很好地解决热板运动时的平衡问题。平板液压系统具有快速上升、慢速缩进、快速下降的功能，有利于提高生产率。系统具有压力补偿功能及液压泵停机延时功能，排气时间、次数和加热温度及硫化时间均可设定，操作方便。硫化过程中各工序时间切换由压力变送器发出信号控制，切换到哪个工序可以自由设置，可以适合不同规格产品，适应能力强。

8.2 典型例题解析

例 8-1 图 8-1 所示的液压系统，已知 Ⅰ、Ⅱ 两个回路各自进行独立的动作循环，互不干扰，并且当 4YA、6YA 中的任意一个通电时 1YA 便通电，当 4YA、6YA 均断电时 1YA 才断电，试说明：

（1）该系统的工作原理。

（2）各标号元件的名称和作用。

（3）列出系统的电磁铁动作顺序表。

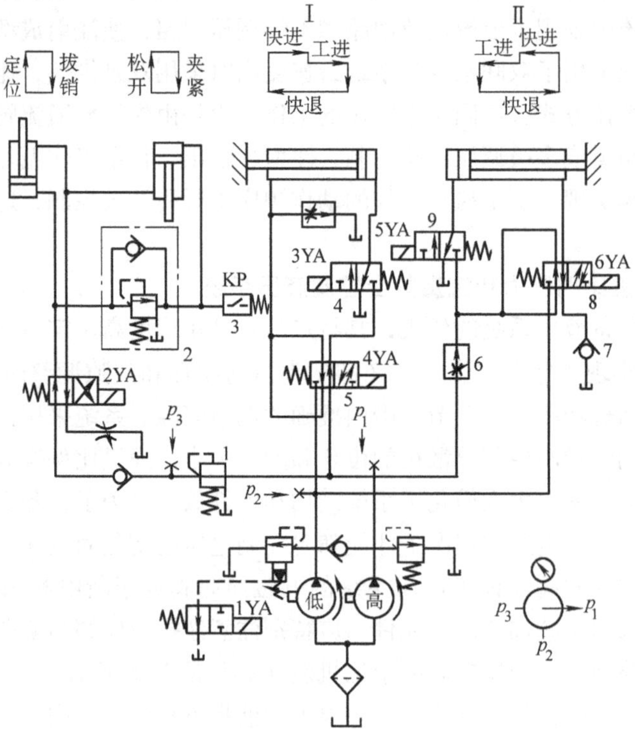

图 8-1 例 8-1 图

解：（1）系统的工作原理

1）定位夹紧：液压泵起动后，高压泵经过减压阀、单向阀和二位四通阀向定位缸无杆腔供油，有杆腔回油经二位四通阀、节流阀流入油箱，实现定位动作。定位动作完成以后，进油路油压升高，使单向顺序阀打开，压力油进入夹紧缸无杆腔，有杆腔回油流入油箱，实现夹紧动作。在定位夹紧阶段，进油路的压力油将外腔顺序阀打开，使低压泵卸荷。

2）快进：夹紧动作完成以后，其进油路压力升高，引起压力继电器 KP 动作发讯，使 1YA、2YA、3YA、4YA、5YA、6YA 通电，低压泵不再卸荷，它所输出的低压油一路流入缸 Ⅰ 的无杆腔，另一路流入缸 Ⅱ 的无杆腔。由于此时缸 Ⅰ、Ⅱ 的油路皆成差动连接，故实现快进。

3）工进：缸 Ⅰ、Ⅱ 快进完成后，挡铁分别压下行程开关，使 4YA、6YA 断电，同时

1YA也断电,因而低压泵卸荷,高压泵来油进入缸Ⅰ、Ⅱ的无杆腔,其有杆腔回油流入油箱。此时,缸Ⅰ回油及缸Ⅱ进油分别通过所在油路的调速阀,油量受到控制。因而液压缸实现慢速工进。

4) 快退:缸Ⅰ、Ⅱ工进完成后,挡铁分别压下行程开关,使3YA、5YA断电,并使4YA、6YA通电,同时1YA也通电,低压泵不再卸荷,其输出的低压油流入缸Ⅰ、Ⅱ的有杆腔,无杆腔回油流入油箱,实现快退。

5) 松开、拔销,原位卸荷:当缸Ⅰ、Ⅱ退回原位后,挡铁分别压下行程开关,使2YA通电,1YA断电。这时,高压泵输出的压力油流入定位缸和加紧缸的有杆腔,无杆腔回油流入油箱,实现拔销与松开动作。与此同时,低压泵卸荷。

(2) 各标号元件的名称和作用 阀1为减压阀,为定位、拔销、夹紧、松开油路(辅助)提供比主油路低的稳定压力;阀2为单向顺序阀,其作用是控制两个缸的先定位,后夹紧的顺序动作和夹紧缸松开时的回油;阀3是压力继电器,其作用是夹紧压力达到预定值后,发出信号,使主油路(快进、工进、快退)动作;阀4为二位三通电磁阀,其作用是与阀5配合控制缸Ⅰ的快进、工进、快退;阀5为二位三通电磁阀,与阀4配合控制缸Ⅰ的快进、工进、快退;阀6为调速阀,其作用是以进口节流调速的形式控制缸Ⅱ的工进速度;阀7是单向阀,其作用是使缸Ⅱ工进时,回油建立一定的背压,以使缸Ⅱ运动中平稳性增加,减小缸Ⅱ的前冲现象;阀8是二位五通电磁换向阀,其作用一方面与阀9相配合实现缸Ⅱ的差动连接,另一方面实现缸Ⅱ工进时的回油和快退时的进油;阀9是二位三通电磁阀,其作用一方面与阀8配合实现缸Ⅱ的差动连接,另一方面实现缸Ⅱ工进时的进油和快退时的回油。

(3) 系统的电磁铁动作顺序表(见表8-1)

表8-1 电磁铁动作顺序表

电磁铁 动作	1YA	2YA	3YA	4YA	5YA	6YA	KP
定位夹紧	—	—	—	—	—	—	干
快进	+	—	+	+	+	+	+
工进卸荷(低)	—	—	+	—	+	—	+
快退	+	—	—	+	—	+	+
松开、拔销	—	+	—	—	—	—	—
原位卸荷	—	+	—	—	—	—	—

例8-2 图8-2所示液压系统可实现定位夹紧→动力头快进→工作进给→快退→松开、拔销→原位停止、卸荷的工作循环,已知泵的压力流量特性如图8-2a所示,动力缸两腔面积 $A_1 = 2A_2 = 80\text{cm}^2$,调速阀6前后的压差 $\Delta p = 4 \times 10^5 \text{Pa}$,通过的流量为 1L/min,问:

(1) 电磁铁的动作顺序。

(2) 若加工情况发生变化,要求快进速度增加一倍,工作进给运动速度保持不变,加工负载在30~36kN的范围内变动,要使系统在较合理的状况下工作,应怎样调整液压泵?

(3) 做出调整后泵的压力流量特性图,简述具体的调整方法。

（4）计算调整以后的动力头快进、快退及工作进给速度。

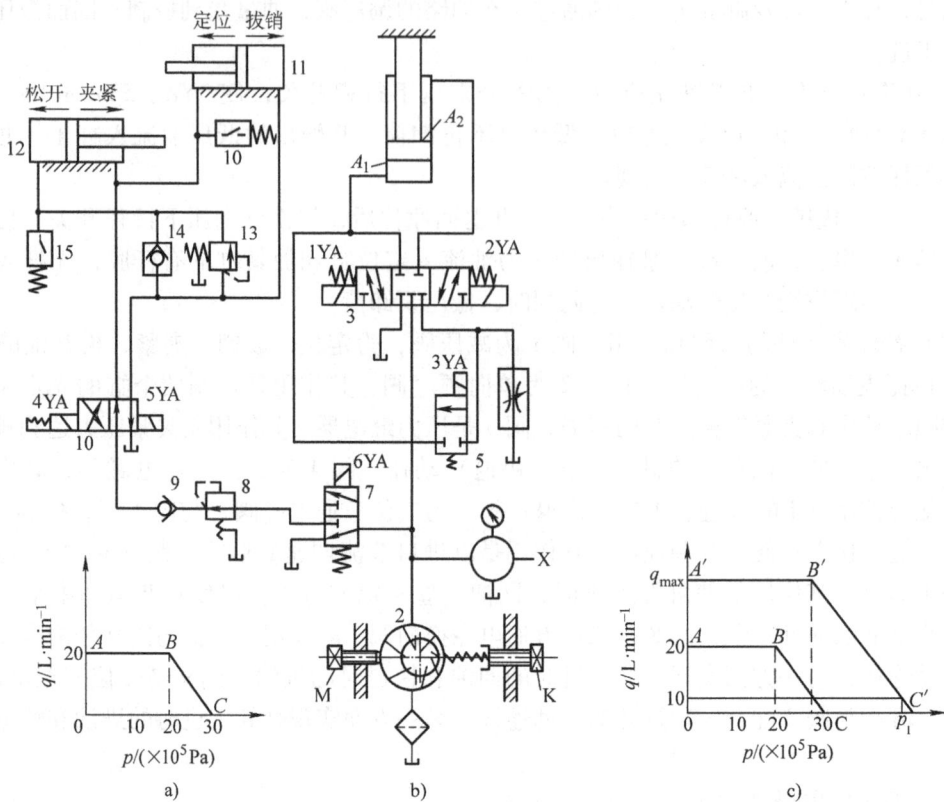

图 8-2　例 8-2 图

解：（1）电磁铁动作顺序见表 8-2

表 8-2　电磁铁动作顺序表

电磁铁 动作	1YA	2YA	3YA	4YA	5YA	6YA
定位夹紧	—	—	—	+	—	+
快进	+	—	+	—	—	+
工进卸荷（低）	+	—	—	—	—	+
快退	—	+	—	—	—	+
松开、拔销	—	—	—	—	+	+
原位卸荷	—	—	—	—	—	—

（2）系统工进时的供油压力

$$p_1 A_1 = F + p_2 A_2$$

式中的加工负载 F 取最大值，即 36kN，$p_1 = \Delta p = 4 \times 10^5$ Pa，所以

$$p_1 = \frac{F + p_2 A_2}{A_1} = \frac{36000 + 4 \times 10^5 \times 40 \times 10^{-4}}{80 \times 10^{-4}} \text{Pa} = 47 \times 10^5 \text{ Pa}$$

工作进给运动速度保持不变，所以泵的供油流量 q_1 不变，即

$$q_1 = \frac{A_1}{A_2}q_2 = 2 \times 1\text{L/min} = 2\text{L/min}$$

快进速度增加一倍，则泵的最大供油量增加一倍，即

$$q'_{\max} = 2 \times 20\text{L/min} = 40\text{L/min}$$

（3）泵的最大供油量增加一倍，所以泵的压力流量特性曲线中 AB 段上移，因为泵的调压弹簧刚度不变，所以 BC 段的斜率不变，则

$$\frac{p'_C - p'_B}{(30 - 20) \times 10^5} = \frac{q'_{\max}}{20} = \frac{40}{20} = 2$$

$$p'_C - p'_B = 20 \times 10^5 \text{Pa}$$

$$\frac{p'_C - p_1}{p'_C - p'_B} = \frac{q_1}{q'_{\max}} = \frac{2}{40}$$

$$p'_C = \frac{2}{40} \times (p'_C - p'_B) + p_1 = \frac{2}{40} \times 20 \times 10^5 \text{Pa} + 47 \times 10^5 \text{Pa} = 48 \times 10^5 \text{Pa}$$

根据计算出来的 A' 和 C' 点作 AB 和 BC 的平行线，其交点就是 B' 点，新的曲线 $A'B'C'$（见图 8-2c）就是泵调整后的压力流量特性曲线。

泵的调整方法：完全拧松调节螺钉 M，使定子转子偏心最大，便可得到泵的最大输出流量。起动带动液压泵的电动机，给 6YA 通电，使阀 7 上位工作，然后将螺钉 K 拧紧，直到压力表读数为 $45 \times 10^5 \text{Pa}$ 为止。

（4）工进速度

$$v_1 = \frac{q_1}{A_1} = \frac{2 \times 10^{-3}}{80 \times 10^{-4}}\text{m/min} = 0.25\text{m/min}$$

快退速度

$$v_2 = \frac{q_{\max}}{A_2} = \frac{40 \times 10^{-3}}{40 \times 10^{-4}}\text{m/min} = 10\text{m/min}$$

快进速度

$$v_3 = \frac{q_{\max}}{A_1 - A_2} = \frac{40 \times 10^{-3}}{40 \times 10^{-4}}\text{m/min} = 10\text{m/min}$$

8.3 练习题

8-1 怎样阅读和分析一个液压系统。

8-2 图 8-3 所示为一定位夹紧系统，问 A、B、C、D 各是什么阀？起什么作用？说明系统的工作原理。

8-3 读懂图 8-4 所示的液压系统，列出电磁铁动作循环表，并分析该油路由哪些基本回路组成，这些回路的选择是否合理。

8-4 如图 8-5 所示的 $\text{MLS}_3 - 170$ 型采煤机的液压牵引系统中有什么特点？并说明各个元件和基本回路的作用是什么？

8-5 如图 8-6 所示的液压挖掘机由哪些基本

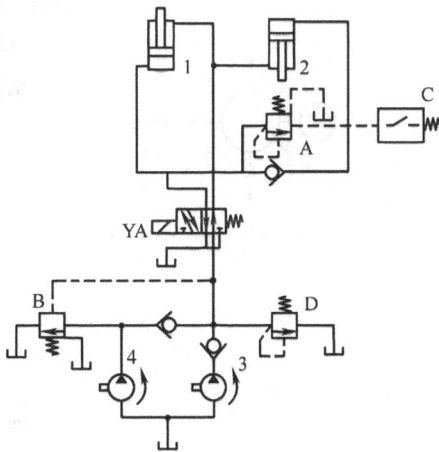

图 8-3 题 8-2 图

回路组成？其特点有哪些？

8-6 如图 8-7 所示的液压系统由哪些基本回路组成？重点分析各种压力控制回路和上缸快速下行运动的特点。对应第 5 章插装阀的有关知识，将其转化为插装阀液压回路。

8-7 如图 8-8 所示的液压系统由哪些基本回路组成？重点分析各种基本回路的特点。

8-8 如图 8-9 所示的液压系统有哪些回路组成？其特点有哪些？

8-9 如图 8-10 所示的液压系统有哪些回路组成？其特点有哪些？

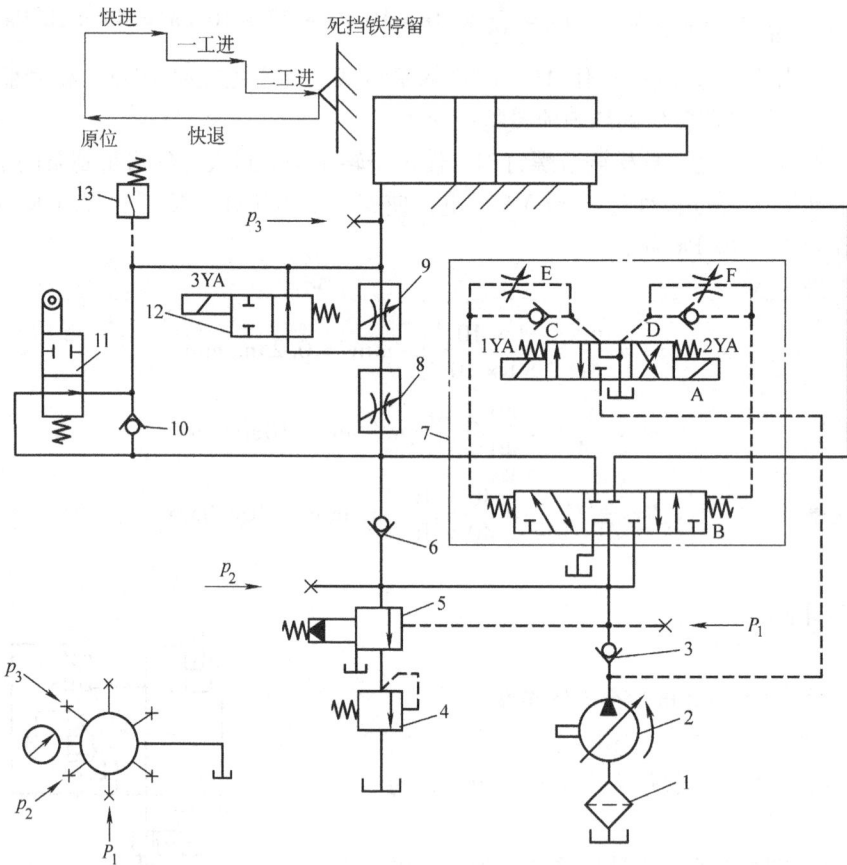

图 8-4 题 8-3 图

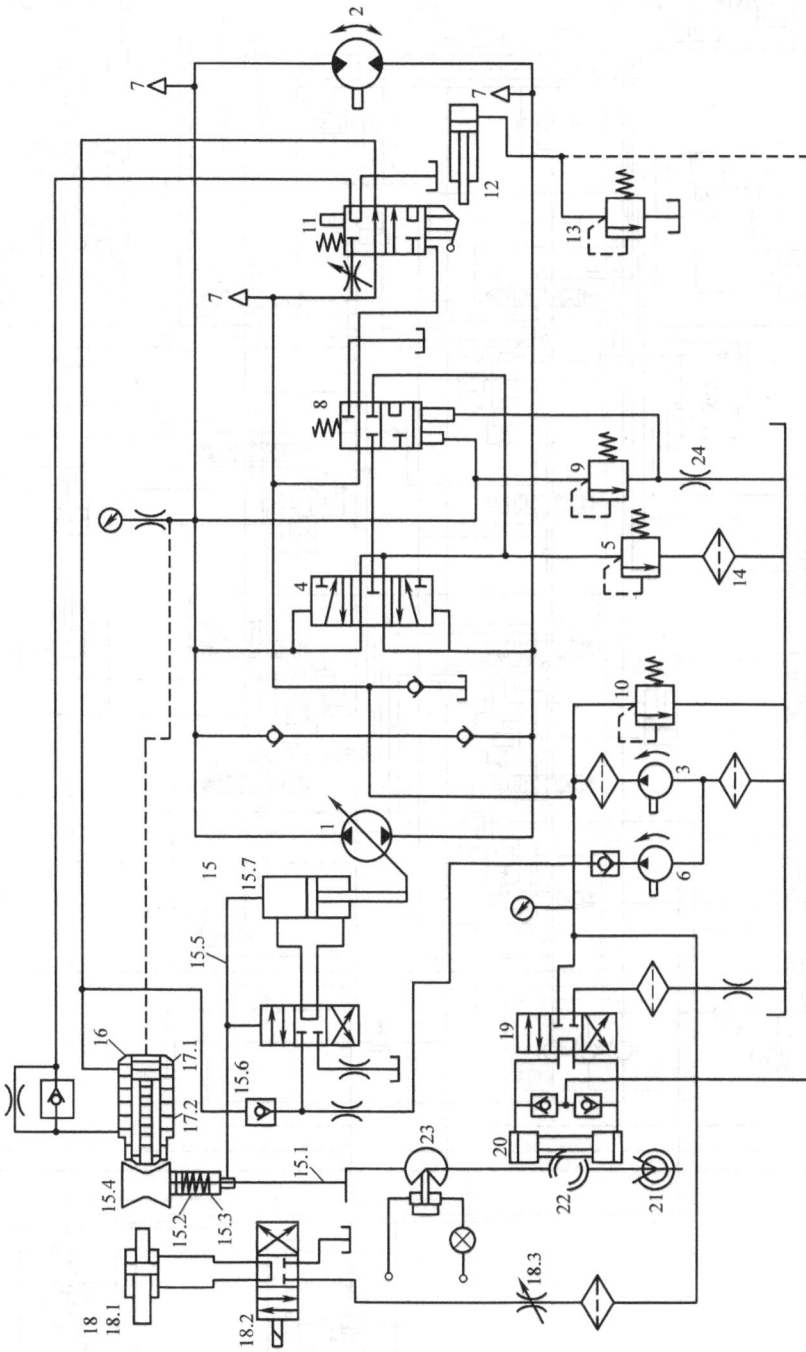

图 8-5 题 8-4 图

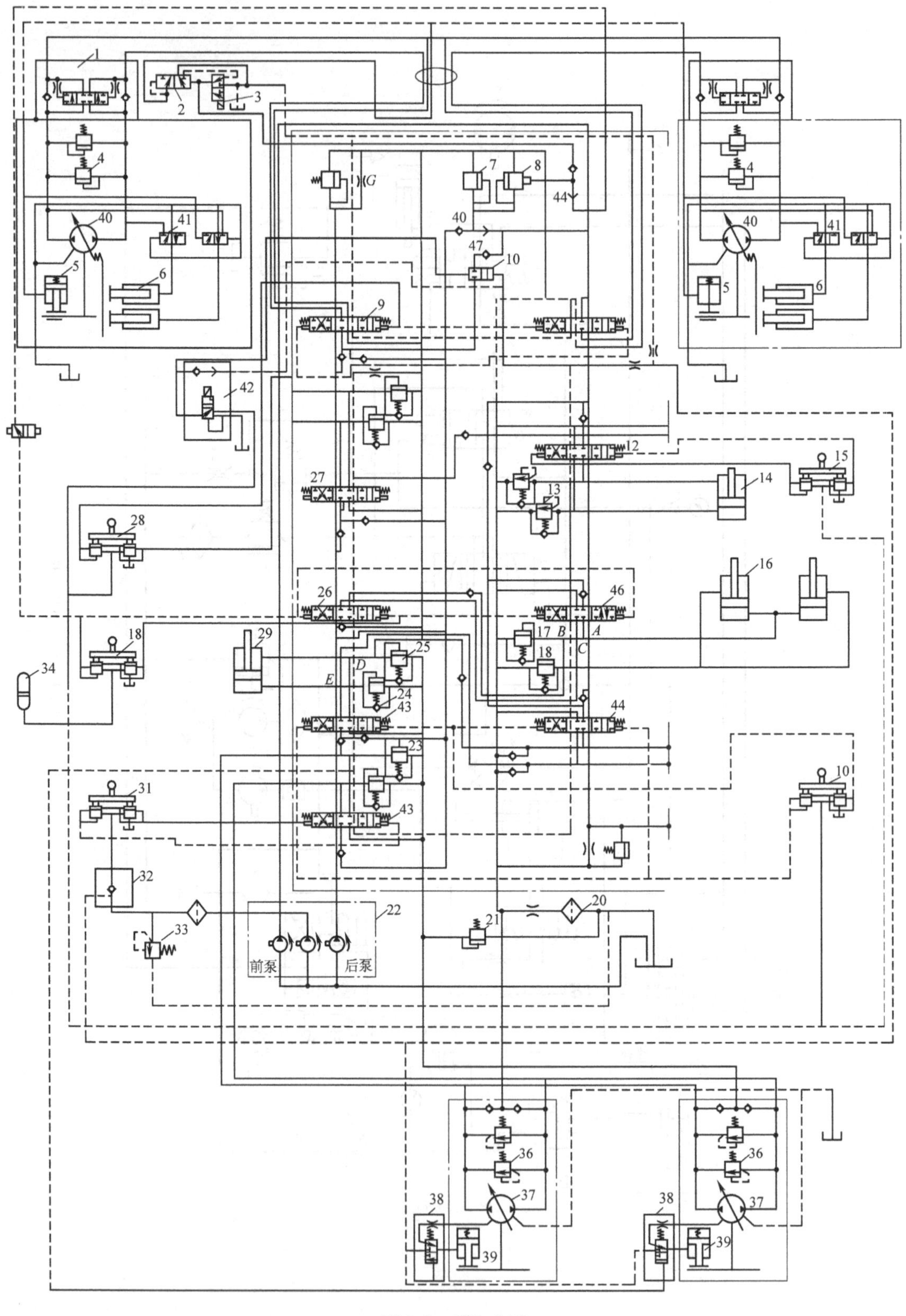

图 8-6　题 8-5 图

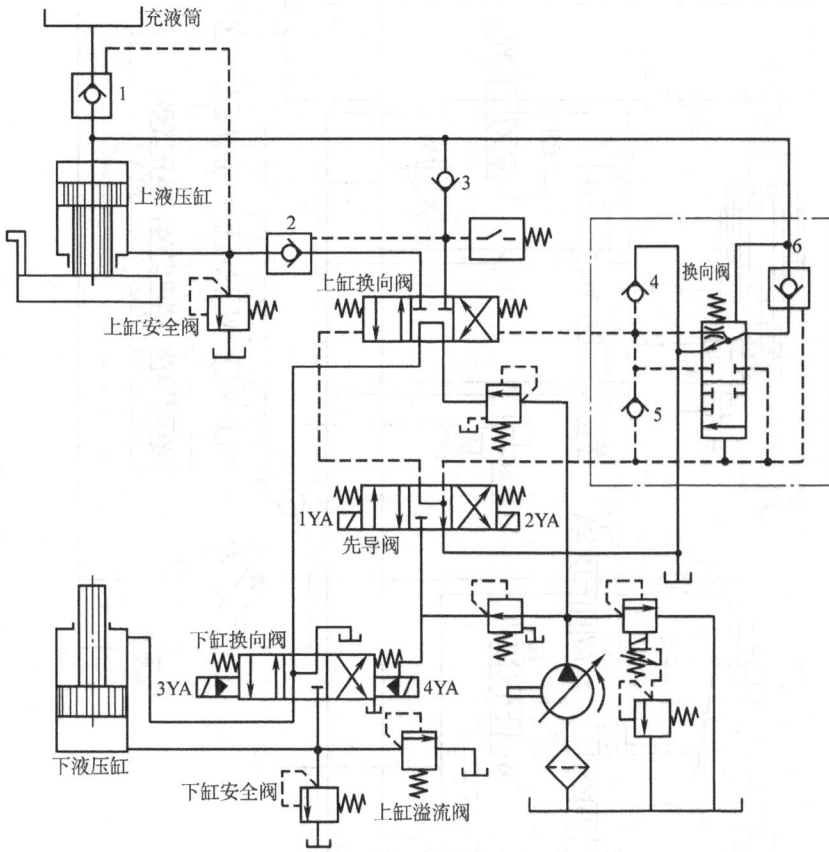

图 8-7 题 8-6 图

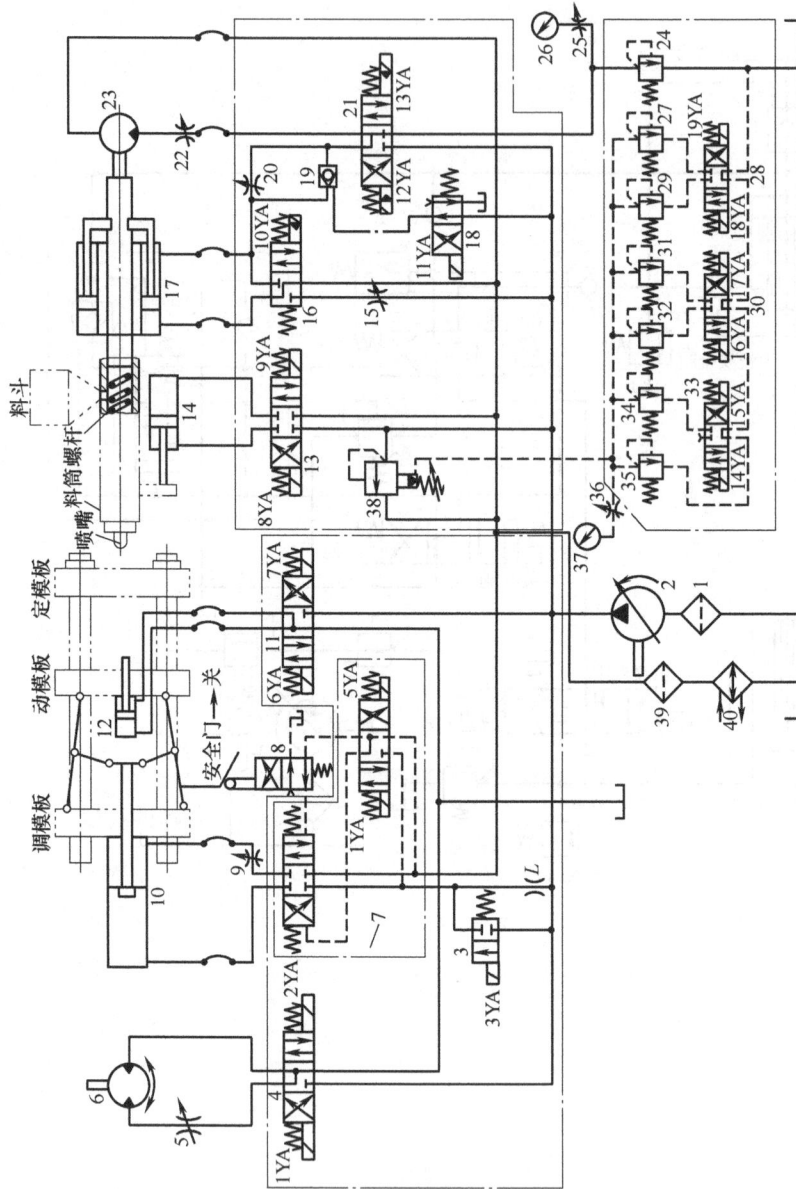

图 8-8　题 8-7 图

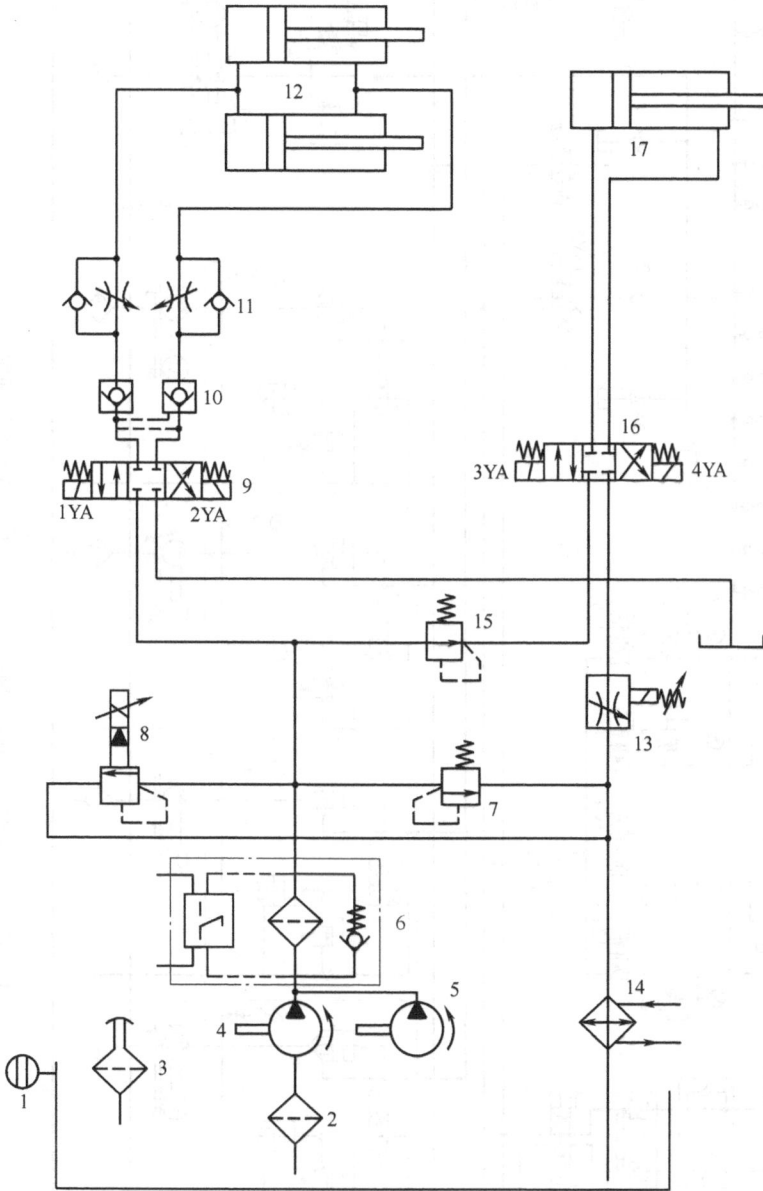

图8-9 盘式热分散机的液压原理图

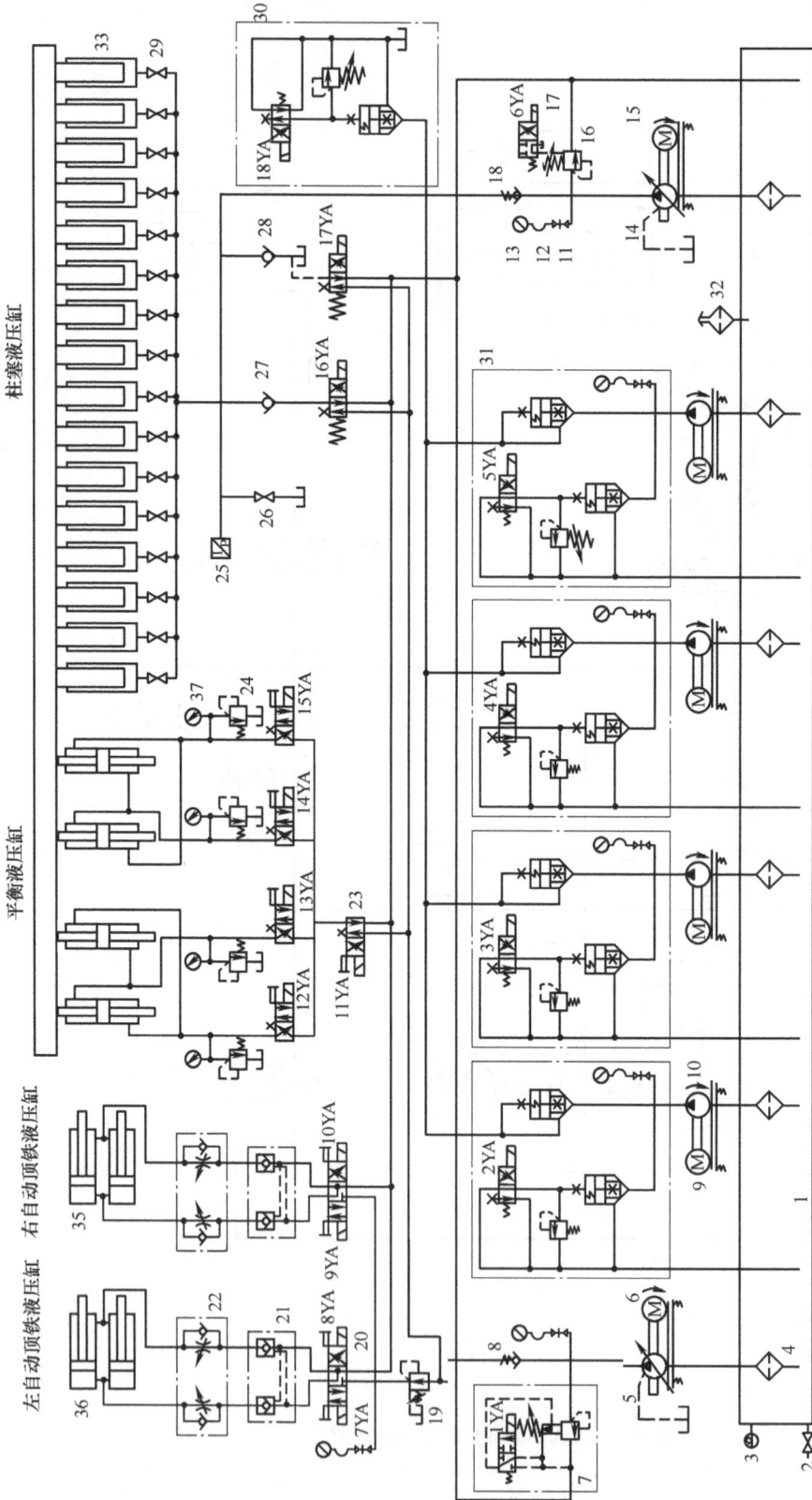

图 8-10 XLB1800×10000 型平板硫化机液化主机液压系统原理图

1—油箱 2—球阀 3—液位计 4—过滤器 5、14—变量柱塞泵 6、9、15—电动机 7—电磁溢流阀 8、18、27—单向阀 10—叶片泵 11—测压接头 12—测压软管 13—耐振压力表 16、24—溢流阀 17、20、23—电磁换向阀 19—减压阀 21—液控单向阀 22—双单向节流阀 25—压力变送器 26、29—高压球阀 28—液控单向阀 31—液压泵测压阀组 32—空气过滤器 33—柱塞液压缸 34—平衡液压缸 35—右自动顶铁液压缸 36—左自动顶铁液压缸

第 9 章

液压系统的设计计算

9.1　重点、难点分析

　　能设计中等复杂程度的液压系统是学习液压课程的目的之一。要能独立设计出符合使用要求的液压系统，必须掌握前八章的基本内容。在此基础上熟悉液压系统的设计步骤、明确设计要求、合理使用设计资料、正确的选取设计参数后，就可以完成设计任务。因此，对设计要求的分析、设计资料的查找与熟悉、设计参数的选取是本章的重点。

　　由于初学者缺乏设计经验，对于系统回路设计、参数选取难以做到合理恰当。所以，系统液压回路的设计与液压参数的选取是本章的难点。

　　真正掌握液压系统的设计需要具备一定的实际工作经验，本章只能通过一个设计实例介绍液压系统的一般设计步骤，从而展示设计要求的分析过程、液压回路的拟定要点、设计参数的确定方法、液压元件的选取原则、系统验算的计算内容和系统参数的设定步骤。由于课内学时有限，可以在课程设计或在大型作业中单独学习本章内容。在学习本章内容时应注意以下几点：

　　1）在设计液压系统时首先应对所要设计的设备进行全面的了解，明确设备对液压系统的所有要求。例如：所设计设备的用途、总体布局、对液压装置的位置与空间尺寸的限制；设备的工艺流程、动作循环、技术参数及性能要求；设备对液压系统的工作方式及控制方式的要求；对液压系统的工作条件、工作环境、经济性与成本等方面的要求等。

　　2）液压系统原理图的拟定是在系统的方案设定基础上，通过选择基本回路、拟合回路、优化回路性能、防止回路干扰来完成的。确定液压系统方案时，要涉及系统参数的调整、工作介质及回路类型的选择、执行元件与动力装置种类的初定等。

　　系统参数的调整与控制主要涉及调速、调压、换向三个方面。对于电动机驱动的中小型液压设备，当系统的平稳性要求较高时，可选用节流调速或容积节流调速回路；当要求系统高效节能且速度平稳性要求不高时，可选用容积调速回路；当原动机为内燃机时，可通过改变泵的转速来实现调速。压力控制应根据执行元件的工作需要来确定具体采用哪种（稳压、安全、减压、卸载、平衡等）调压方式。换向方式主要分为电动和手动两大类。当设备要求自动控制时应选电动换向方式；对于行走机械、工程机械，多采用手动操纵方式。

　　普通液压设备一般选用矿物型液压油，在高温及易燃环境下作业的液压设备应选用难燃工作介质；液压装置可分为开式和闭式两种回路方式，对于普通液压设备应采用开式回路，对于行走机械、工程机械或航空液压装置应选用闭式回路。

液压设备的执行元件是根据设备负载的大小、运动形式、行程长短、空间结构等条件确定并计算结构参数的；然后才能制订执行元件的负载－行程、速度－行程、功率－行程工况图；最后根据此图初步确定液压泵的类型。

3）液压系统参数的计算与液压元件的选择是在初选了执行元件与泵的类型后进行的。根据选定的液压泵和所拟定的液压系统图，计算各个液压控制阀及辅件等液压元件在不同工作阶段所承受的压力与流量等系统参数，以此确定元件的规格。液压系统参数的计算必须逐一将各工作阶段的系统实际情况的参数计算出后，经过分析对比、加权折扣后，才能最终确定各元件的规格参数，单凭某一工作阶段的工况是无法确定元件的规格参数的。

4）系统的验算与各控制元件调整参数的设定是系统设计的另一项重要工作。根据液压系统的不同，验算性能参数的项目也有所不同，一般要进行系统压力损失验算、系统发热验算、系统散热验算、系统效率验算等。若根据液压装置计算出的压力损失大于预先估计的压力损失值，则应提高泵的额定压力或增大溢流阀的调整压力。系统发热验算的目的是验算油温是否超过允许值，若油温超过允许值则应考虑扩大油箱容积或单独设置冷却装置。控制元件调整参数的设定主要指压力阀调整压力的确定与各测压点压力的确定。当系统的验算完成后，各压力阀的调整参数就可以确定，据此可以设置系统的压力测量点，检测系统的工作状态。

5）设计文档的编制与非标液压装置的设计是系统设计的最后一个内容。设计文献主要包括设计任务书、设计计算书、使用说明书、易损件明细表等；非标液压装置设计主要包括非标准件设计、液压装置总图设计、管道安装图设计等。这些文献和设计依据液压设备的不同、系统复杂程度差异、产品用途不同而不同。

6）液压系统的一般设计过程包括：明确要求与负载分析、选择方案与回路设计、参数计算与元件选择、系统验算与参数设定、文献编写与装置设计等几个设计步骤。由于液压系统的多样性，许多因素无法直接确定，因此设计步骤是灵活的，经常会遇到设计步骤需要穿插进行，特别是对于不同的设计对象（例如机床液压系统、工程机械液压系统、冶金设备液压系统等），其设计步骤略有差别，对于比较简单的液压系统有些步骤可以简化与合并。

7）随着技术的发展，有许多设计资料可以参阅，多种设计经验可以借鉴。因此，设计资料的查找，设计思想的建立也是本章需要注意的问题。在查找设计手册、阅读产品样本时要注意数据资料使用条件和环境要求；在学习设计方法时应认识到：一个设计方案常要通过分析、对比、选择和估算等过程才能最终确定，一个恰当的设计参数通常需要经过设计→检验→否定，再设计→检验→否定等几个过程反复才能完成。

9.2 典型例题解析

例 9-1 一台专用铣床，铣头驱动电动机功率为 7.5kW，铣刀直径为 120mm，转速为 350r/min。工作行程为 400mm，快进、快退速度为 4.5m/min，工进速度为 60～1000mm/min，往复运动时加、减速时间为 0.05s。工作台水平放置，导轨静摩擦系数为 0.2，动摩擦系数为 0.1，运动部件总质量为 400kg。试设计该机床的液压系统。

解：1. 负载分析

负载转矩 $\quad T = \dfrac{P}{2\pi n} = \dfrac{7500 \times 60}{2\pi \times 350}\text{N/m} = 204.63\text{N/m}$

切削力 $\quad F_{\text{w}} = \dfrac{T}{D/2} = \dfrac{204.63}{120/2}\text{N} = 3410\text{N}$

静摩擦力 $\quad F_{\text{fs}} = (400 + 150) \times 9.81 \times 0.2\text{N} = 1078\text{N}$

动摩擦力 $\quad F_{\text{fd}} = (400 + 150) \times 9.81 \times 0.1\text{N} = 539\text{N}$

惯性力 $\quad F_{\text{a}} = (400 + 150) \times \dfrac{4.5}{0.05 \times 60}\text{N} = 825\text{N}$

取液压缸的机械效率 $\eta_{\text{m}} = 0.9$

可列出液压缸各动作阶段中的负载和推力,见表9-1。

表9-1 液压缸各动作阶段中的负载和推力

力 动 作	液压缸负载 F/N	液压缸推力 F/η_{m}(N)
起动	$F = F_{\text{fs}} = 1078$	1198
加速	$F = F_{\text{fd}} + F_{\text{a}} = 539 + 825 = 1364$	1515
快进	$F = F_{\text{fd}} = 539$	599
工进	$F = F_{\text{fd}} + F_{\text{w}} = 539 + 3410 = 3949$	4388
快退	$F = F_{\text{fd}} = 539$	599

2. 根据液压缸的工况分析绘制其负载、速度循环图

液压缸的负载、速度循环图如图9-1a、b所示。

3. 初步确定液压缸的参数

(1) 初选液压缸的工作压力 根据液压缸的最大推力为4388N,按配套教材表4-7选用液压缸的工作压力 $p_1 = 3 \times 10^6\text{Pa}$。

(2) 计算液压缸尺寸 选用差动液压缸,使活塞杆面积保持 $A_1 = 2A_2$,于是 $d = 0.707D$。按配套教材表9-1取背压 $p_2 = 0.8 \times 10^6\text{Pa}$,当液压缸快进时做差动连接,此时由于管中有压力损失,液压缸有杆腔的压力必须大于无杆腔的压力,这项压力损失可按 $0.5 \times 10^6\text{Pa}$ 计算,即回油管路压力损失 $\Delta p = 0.5 \times 10^6\text{Pa}$。从满足最大推力出发,计算液压缸面积为

$$A_{1\text{F}} = \frac{F}{p_1 - p_2/2} = \frac{4388}{(3 - 0.8/2) \times 10^6}\text{m}^3 = 1.69 \times 10^{-3}\text{m}^2 = 16.9\text{cm}^2$$

液压缸内腔直径 D 为

$$D = \sqrt{\frac{4A_{1\text{F}}}{\pi}} = \sqrt{\frac{4 \times 1.69 \times 10^{-3}}{\pi}}\text{m} = 0.0464\text{m} = 46.4\text{mm}$$

按教材表4-4取 $D = 50\text{mm}$,活塞杆直径 $d = 0.707D = 0.707 \times 50\text{mm} = 35.3\text{mm}$,取 $d = 36\text{mm}$。所以,液压缸实际有效工作面积为

$$A_1 = \frac{\pi D^2}{4} = \frac{\pi \times 50^2}{4}\text{mm}^2 = 1963\text{mm}^2$$

$$A_2 = \frac{\pi(D^2 - d^2)}{4} = \frac{\pi \times (50^2 - 36^2)}{4}\text{mm}^2 = 946\text{mm}^2$$

(3) 液压缸工作循环中各阶段的压力、流量及功率计算

1）工进时液压缸需要的流量

$$q_{\text{工max}} = A_1 v_{\text{工max}} = 1963 \times 1000 \times 10^{-6} \text{L/min} = 1.96 \text{L/min}$$

$$q_{\text{工min}} = A_1 v_{\text{工min}} = 1963 \times 60 \times 10^{-6} \text{L/min} = 0.12 \text{L/min}$$

2）快进时液压缸需要的流量

$$q_{\text{快进}} = (A_1 - A_2) v_1 = (1963 - 946) \times 4500 \times 10^{-6} \text{L/min} = 4.58 \text{L/min}$$

3）快退时液压缸需要的流量

$$q_{\text{快退}} = A_2 v_1 = 946 \times 4500 \times 10^{-6} \text{L/min} = 4.26 \text{L/min}$$

4）快进时液压缸的压力

$$p_{1\text{起动}} = \frac{F + A_2 \Delta p}{A_1 - A_2} = \frac{1198 + 0}{1963 - 946} \text{Pa} = 1.18 \times 10^6 \text{Pa}$$

$$p_{1\text{加速}} = \frac{F + A_2 \Delta p}{A_1 - A_2} = \frac{1515 + 946 \times 0.5}{1963 - 946} \text{Pa} = 1.95 \times 10^6 \text{Pa}$$

$$p_{1\text{恒速}} = \frac{F + A_2 \Delta p}{A_1 - A_2} = \frac{599 + 946 \times 0.5}{1963 - 946} \text{Pa} = 1.05 \times 10^6 \text{Pa}$$

5）工进时液压缸的压力

$$p_{1\text{工}} = \frac{F + A_2 p_2}{A_1} = \frac{4388 + 946 \times 0.8}{1963} \text{Pa} = 2.62 \times 10^6 \text{Pa}$$

6）快退时液压缸的压力

$$P_{\text{起动}} = \frac{F + A_1 p_2}{A_2} = \frac{1198 + 0}{946} \text{Pa} = 1.27 \times 10^6 \text{Pa}$$

$$p_{\text{加速}} = \frac{F + A_1 p_2}{A_2} = \frac{1515 + 1963 \times 0.5}{946} \text{Pa} = 2.64 \times 10^6 \text{Pa}$$

$$p_{\text{恒速}} = \frac{F + A_1 p_2}{A_2} = \frac{599 + 1963 \times 0.5}{946} \text{Pa} = 1.67 \times 10^6 \text{Pa}$$

7）快进功率

$$P_{\text{快进}} = p_{1\text{恒速}} q_{\text{快进}} = 1.05 \times 4.58 \times 10^3 / 60 \text{W} = 80.2 \text{W}$$

8）工进功率

$$P_{\text{工进}} = p_{1\text{工}} q_{\text{工max}} = 2.62 \times 1.96 \times 10^3 / 60 \text{W} = 85.6 \text{W}$$

9）快退功率

$$P_{\text{快退}} = p_{\text{恒速}} q_{\text{快退}} = 1.67 \times 4.26 \times 10^3 / 60 \text{W} = 118.6 \text{W}$$

根据计算绘制液压缸工作循环中各阶段的压力、流量及功率图，如图9-1c～e所示。

4. 拟定液压系统

（1）选择液压回路 从液压缸的工况图可以看出该系统有如下特点：

1）系统的流量、压力较小，可以用一个单向定量泵和溢流阀组成供油油源，如图9-1f所示。

2）铣床加工零件时，有顺铣和逆铣两种工作状态，宜选用回油路节流调速阀调速，如图9-1g所示。

3）行程控制方式，由于一般铣床对终点位置的定位精度要求不高，因此选用普通的电器行程开关与死挡铁的控制方式。

4）换向回路选用三位四通O型电磁换向阀实现液压缸的进退与停止，选用二位三通电磁换向阀实现液压缸的差动连接，如图9-1h、i所示。

（2）组成液压系统图　组合成的液压系统图如图9-1j所示。

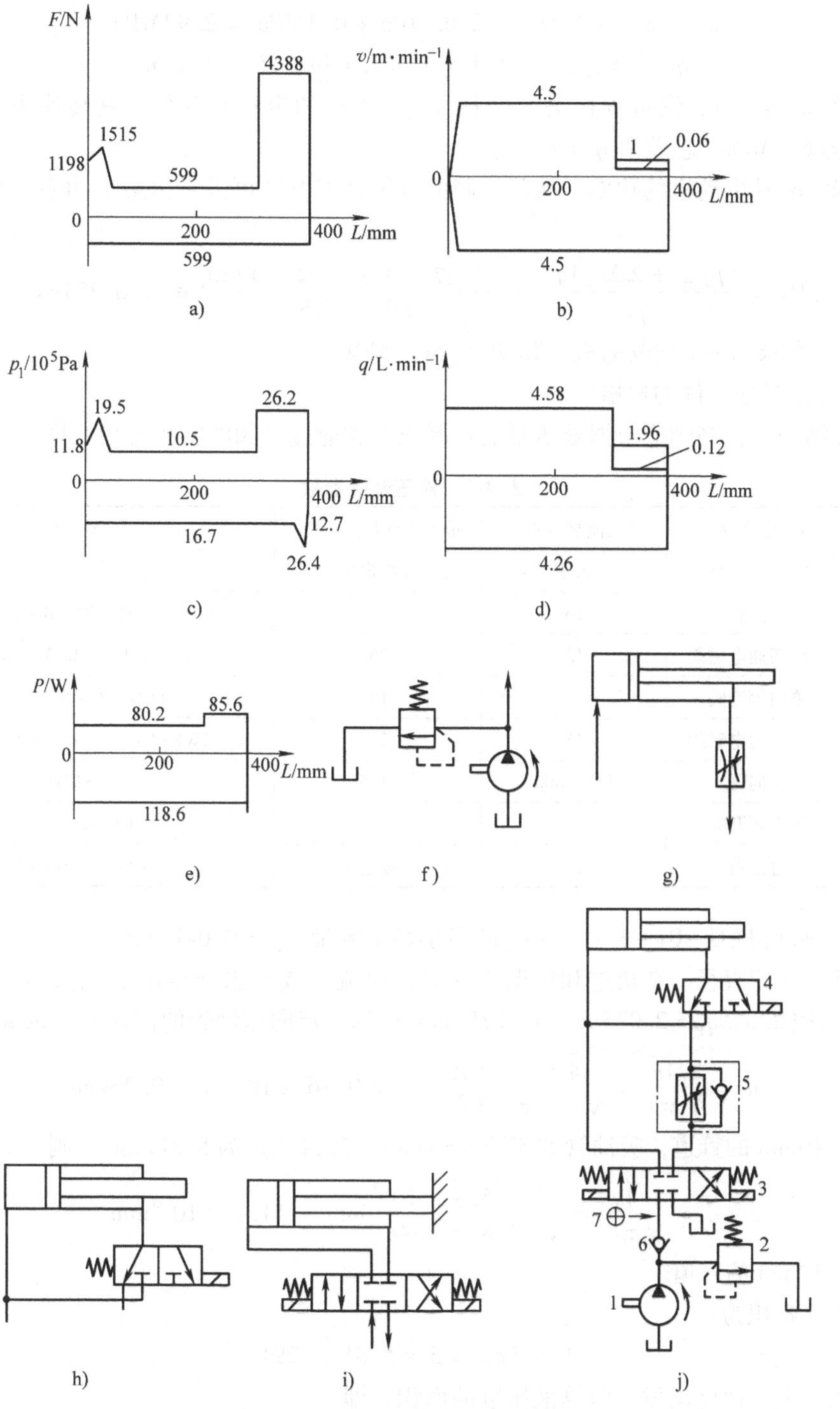

图9-1　例9-1图

5. 液压元件的计算和选用

（1）确定液压泵的容量及驱动电动机的功率

1）液压泵的工作压力和流量。进油路的压力损失取 $\sum \Delta p_1 = 0.3 \times 10^6 Pa$，油液的泄漏系数取 $\lambda_P = 1.1$，则

$$p_1 = p_{1工} + \sum \Delta p_1 = 2.62MPa + 0.3MPa = 2.92MPa$$

$$q_P = \lambda_P q_{快进} = 1.1 \times 4.58L/min = 5.04L/min$$

根据所需的压力、流量查相关表选择 $YB_1 - 4$ 型的定量叶片泵，其转速为 $1450r/min$，额定压力为 $6.3MPa$，总效率 $\eta_P = 0.75$。

2）确定驱动电动机的功率。从所绘制的液压缸工况图可以看出最大功率出现在快退阶段，即

$$P_P = \frac{(p_{恒速} + \sum \Delta p_1) q_P}{\eta_P} = \frac{(1.67 + 0.3) \times 4 \times 1450}{60 \times 0.75} kW = 0.254kW$$

查相关表选择 $Y801 - 4$ 型电动机，其功率为 $0.55kW$。

（2）确定其他元件的规格

1）控制阀。控制阀应根据液压泵的控制压力和通过各阀的实际流量选择，见表9-2。

表9-2　液压泵的参数

序　号	元件名称	最大流量/(L/min)	最大工作压力/MPa	型　号　规　格
1	定量叶片泵	5.8	6.3（额定压力）	$YB_1 - 4$
2	溢流阀	16	21	$DT - 02 - B - 22$
3	三位四通电磁阀	15	25	$4WE5E6.0 - 6.0/AW220 - 50Z4$
4	单向调速阀	8	14	$FCG - 01 - 8 - * - 11$
5	二位三通电磁阀	15	25	$3WE5A6.0 - 6.0/AW220 - 50Z4$
6	单向阀	$18 \sim 1500$	31.5	$SA10$
7	压力表开关	—	35	$KF - L8/M14E$
8	过滤器	16	2.5（额定压力）	$XU - B16 \times 100$

单向调速阀 $FCG - 01 - 8 - * - 11$ 的最小稳定流量 $q_{min} = 0.04L/min$。

2）确定油管直径。在快进和快退工况时，因流入或流出液压缸的流量为 $2.075q_P$，所以管道流量按 $2.075q_P = 2.075 \times 5.8 = 12L/min$ 计算，流向压油管的流速 $v = 3m/s$，则

$$d = \sqrt{\frac{4q}{\pi v}} = \sqrt{\frac{4 \times 12 \times 10^{-3}}{3\pi \times 60}} m = 9.26 \times 10^{-3} m = 9.26mm$$

取内径 $d = 10mm$ 的管道，吸油管的流速 $v = 1m/s$，通过流量为 $5.8L/min$，则

$$d = \sqrt{\frac{4q}{\pi v}} = \sqrt{\frac{4 \times 5.8 \times 10^{-3}}{1 \times \pi \times 60}} mm = 11.1 \times 10^{-3} mm$$

取内径 $d = 12mm$ 的管道。

3）油箱容积为

$$V = 5q_P = 5 \times 5.8L = 29L$$

4）从满足低速度出发，验算液压缸的面积，即

$$A_{1v} = \frac{q_{min}}{v_{min}} = \frac{0.04 \times 10^{-3}}{0.06} m^2 = 6.67 \times 10^{-4} m^2 = 6.67cm^2$$

前面从满足推力出发计算的液压缸面积为 $A_{1F} = 16.9cm^2 > A_{1v}$，故所计算尺寸是正确的。

6. 液压系统性能验算 （略）

9.3 练习题

9-1 设计液压系统一般经过哪些步骤？要进行哪些方面的计算？

9-2 如何拟定液压系统原理图？

9-3 设计一台小型液压压力机的液压系统，要求实现"快速空程下行→慢速加压→保压→快速回程→停止"的工作循环，快速往返速度为 3m/min，加压速度为 40～250mm/min，压制力为 200000N，运动部件总重量为 20000N。

9-4 某立式组合机床采用的液压滑台快进、快退速度为 6m/min，工进速度为 80mm/min，快速行程为 100mm，工作行程为 50mm，起动、制动时间为 0.05s。滑台对导轨的法向力为 1500N，摩擦系数为 0.1，运动部分质量为 500kg，切削负载为 30000N。试对液压系统进行负载分析。

第 10 章

液压伺服系统

10.1 重点、难点分析

液压伺服系统是液压控制的主要内容，本教材的主要内容是介绍液压传动，对于液压伺服系统的内容只能作简要的介绍。通过本章的学习，对液压伺服系统会有一个大概的了解，并为深入学习液压伺服系统奠定一定的基础。本章的重点是液压伺服系统的基本工作原理、伺服系统工作的主要特点、液压伺服控制元件及电液伺服阀的原理与用途；难点是电液伺服阀的工作原理与液压伺服系统的特点：

1）通过液压仿形刀架工作过程的分析可以了解液压伺服系统的工作原理。在液压仿形刀架中，刀架的输入端样板触头与输出端车刀的相互运动关系，反映出液压伺服系统的跟踪、放大、反馈与偏差四大特点，进而体现出液压伺服系统工作过程的实质。

2）液压伺服控制元件主要有滑阀、射流管阀和喷嘴挡板阀。滑阀式控制元件按照所控制的边数不同，又分为单边控制、双边控制和四边控制三种方式；按照阀体与阀芯间节流口的遮盖方式再分为负开口、零开口与正开口三种形式。对于控制方式：四边节流控制精度和调节灵敏度最高，双边控制次之，单边最差，但是制造难易程度正相反；对于阀的三种开口：零开口精度最高但制造困难，正开口效率较低但工艺性好，负开口存在不灵敏区，采用不多。射流管阀和喷嘴挡板阀主要用于多级放大伺服控制元件的前置放大级。

3）电液伺服阀是电液联合的多级控制液压伺服元件，它能将微弱的电信号放大成大功率的液压信号输出。电液伺服阀由力矩马达与液压放大器两部分组成，前者将微电信号转换成力矩信号；后者将力矩马达产生的小力矩，通过双喷嘴挡板阀控制伺服滑阀，转变成与输入力矩成比例的液压能量输出。

4）教材中选择机械手伸缩运动伺服系统、钢带张力控制系统和液压助力器、高浓度豆浆机伺服系统作为液压伺服系统的实例，分别代表电液伺服阀和机液伺服阀的应用特例。通过上述四个实例的介绍，可对液压伺服系统的应用具有一个比较完整的认识。

10.2 典型例题解析

例 10-1 图 10-1 所示系统为一液压伺服机构，滑阀阀芯 4 空套在丝杠上，螺母 3 与丝杠之间为螺纹连接，丝杠和活塞杆与工作台 1 固定在一起，试说明该机构的工作原理。

解：该机构为零开口四边形、具有机械反馈的阀控缸伺服机构，其工作原理是：当旋动螺母 3 时，假设使螺母向左移动，则推动滑阀阀芯向左移，阀芯右边开口使压力油进入液压缸有杆腔，液压缸无杆腔的油液从左边开口流回油箱，使活塞带动工作台一起向右移动。由于活塞杆与丝杠固定连接，故丝杠也带动螺母向右移动，在弹簧作用下，阀芯返回，逐渐关闭阀口。若继续旋动螺母 3，阀口再开，活塞就可连续运动，若停止旋动螺母 3，则阀芯返回后因阀口关闭而使活塞停止移动。反之亦然，可使活塞杆带动工作台向左移动。

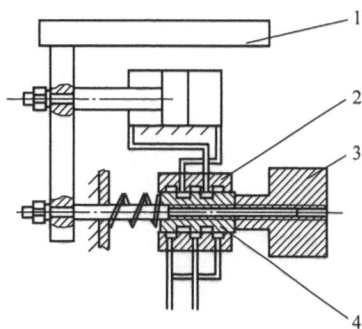

图 10-1　例 10-1 图
1—工作台　2—阀体
3—螺母　4—滑阀阀芯

10.3　练习题

10-1　若将液压仿形刀架上的控制滑阀与液压缸分开，成为一个系统中的两个独立部分，仿形刀架能工作吗？试进行分析说明。

10-2　如果双喷嘴挡板式电液伺服阀有一喷嘴被堵塞，会出现什么现象？

10-3　试拟出电液伺服阀的工作原理方框图。

第 11 章

气压传动

11.1 重点、难点分析

气压传动是以压缩气体为工作介质，以气体的压力能传递动力的传动方式。它具有成本低、效率高、污染小、便于控制等特点，在木工机械、包装机械、修理机械、轻工机械等设备中应用十分广泛。气动系统除包括气源装置、执行元件、控制元件及气动辅件外，还有用于完成一定逻辑功能的气动逻辑元件和感测、转换、处理气动信号的气动传感器及信号处理装置。学习气压传动时，应当注意与液压传动的异同点，将气源装置、气动控制元件、气动基本回路、气压系统的设计作为重点内容；将气动逻辑元件的回路的设计方法作为难点内容处理。

1. 气源装置

气压传动所用的压缩空气由气源装置提供。气源装置用以提供处理和储存清洁、干燥且具有一定压力的压缩空气。该装置是由空气压缩机、空气净化与贮存装置、压缩空气运输管道系统和气源处理装置四部分组成。

空气压缩机将原动机输出的机械能转换为气体的压力能，供气动系统使用。空气压缩机按工作原理分为容积型和速度型两类，常用容积型空气压缩机。由于压缩空气属于生产企业的集中动力源，空气压缩机的规格应当根据企业总体用气设备的用气情况与用气量选择。

因为管线分布广、气体用户多、气压波动大、过程污染等原因，由空气压缩机提供的压缩空气在气动设备中无法直接使用，要经过进一步净化处理。所供应的压缩空气需要通过冷却器、油水分离器、干燥器、过滤器等，使之达到一定的品质要求。不同的气动元件对于气源过滤的精度要求不同：对于气缸、膜片式和截止式气动元件，要求杂质粒径不能大于 $50\mu m$；对于气马达、滑阀元件，要求杂质粒径不大于 $25\mu m$；对于射流元件，要求杂质粒径不大于 $10\mu m$。

压缩空气靠气罐储存，该装置也能起到减小气体的压力波动、使气体冷却、分离气体中油水的作用。压缩空气的动力管路将洁净的气体输送到气动设备。管道的设置应当兼顾到安装、使用、维护等方面的要求。管道尺寸的确定，必须考虑到系统的最大流量与所允许的最大压力损失等因素。

通过管道输送到气动设备的压缩空气，还需要通过气源处理装置对其进行进一步的过滤、减压与稳压、加油与润滑才可以使用。气源处理装置就是指分水滤气器、减压阀和油雾器。将它们依次无管化连接成组件，又统称之为气动三联件。工作时安装在用气设备的近处，压缩空气经过气源处理装置的最后处理，是气动系统使用压缩空气最后的质量保证。分水滤气器除了能滤去空气中的灰尘杂质外，还将空气中的水分分离出来；减压阀在系统中起减压和稳压作用，其工作原理是靠作用在膜片上的压力控制减压节流口的大小，从而控制出口的压力稳定在调定的数值上；油雾器是将润滑油喷射成雾状随压缩空气一起进入气动元件，在气动仪表、逻辑元件等个别气动元件中不需要安装油雾器。

2. 气动执行元件

气动执行元件是将压缩空气的压力能转换为机械能输出的装置，包括作直线运动的气缸和作旋转运动的气马达。标准气缸的结构形式与活塞式液压缸基本相同。但气缸的工作特性与液压缸有所不同，在计算缸径时常用到负载率的概念，当活塞面积 A 与运动速度 v 一定时，所需的自由空气量 q_0 与工作压力 p 的关系为

$$q_0 = Av \frac{p + 0.1013}{0.1013}$$

膜片式气缸是利用压缩空气推动非金属膜片作往复运动的气缸，其结构紧凑，无泄漏损失，但行程较小，适用于气动夹具、汽车制动等场合。冲击气缸是能将压缩空气的压力能转换为活塞的动能的专用气动执行元件，它能产生很大的冲击力，可以满足靠冲力工作的设备的需要。无杆气缸是通过独特的无杆设计使活塞直接驱动运动部件的气缸，安装空间小，结构紧凑，且能承受一定的偏载。

气动马达按结构形式分为叶片式气动马达、活塞式气动马达、齿轮式气动马达等，叶片式和活塞式气动马达应用比较广泛。各种气动马达的工作原理与同类结构形式的液压马达相类似。但气动马达的工作特性较软；当气压不变时，其转矩、转速、功率均随外载的变化而改变。因此，当产生过载时气动马达的转速会降低甚至停止，具有过载保护作用。此外，气动执行元件还具有能够长时间满载工作、温升小、防火、防爆、耐潮湿、耐粉尘等优点，适宜于在恶劣环境使用。

3. 气动控制阀

气动控制阀与液压控制阀相似，按功能可分为压力控制阀、流量控制阀和方向控制阀三大类，其工作原理及结构与同类液压控制阀类似。它们的不同点在于：气动溢流阀只作安全阀用，而起调压作用和稳压作用的是气动减压阀；气压控换向阀分为加压控制、卸压控制、差压控制和延时控制四类；电磁控制换向阀分为直动式和先导式两种形式；梭阀相当于两个单向阀的组合。液压控制阀与气动控制阀的主要区别是：液压控制阀的回油和泄漏口必须接油箱，而气动控制阀的回气与泄漏直接向大气排放；液压控制阀多用滑阀结构，气动控制阀多用膜片结构；液压控制阀体积较大，气动控制阀体积较小；液压控制阀承受压力高，其阀体多选用铸铁或铸钢材料，气动控制阀承受压力低，其阀体多采用铸铝材料等。

4. 气动逻辑元件

气动逻辑元件是在控制回路中能够满足逻辑功能需要的器件。按结构分有截止式、膜片式、滑阀式及其他形式的逻辑元件。按功能分有"与门""非门""是门""禁门""或门""双稳"等逻辑元件。气动逻辑元件主要由开关部分和控制部分组成，前者用以改变气流的

通断，后者用以在满足控制信号状态改变时，使开关部分完成一定的动作。在学习气动逻辑元件时，除重点搞清工作原理和逻辑关系外，还要注意其性能参数和压力特性。

5. 气动系统基本回路

与液压基本回路相似，气动基本回路是分析典型回路和设计回路的基础，也是对气动元件的应用。气动基本回路分为压力控制、方向控制、速度控制、安全保护、往复运动等回路。其中方向控制回路、速度控制回路和往复运功回路是需要重点掌握的内容。在换向回路中，无论是单缸差动回路还是多位运动控制回路，都是利用换向阀实现气缸换向的；在调速回路中，由于气体的黏度很小且具有可压缩性，实现速度的平稳控制是气压传动需要着重解决的问题，气液阻尼和气液转换能够较好地解决上述问题，但是增加了系统的造价；往复运动是气动系统经常要遇到的问题，将气动控制换向阀、行程控制阀、按钮阀和手动控制换向阀合理组合，就可以实现一次往复、两次往复和连续往复的运动循环。

6. 气动系统实例

本章选择了门户开闭装置、气动夹紧系统和加工中心气动换刀系统为实例，介绍了典型气动系统的基本组成和工作原理。由于气动系统直接向大气排气，回路相对简单，按照执行元件的动作要求，读懂回路原理并不难。在气动系统的分析中，要注意气压控制回路的功能，注意气动换向阀和梭阀的应用。

7. 气动系统的逻辑设计

气动系统的逻辑设计是气压传动课程学习的另一个教学基本要求。因为气压传动多用于轻工机械或包装机械，动作要求多，执行元件与控制阀也比较多，所以以气压传动系统的设计仅用常规的设计方法，凭经验设计往往无法完成。目前气动系统的逻辑设计方法较多，本教材着重介绍了信号 – 动作状态图法。

在使用信号 – 动作状态图法设计气动系统时，首先要根据执行元件的动作要求画出系统动作程序图；在此基础上把各个行程信号的状态和执行元件的动作状态用线图表示出来；然后从图中判别出各种障碍信号并予以消除；再就是根据信号 – 动作状态图法绘制逻辑图；最终按照气控逻辑图选择气源处理元件，考虑控制方式、调压方式、调速方式等问题，确定相应的控制元件设计气控回路。

11.2　典型例题解析

例 11-1　图 11-1a 所示的回路能否控制气缸往复运动？为什么？若不能，应采取什么改进措施？

解：此回路不能控制气缸往复运动。虽然两手动换向阀同时按下时，可使压缩空气作用在主控换向阀左端，使该阀换至左位，气缸活塞杆伸出，但当两手动换向阀的任一个抬起时，主控换向阀的控制气却无法排出，故主控换向阀阀芯无法依靠弹簧力回归

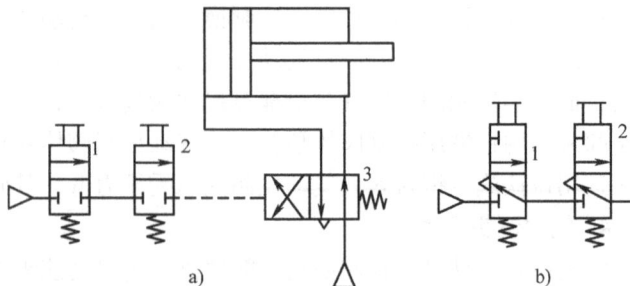

图 11-1　例 11-1 图
1、2—手动换向阀　3—气控换向阀

原位（实现换向），因此气缸无法实现往复运动。

将两个二位二通阀均改为二位三通阀（图11-1b所示），回路就能控制气缸往复运动。当两个手动换向阀的任一个抬起时，主控换向阀的控制气都可以通过手动阀排出，使其阀芯能在弹簧力的作用下自动复位。

例11-2　图11-2所示为自动生产线及组合机床中常用的工件夹紧气动系统图，该系统可以实现"定位→夹紧→延时→松开→复位"的动作循环，试说明其工作原理。

解：系统的工作原理是：当踏下脚踏换向阀1后，压缩空气经单向节流阀2进入气缸A的无杆腔，气缸A的活塞推动夹紧头下降，使工件定位；夹紧头在对工件逐渐夹紧的同时压下行程阀4，使其换向，压缩空气就经单向节流阀7进入气控换向阀8的右侧，使气控换向阀8换向，压缩空气就可以经气控换向阀8通过气控换向阀6的左位进入气缸B和C的无杆腔，使气缸B、C的活塞杆同时伸出，夹紧工件；与此同时，有一部分压缩空气进入单向节流阀5（其延迟的时间可根据工件加工时间调定），压缩空气经单向节流阀5延时后使气控换向阀6换向到右位，则气缸B和C活塞杆返回，松开工件；在气缸B、C返回的过程中，其有杆腔的压缩空气使脚踏换向阀1复位，则气缸A返回，恢复原来的位置。此时，由于夹紧头上升，行程阀4也回复原位（右位），使气控换向阀8复位，气缸B和C的无杆腔通大气，气控换向阀6自动复位，这样就完成了"定位→夹紧→延时→松开→复位"的动作循环。

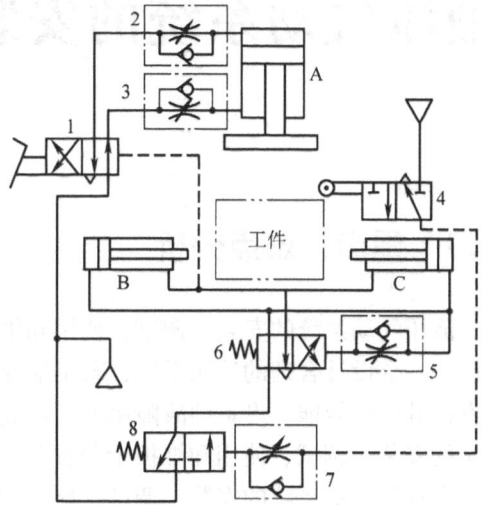

图11-2　例11-2图
A—定位缸　B、C—夹紧缸
1—脚踏换向阀　2、3、5、7—单向节流阀
4—行程阀　6、8—气控换向阀

11.3　练习题

11-1　什么是障碍信号？排除方法有哪些？

11-2　用X–D图设计如下程序，并画出气动回路图。

（1）$A_1A_0B_1C_1C_0B_0$　　　　（2）$A_1B_1C_1A_0C_0B_0$　　　　（3）$A_1B_1C_1B_0A_0B_1C_0B_0$

11-3　结合非门元件的压力特性曲线，简述非门发信的工作原理。

11-4　能否用二位四通双气控换向阀代替双稳元件使用？为什么？

11-5　什么是是门元件的切换压力与返回压力？与输出压力有何关系？

11-6　写出双稳元件的输出s_1、s_2与输入a、b之间的逻辑关系。

11-7　比较气液阻尼缸和气液转换器组成的回路各有何特点？

11-8　气动速度控制回路中，常采用排气节流阀调速，为什么？

11-9　设计一回路，使其实现慢进快退单往复运动。

11-10　用非门元件发信原理设计一连续往复运动回路。

第 12 章

液压气动系统的安装、调试、使用与维护

12.1 重点、难点分析

液压气动系统的安装、调试、使用和维护是液压与气动系统安全使用、正常运转的必要保证。一个设计合理的液压系统，若不能保证正确的安装调试、合理的使用维护，就无法充分发挥其设计效能，设备的故障率就会增高，预期的周期寿命就难以达到。因此，液压气动系统的安装、调试、使用和维护十分重要。

在液压气动系统的安装、调试、使用和维护中，液压管道的安装、液压设备的调试、液压装置的使用和维护是本章的重点内容。因为，对于整机或集中配置的液压系统，元件的安装与整机的调试，在出厂时已经完成；对于分散式液压系统，部件的安装调试也已经完成，用户需要完成的只是管道的安装与调试；所有液压设备与系统都存在需要合理使用正确维护的问题：

1）在管路连接件的安装中，吸油管路要管径适当、长度短、弯曲少、过滤器选择得当；在回油管的安装中，回油口的安装位置要合适，以避免回油产生飞溅，防止油管内产生积气；在泄漏管的安装中，要控制管道的长度，防止管道压力损失过大；在压油管的安装中，要牢固地固定管路，防止油管振动。无论哪种管道，都要避免急转弯，且应排列整齐、固定牢固、不承受外力；软管长度应留有余量，避免受热、受力、受摩擦。

2）液压系统在调试前应当根据设备使用说明书及有关技术资料，全面了解被调试设备，确定调试的内容、方法及步骤，准备好调试工具、测量仪表等，制订安全技术措施；然后检查各个液压元件的安装及其管道连接，检查油箱中的油液牌号、过滤精度、液面高度；检查系统中各液压部件、电动机的安装与状态。还要对系统进行试压，对于不同的系统，所取得的试压值不同，试压后要检查管接头及元件的密封情况。上述工作为调试做好准备。

3）液压系统在调试时，首先要进行空载试车，在不带负载的情况下进一步检查液压系统的各液压元件的工作状态；然后进行负载试车，使液压系统按设计要求在预定的负载下工作，从而检查系统能否实现预定的工作要求，检查系统的噪声和振动、工作部件的换向和速度的平稳性、系统的功率损耗及温升情况；在试车过程中对系统的压力及元件动作的顺序进行调整，使之控制在规定的量值范围内。

4）液压系统的正确使用与及时的维护保养是保证设备正常运行的基本条件。在系统的

日常维护与保养工作中，首先要做好设备的日常检查，用目视、听觉以及手触感觉等比较简单的方法检查液压泵起动前、后的状态以及停止运转前的状态；其次是正确选用并保持油液的清洁，防止油液中混入杂质和污物，保持油位高度，定期换油防止油液变质；还要控制系统温升，防止油温过高使系统的泄漏增加，保持系统密封，防止空气侵入等。

5）气动系统的安装、调试、使用、维护的工作过程与液压系统相似，所不同的是：气动系统压力较低，元件的耐压程度不高；气动系统一般是集中供气，无需专用气泵；压缩空气黏度不高，执行元件运动速度较快；压缩空气润滑性不好，气动元件寿命不高；气动控制元件体积较小，对压缩空气的洁净程度要求较高。

12.2 练习题

液压与气动系统的安装、调试、使用和维护完全是实际操作与管理的内容，基本没有计算与设计的工作可言，为便于初学者对该章内容的理解，以思考题的形式提炼本章的主要内容。

12-1 液压系统安装的主要任务有哪些？

12-2 为什么说管路的连接是系统安装的主要任务？

12-3 在液压系统的安装中，管道选择的依据是什么？

12-4 对不同的管路连接件，其安装的要求主要有哪些？

12-5 在安装液压阀时主要应注意哪些问题？

12-6 液压缸安装时要注意哪些问题？

12-7 液压泵安装的要求是什么？

12-8 在安装液压辅助元件时要注意哪些问题？

12-9 液压系统调试的主要工作有哪些？

12-10 在对液压系统进行调试前，要做哪些准备工作？

12-11 为什么在对液压系统进行调试时，要先进行空载后再进行负载试车？

12-12 对液压系统进行试压时，一般遵循什么规律？

12-13 在对液压系统进行试压时要注意哪些问题？

12-14 在对液压系统进行维护时，要对系统进行哪些检查？

12-15 在液压设备的运行过程中，如何保持液压油状态良好？

12-16 如何防止空气侵入液压系统？若有空气侵入系统，应采取什么措施？

12-17 如何防止液压系统油温过高？油温过高会对系统产生哪些影响？

12-18 检修液压系统时要注意哪些问题？

12-19 气动系统调试的主要内容有哪些？

12-20 如何保证气动系统正常运转？

12-21 气动元件安装时要注意哪些问题？

12-22 在使用和维护气动设备时，要注意哪些问题？

第 13 章

液压与气压传动实验指导

实验教学和理论教学互为补充，共同组成液压与气压传动课程的重要教学环节。实验教学不仅能帮助加深理解液压与气压传动中的基本概念，巩固理论知识，其重要意义还在于引导学生在科学实验的过程中，学到基本的实验理论和实验技能，培养学生分析和解决"液压与气压传动"技术中工程实际问题的能力。

本课程实验教学的目的是学生在教师的指导下，独立完成对研究对象（如某理论、元件、系统等）的实验操作，启发与引导学生自己设计实验方案，在指导教师领导下通过分析、讨论与审核后，以小组为单位，独立完成实验。为在实验中充分发挥学生的能动性和创造性，同时便于学生在实验中得到适当的参考依据，在此以各高校普遍使用的 QCS002、QCS003、QCS008 以及 TP500 实验台为例，介绍几种通常开设的试验，包括试验原理、方法、步骤与数据的处理方法。以期起到抛砖引玉，引导学生独立完成实验过程的作用。各学校可以根据自己的实验条件与设备情况，设计和开发适合本校教学要求的实验项目，培养学生的实验创新能力。

13. 1　液压系统中工作压力形成实验

13. 1. 1　实验目的

1）理解液压系统中工作压力与外加负载的关系。
2）了解液压系统中工作压力的组成。

13. 1. 2　实验原理

分析图 13-1 所示 QCS002 实验台的液压系统原理图。从液压泵 2 输出的液压油经调速阀 6、电磁阀 7 和节流阀 8、9、10 分别进入液压缸 11、12、13 的下腔，带动负载上升。上腔回油从电磁阀 7 流回油箱。溢流阀 4 用来调节系统压力。活塞上升的速度由调速阀 6 调节，下降速度分别由节流阀 8、9、10 调节。电磁阀 7 使各液压缸的活塞换向。各液压缸工作腔（下腔）的压力分别由压力表 p_8、p_9 和 p_{10} 显示，上腔的压力由压力表 p_6 显示。利用该实验台可以完成以下项目的测试：

（1）液压系统中密封摩擦力变化对液压缸工作压力的影响　转动液压缸端盖密封处的

调整螺母,可压紧或放松 V 形密封圈,从而改变密封摩擦力。此时液压缸下腔的表压力随密封摩擦力的变化而改变。

(2)液压缸的外加负载变化对液压缸工作压力的影响 外加负载是指直接加在活塞杆上的有效负载。通过增减活塞杆上的砝码重量,研究在密封摩擦力不变的情况下,外载变化对液压缸工作压力的影响。

(3)多缸并联,加在各缸上的负载不同时,负载对系统工作压力的影响实验采用三缸并联油路,在密封摩擦力相同的情况下,对三缸施加不同的负载,观察它们的运动状态和系统压力变化。

13.1.3 实验设备和仪器

采用 QCS002 液压实验台。该实验台的液压系统原理图如图 13-1 所示。

13.1.4 实验内容与参考步骤

1. 实验前的调试

1)松开溢流阀 4,关闭调速阀 5 和 6,起动液压泵 2,让液压泵空转 1 ~ 2min。

2)调节溢流阀 4,使系统压力达到 2MPa。

3)将节流阀 8、9、10 开至最大,再慢慢打开调速阀 6,转换电磁开关 7 的控制按扭,使活塞全程往复运动 3 ~ 5 次,排除系统空气。在调试时液压缸的下端不加砝码,但是要控制活塞下降速度,使之不要过快,端部冲击声为最小。

2. 液压缸摩擦阻力变化对工作压力的影响

1)从液压缸 11、12、13 中任选一缸 11 作为实验缸,关闭节流阀 9 和 10。转换电磁阀 7 的开关,使活塞处于下位,将液压缸 11 下端盖处的密封调节螺母放松后再轻轻拧紧。

2)使电磁阀 7 断电处于上位,使液压缸 11 下腔进油,活塞上行。观察各有关压力表的变化情况,记录下活塞运动时 p_8、p_9 和 p_{10} 各表的稳定值。通过电磁阀 7 使活塞处于下位。

3)多次逐步旋紧液压缸 11 下端盖处的密封调节螺母,重复步骤 2,将实验数据记录在表 13-1 上。重复上述步骤,连续做 4 次。

4)实验完毕后,使活塞处于下位,将液压缸 11 下端的密封调节螺母轻轻拧紧,恢复到正常状态。

3. 液压缸外加负载变化对工作压力的影响

在液压缸 11 的砝码托盘上分别挂上不同数量的砝码,重复上一操作的步骤 2,至少做 4 次,将实验数据记录在表 13-2 中。实验完毕后,取下砝码。

4. 多缸并联系统中外加负载不同时,负载对各缸工作压力的影响

(1)通过各缸调节螺母和电磁阀 7,使各缸摩擦力基本相同。

(2)给三缸分别施加不同数量的砝码,用电磁阀 7 使活塞上行,在表 13-3 中记录各缸的运动顺序、速度快慢及各缸运动时相应的工作压力大小。

实验结束后,取下砝码,使活塞处于上位,全部松开溢流阀 4,关闭液压泵 2、调速阀 5 和调速阀 6。

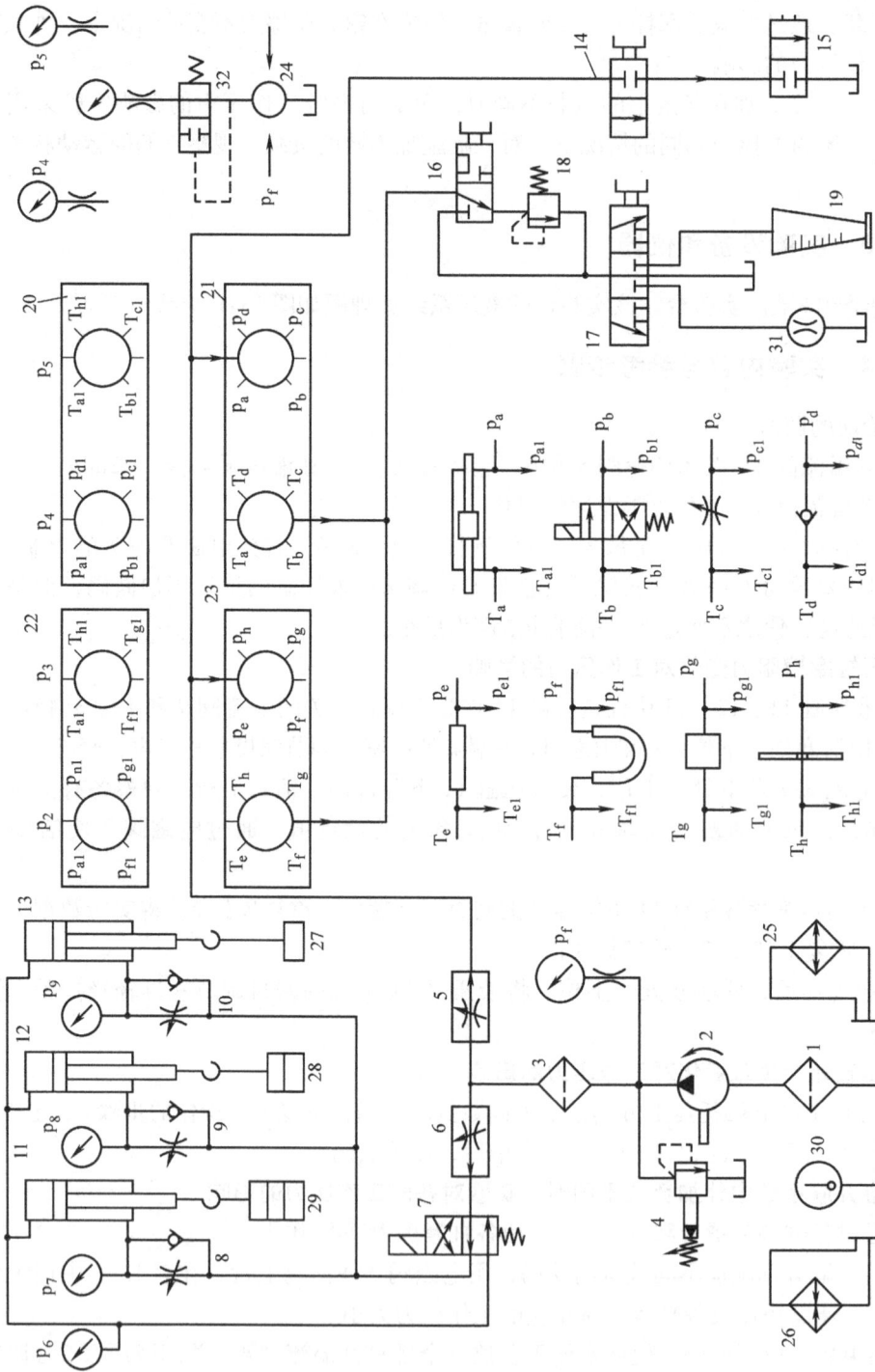

图 13-1 QCS002 试验台液压系统原理图

13.1.5 实验数据记录

实验条件: ＿＿＿＿＿＿液压油; 油温＿＿＿＿℃
1. 液压缸摩擦阻力变化时各测点的压力（见表13-1）

表13-1 实验数据（一）

阻 力	序 号	泵出口压力 p_1/MPa	液压缸11回油腔 压力/MPa	液压缸11工作腔 压力/MPa	备 注
摩擦阻力变化	1				
	2				
	3				
	4				

2. 液压缸外负载变化时各测点的压力（见表13-2）

表13-2 实验数据（二）

序号	砝码数量	砝码重量	泵出口压力 p_1/MPa	液压缸回油腔 压力/MPa	液压缸工作腔 压力/MPa	备 注
1						
2						
3						
4						

3. 液压缸并联系统，液压缸外负载变化时各测点的压力（见表13-3）

表13-3 实验数据（三）

序号	液压缸号	砝码 块数	砝码 重量/N	活塞运动速度比较（快、中、慢）	泵出口压力 p_1/MPa	液压缸工作压力/MPa p_8	p_9	p_{10}	备 注
1									
2									
3									
4									

13.1.6　实验数据整理、实验结果分析

13.2　液阻特性实验

13.2.1　实验目的

1）通过对 U 形管、细长孔、薄壁孔、单向阀、电磁换向阀和节流阀压力损失的测试，了解影响压力损失的因素和产生压力损失的原因。在实验条件下，初步形成对不同形状的管道和不同液压元件的压力损失大小的基本概念。

2）对环形缝隙流动流量的测定，验证环形缝隙的流动公式，得出压力流量特性。

13.2.2　实验设备

采用 QCS002 型液压实验台，其系统原理图如图 13-1 所示。

13.2.3　实验内容与参考步骤

1. 压力损失的测定

（1）U 形管、细长孔、薄壁孔的压力损失测定

1）松开溢流阀 4，关闭调速阀 5 和 6，检查油路、元件、线路等连接状态，接通电源。

2）利用溢流阀 4 将系统压力调至 1.5MPa，慢慢打开调速阀 5，将转阀 16 转至回油位置，使转阀 17 接通流量计。

3）分别将转阀 22、23 转至 U 形管、细长孔、薄壁孔的位置，打开压力表 24 的开关，分别测量出各种液阻的进出油口压力值 p_2、p_3。

4）利用调速阀 5 选择 2～3 个流量值分别测出其进出油口压力，将以上结果记录在表 13-4 中。

（2）单向阀、电磁换向阀及节流阀的压力损失测定

1）关闭转阀 22、23，利用转阀 20、21 依次接通被测对象单向阀、电磁换向阀、节流阀的进出油口，用转阀 16、17 分别将上述各被测阀的回油口连接通流量计。

2）利用调速阀 5 调节 2～3 个流量值，每调节一个值时用压力表测出其进、出口压力值 p_4、p_5，将结果记录在表 13-5 中。

注意：测试节流阀时选择好节流口的开度，在测试中不要变动。

2. 环形缝隙流动的流量测定

转阀 20、21 连接可调偏心的环形缝隙液阻位置，转阀 17 接通流量筒，利用溢流阀 4 调节压差（取三个值）。每取一个值时用秒表、量筒分别测出当液阻处于同心和最大偏心位置时的流量值。将测试结果记录在表 13-6 中（**注意**：测试过程中油温变化不得超过 2℃）。

13.2.4　实验数据记录及分析

实验条件：采用＿＿＿＿＿＿＿＿液压油；油温＿＿＿＿＿℃

1. U 形管、细长孔、薄壁孔的压力损失测量（见表13-4）

表13-4　实验数据（四）

测算项目	泵出口压力 p_1/MPa	通过流量 q/（m³/s）	压力/MPa		压力损失/MPa （$\Delta p = p_2 - p_3$）	备　注
			p_2	p_3		
U 形管						
细长孔						
薄壁孔						

2. 单向阀、电磁换向阀、节流阀的压力损失测量（见表13-5）

表13-5　实验数据（五）

	系统压力 p/MPa	流量 q/（m³/s）	p_4/MPa	p_5/MPa	$\Delta p = p_4 - p_5$/MPa	备　注
单向阀						
电磁换向阀	P—A					
	P—B					
	P—A					
	P—B					
	P—A					
	P—B					
节流阀						

3. 环形缝隙流量测定（见表13-6）

表13-6　实验数据（六）

测算项目	泵出口压力 p_1/MPa	通过流量 q/（m³/s）	压力/MPa		压力损失/MPa （$\Delta p = p_4 - p_5$）	备　注
			p_4	p_5		
同心环						
偏心环						

13.3　液压泵性能测试实验

13.3.1　实验目的

通过实验了解液压泵的技术性能、测定液压泵的流量－压力特性、容积效率和总效率。

13.3.2　实验内容与原理

1. 测定液压泵流量－压力特性

液压泵的泄漏产生流量损失，液压泵工作压力越高其损失越大。通过实验测出液压泵工作压力与实际流量的关系曲线，$q = f(p)$ 即为液压泵的流量特性。

2. 液压泵的容积效率

液压泵的容积效率 $\eta_容$ 是指液压泵在额定工作压力下的实际流量 $q_实$ 和理论流量 $q_理$ 的比值。即

$$\eta_容 = \frac{q_实}{q_理}$$

在实际情况下，泵的理论流量 $q_理$ 无法按照液压泵设计时的几何参数和运动参数计算，通常是在公称转速下以空载时的流量 $q_空$ 代替 $q_理$。则

$$\eta_容 = \frac{q_实}{q_空}$$

3. 液压泵的总效率

液压泵总效率为 $\eta_总 = \dfrac{P_出}{P_入}$

液压泵的输出功率 $P_出$（kW）为 $P_出 = \dfrac{pq}{612}$

式中，p 为液压泵工作压力（10^5Pa）；q 为液压泵实际流量（L/min）。

液压泵输入功率 $P_入$（kW）为

$$P_入 = \frac{Mn}{974}$$

式中，M 为电动机输出转距（N·m）；n 为电动机转速（r/min）。

13.3.3　实验装置

液压泵特性实验台原理图如图13-2所示，图中泵1和8是YB-10型叶片泵，其额定工

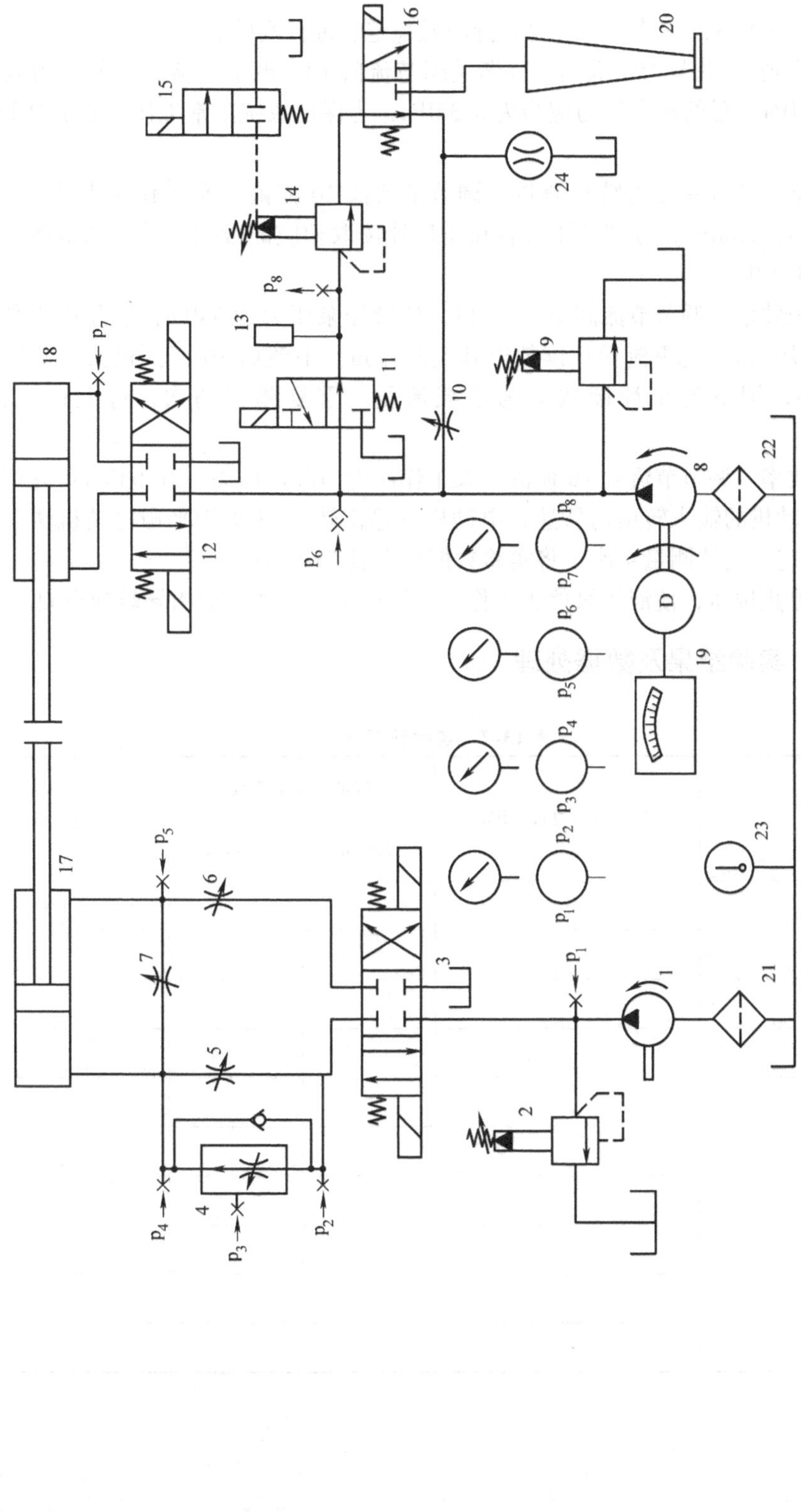

图13-2　QCS003 液压泵与液压阀性能测试试验台

作压力为6.3MPa，流量为0.0167×10³m³/s。液压泵工作压力由节流阀调节，其压力值由压力表读出，流量值由流量计读出，测量空载流量时将节流阀10开到最大，油液流过节流阀10经流量计流回油箱，使液压泵工作压力接近于零。

13.3.4　实验参考步骤

1）起动液压泵8，运转一定时间后待油温稳定后进行实验。

2）将溢流阀11调节为安全阀，逐渐关闭节流阀10，调节溢流阀9使压力表指针指到安全压力6.5MPa（泵的额定压力应当为6.3MPa，为保证系统正常工作，假定泵的额定压力为6MPa）。

3）液压泵的流量－压力特性测量。调节节流阀10使液压泵工作压力从6MPa调到最小。数据间隔为0.5MPa，分别从压力表和流量计读取相应的数据，重复测试两次。将实验数据计入表13-7中。

4）测容积效率。调节节流阀10的开口，使液压泵压力为6MPa，以此作为泵的额定压力（也是实际压力），记下流量计读数得到实际流量。节流阀10开到最大，使液压泵工作压力接近于零，记下流量计读数即为空载流量。重复测试两次，将上述实验数据计入表13-8。

5）测总效率。调节节流阀10使液压泵工作压力为额定压力（用6MPa）并记下流量计读数。测量电动机的输入转矩与转速，电动机的输出转距 M 采用平衡电动机法求得，转速采用转速计测定。连续测量4次，将实验数据计入表13-9中。

6）按下停止按钮，使液压泵停止工作。将测得的全部数据交指导教师审阅。

13.3.5　实验结果及数据处理

表13-7　实验数据（七）

测试点数　次数	项目　泵出口压力 p_6/MPa	流量计流量读数		泵输出流量 q/（m³/s）
		体积/m	时间/s	
第一次	1			
	2			
	3			
	4			
	5			
第二次	1			
	2			
	3			
	4			
	5			

1) 整理数据，画出液压泵流量 – 压力特性曲线 $q = f(p)$。

2) 算出液压泵容积效率和总效率。

3) 讨论分析实验结果。

① 液压泵的流量 – 压力特性。用坐标纸画出液压泵流量 – 压力特性曲线

$$q = f(p) \qquad \Delta q = f(p)$$

② 液压泵的容积效率。计算液压泵容积效率并填入表 13-8 内。

表 13-8　实验数据（八）

项目 次数	$p_额$/MPa	$q_实$/（m³/s）	$q_空$/MPa	$\eta_容$
1				
2				
平均				

③ 液压泵的总效率。将计算值填入表 13-9 内，并做出液压泵的总效率曲线。

表 13-9　实验数据（九）

项目 次数	$p_额$/MPa	$q_额$/（m³/s）	$p_出$/MPa	$M_入$/N·m	$p_入$/MPa	$\eta_总$
1						
2						
3						
4						

13.3.6　思考题

1) 在本实验油路中溢流阀 9 起什么作用？

2) 实验时节流阀为什么能够对被试泵进行加载？

3) 分析泵的效率曲线。确定曲线上泵的额定压力与额定流量点。

13.4　液压泵拆装实验

13.4.1　实验目的

掌握常见液压泵结构、性能、特点和工作原理。

13.4.2　实验内容

1. 齿轮泵拆装分析

（1）齿轮泵型号　CB-B 型齿轮泵。

（2）主要零件分析

1）泵体的两端面开有封油槽 d，此槽与吸油口相通，用来防止泵内油液从泵体与泵盖接合面外泄，泵体与齿顶圆的径向间隙为 0.13 ~ 0.16mm。

2）前后端盖内侧开有卸荷槽 e 用来消除困油。端盖上吸油口大，压油口小，用来减小作用在轴和轴承上的径向不平衡力。

3）两个齿轮的齿数和模数都相等，齿轮与端盖间轴向间隙为 0.03 ~ 0.04mm，轴向间隙不可以调节。

（3）思考题

1）齿轮泵的密封容积是怎样形成的？

2）该齿轮泵有无配流装置？它是如何完成吸、压油分配的？

3）该齿轮泵中存在几种可能产生泄漏的途径？为了减小泄漏，该泵采取了什么措施？

4）该齿轮泵是采取什么措施来减小泵轴上的径向不平衡力的？

5）该齿轮泵是如何消除困油现象的？

2. YB 型双作用式定量叶片泵的拆装

（1）叶片泵型号　YB 型叶片泵

（2）主要零件分析

1）观察 YB 泵的主要组成零件，了解它们各起什么作用。

2）观察定子内表面曲线的组成情况，分析其赤字波曲线的特点，分析其大圆弧半径 R 与小半径 r 之差的大小与泵的流量有什么关系。

3）数出叶片数，分析它应为奇数还是偶数。

4）观察转子上叶片槽倾斜角度的大小和方向，分析泵叶片槽为什么必须前倾。

5）观察配油盘的结构，找出吸油区、压油区、封油区；找出吸油区、压油区、三角槽及环形槽，分析它们的配置原则。

6）观察泵用密封圈的位置及所用密封圈的形式。

3. 限压式变量叶片泵拆装分析

（1）叶片泵型号　YBX 型变量叶片泵。

（2）主要零件分析

1）定子的内表面和转子的外表面是圆柱面。转子中心固定，定子中心可以左右移动。定子径向开有 13 条槽可以安置叶片。

2）该泵共有 13 个叶片，流量脉动较偶数小。叶片后倾角为 24°，有利于叶片在惯性力的作用下向外伸出。

3）配流盘上有四个圆弧槽，其中有压油窗口和吸油窗口，配流盘上的环槽与压油窗口相同，同时也通叶片底部。这样可以保证，压油腔一侧的叶片底部油槽和压油腔相通，吸油腔一侧的叶片底部油槽与吸油腔相通，保持叶片底部和顶部所受的液压力平衡。

4）滑块用来支持定子，并承受压力油对定子的作用力。

5）压力调节装置由调压弹簧、调压螺钉和弹簧座组成。调节弹簧的预压缩量，可以改变泵的限定压力。

6）调节螺钉可以改变活塞的原始位置，也改变了定子与转子的原始偏心量，从而改变泵的最大流量。

7）泵的出口压力作用在活塞上，活塞对定子产生反馈力。

（3）思考题

1）单作用叶片泵密封空间由哪些零件组成？共有几个？

2）单作用叶片泵和双作用叶片泵在结构上有什么区别？

3）限压式变量泵配流盘上开有几个槽孔？各有什么用处？

4）操纵何种装置可以调节限压式变量泵的最大流量和限定压力？

4. 柱塞泵拆装分析

（1）柱塞泵型号　SCY14-1B 型手动变量轴向柱塞泵。

（2）主要零部件分析

1）缸体用铝青铜制成，它上面有七个与柱塞相配合的圆柱孔，其加工精度很高，以保证既能相对滑动，又有良好的密封性能。缸体中心开有花键孔，与传动轴相配合。缸体右端面与配流盘相配合。缸体外表面镶有钢套并装在滚动轴承上。

2）柱塞的球头与滑履铰接。柱塞在缸体内做往复运动，并随缸体一起转动。柱塞和滑履中心开有直径 1mm 的小孔，缸中的压力油可进入柱塞和滑履、滑履和斜盘间的相对滑动表面，形成油膜，起静压支承作用。减小这些零件的磨损。

3）中心弹簧，通过内套、钢球和回程盘将滑履压向斜盘，使活塞得到回程运动，从而使泵具有较好的自吸能力。同时，弹簧又通过外套使缸体紧贴配流盘，以保证泵起动时基本无泄漏。

4）配流盘上开有两条月牙型配流窗口，外圈的环形槽是卸荷槽，与回油相通，使直径超过卸荷槽的配流盘端面上的压力降低到零，保证配流盘端面可靠地贴合。两个通孔（相当于叶片泵配流盘上的三角槽）起减少冲击、降低噪声的作用。四个小盲孔起储油润滑作用。配流盘下端的缺口，用来与右泵盖准确定位。

5）滚动轴承用来承受斜盘 25 作用在缸体上的径向力。

6）变量机构中的变量活塞装在变量壳体内，并与螺杆相连。斜盘前后有两根耳轴支承在变量壳体上，并可绕耳轴中心线摆动。斜盘中部装有销轴，其左侧球头插入变量活塞的孔内。转动手轮，螺杆带动变量活塞上下移动（因导向键的作用，变量活塞不能转动），通过销轴使斜盘摆动，从而改变了斜盘倾角，达到变量目的。

（3）思考题

1）柱塞泵的密封工作容积由哪些零件组成？密封腔有几个？

2）柱塞泵如何实现配流的？

13.5　溢流阀静、动态性能实验

13.5.1　实验目的

1）深入理解溢流阀稳定工作时的静态特性。着重测试静态特性中的调压范围及稳定性，卸荷压力及压力损失，启闭特性与调压偏差等三项，从而对被试阀的静态特性做适当的分析。

2）了解瞬态下的动态特性，即溢流阀突然变化时溢流阀所控制的压力随时间变化的过渡过程品质。

3) 通过实验，学会溢流阀静态和动态性能的实验方法，学会使用本实验所用的仪器和设备。

13.5.2　实验内容和原理

实验用 Y-10B 先导式溢流阀作为被测阀。

1. 调压范围及压力稳定性

1) 调压范围：应能达到规定的调节范围（0.5~6.3MPa），并且压力上升与下降应平稳不得有尖叫声。

2) 至调压范围最高值时的压力振摆（在稳定状态下调定压力的波动值）是表示调压稳定的主要指标，此时压力表不准装阻尼、压力振摆应不超过规定值（±0.2MPa）。

3) 至调压范围最高值时压力偏移值，1min 内应不超过规定值（±0.2MPa）。

2. 卸荷压力及压力损失

1) 卸荷压力：被试阀的远程控制口与油箱接通，使阀处于卸荷状态，此时通过实验流量下的压力损失成为卸荷压力，其值应不超过规定值（0.2MPa）。

2) 压力损失：被试阀的调压手轮至全开位置，在实验流量下被试阀进出油口的压差即为压力损失，其值应不超过规定值（0.4MPa）。

3. 启闭特性与调压偏差

1) 开启压力：被试阀调至调压范围的最高值时系统的供油量为实验流量。逐渐将系统的压力由低向高开启，当通过被测阀的溢流量为全流量的 1% 时，系统的压力称为被测阀的开启压力。全流量时的调定压力与开启压力之差称为被测阀的静态调压偏差。压力级为 6.3MPa 的溢流阀，规定开启压力不得小于 5.3MPa。

2) 闭合压力：被试阀调至调压范围最高值，且系统供油量为实验流量时，调节系统压力逐渐降压，当通过被试阀的溢流量为实验流量 1% 时，系统的压力值称为被试阀的闭合压力。压力级为 6.3MPa 的溢流阀，规定闭合压力不得小于 5.3MPa。

3) 根据测试开启压力与闭合压力的数据，画出被试阀的启闭特性曲线。

4) 实验中压力值由压力表测出，被试阀溢流量较大时通过流量计测量流量，溢流量较小时用量杯可测出容积的变化量 ΔV 计算流量，计时用秒表。

4. 动态特性测试

（1）测试指标　在控制量或外加扰动量的作用下，被试阀的溢流量发生突然变化，因而使其所控制的压力随时间变化，这一过渡过程的控制质量有三项主要性能指标（见图 13-3）。

1) 相应时间 t_r（压力上升时间），被试阀初始压力为 p_1，调定压力的稳定值为 p_t，当给予被试阀阶跃输入后，从稳态值的 10% 上升到 90% 所需时间。

2) 过渡过程时间 t_s，从稳定值的 90% 经超调衰减后第一次到达振摆值 $\pm \Delta t$ 所需时间。

3) 最大超调量 Δp，最大压力峰值 p_{max} 与调定压力 p_t 之差，即 $\Delta p = p_{max} - p_t$，一般以超调率 σ_p 表示。即

$$\sigma_p = \frac{\Delta p}{p_t} \times 100\%$$

（2）测试方案

1）输入压力信号。用阀15或阀16，给被测阀14输入阶跃压力信号。

2）被测阀的动态响应。溢流阀的动态压力相应信号，采用压力传感器输出，经动态应变仪和光线示波器取得记录曲线，然后进行数据处理，得出上述三项数值。

3）测试动态特性所用仪器工作框图如图13-3所示。

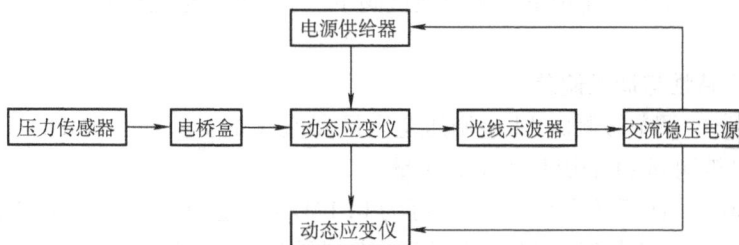

图13-3　溢流阀动态特性实验仪器工作框图

4）压力传感器：被测阀为 Y_1-10B 时用 BPR-2/100 型电阻丝式压力传感器。被测阀为 Y-10B 时可改用 BPR-2/150 型。

5）仪器型号：Y6D-3A 型动态电阻应变仪

　　DY-3 型电源供给器（Y6D-3A 配套仪器）

　　SC16 型光线示波器

　　SBE-20A 型二踪示波器（或其他通用示波器）

　　614-B 型电子交流稳压电源

13.5.3　实验装置

溢流阀静、动态性能实验回路如图13-2所示。图中14是被测溢流阀，与本实验有关的液压元件有：液压泵8、溢流阀9、二位三通阀11、16。二位二通电磁阀15、流量计24、量杯20、压力表 p_6 和压力传感器13。

13.5.4　实验参考步骤

首先检查节流阀10，应处于关闭状态，三位四通电磁阀12处于中位。

1. 测量调压范围及压力稳定性

二位三通阀11通电，将溢流阀9调至比被测阀14的最高调节压力（6MPa）高10%，即调至6.5MPa，然后使阀11处于常态，将被测阀14压力调至6MPa，测出此时通过阀的流量作为实验流量。

1）调定被测阀14的调压手轮从全开至全闭，再从全闭至全开，通过压力表 p_8 观察压力上升与下降的情况是否均匀，有没有突变或滞后等现象，并测量调压范围。反复实验不少于3次。

2）调节被测阀14，使其在调压范围内取5个压力值（其中包括调压范围最高值）用压力表 p_8 分别测量压力振摆值，并指出最大压力振摆值。

3）将被测阀14调至调压范围最高值，由压力表 p_8 测量1min内的压力偏移值。

2. 测量卸荷压力及压力损失

1）卸荷压力。被测阀 14 调至调压范围最高值，将二位二通电磁阀 15 通电，此时被测阀的远程控制口接油箱，用压力表 p_8 测量压力值，即为卸荷压力。

注意： 当被测阀压力调好后，应将压力表 p_8 开关转至 0，待阀 15 通电后再将压力表开关转至压力接点，然后读出卸荷压力值，这样可以保护压力表不被打坏。

2）压力损失：在实验流量下，调节被试阀 14 的调压手轮至全开位置，用压力表 p_8 测量压力值。

3. 测量启闭特性与调压偏差

关闭溢流阀 9，调节被测阀 14 至调压范围最高值（本实验定为 6MPa），并锁紧其调节手柄，此时通过被测阀 14 的流量为实验流量。

调节溢流阀 9，使系统分级（级差可为 0.1MPa）逐渐降低，记下各级被试阀相应的压力和溢流量（小流量时用量杯测量），直到被试阀 14 的溢流量减少到实验流量的 1%，此时的压力表 p_8 的读数值就是闭合压力。一般情况很难刚好测得实验流量的 1% 值，实际测试中只要测得小于实验流量的 1% 即可，然后用内插法求得闭合压力。再继续分级逐渐降压，记录下相应的压力和溢流量，直到被试阀刚刚停止溢流时为止。此时泵的全部供油量从溢流阀 9 溢出。实际测试中只要测到溢流量从小管中排出时已不呈线流即可。

反向调节溢流阀 9，从被试阀 14 不溢流开始，使系统分级逐渐升压，从被试阀的溢流量呈线流状起记下各级相应的压力与流量，当被试阀 14 的溢流量达到实验流量的 1% 时，此时压力为开启压力。再继续调节溢流阀 9，逐级升压，一直升至被试阀的调定值，记下各级相应的压力与溢流量。

根据所得数据绘制被试阀启闭特性曲线。阀 14 的调定压力与开启压力之差为调压偏差。

注意： 被试阀的溢流量在实验中应边做边算，及时掌握变化规律。

4. 动态特性测试

按图 13-3 所示，连接好测试仪器的电气线路，并把 BPR 型压力传感器组成半桥电路，用标定电桥法平衡动态应变仪的一个桥路，然后启动光线示波器预热后调节光点位置，记录纸速取 0.5m/s 用压力检查泵和压力传感器给出标准应变信号，或用动态应变仪标定电桥给出模拟应变信号，在感光纸上记录零压基线和 2、4、6……的基准线。

通过被试阀的远程控制口瞬间与油箱的通断，使被试阀主油路的溢流量得到阶跃变化信号，再通过压力传感器可将被测阀所控压力随时间变化的过程示波曲线记录下来。

先将二位三通电磁阀 11 通电，关闭溢流阀 9，调节被测阀 14 至调压范围最高值（本实验定为 6MPa），将二位二通电磁阀 15 通电，使主油路卸荷，准备好记录仪器，相互配合顺序操作，拍摄动态特性曲线。

光线示波器走纸启动→阀 15 断电（主油路升压）→阀 15 通电（主油路卸荷）→示波器走纸停止。取下记录纸进行二次曝光，处理并分析记录曲线。

注意： 过渡过程动态特性的拍摄时间很短，有关的顺序操作要配合好。

13.5.5 实验报告

1. 整理数据，填入表 13-10 和表 13-11 中。

表 13-10 实验数据（十）

序号　　数据 项目	1	2	3	4	5
调压范围/MPa					
压力振摆/MPa					
压力偏移/MPa					
卸荷压力/MPa					
压力损失/MPa					

表 13-11 实验数据（十一）

序号　数据 项目			1	2	3	4	5	6
启动特性	闭合过程	压力/MPa						
		$\Delta V/$（m³/s）						
		$t/$s						
		$q=\dfrac{\Delta V}{t}\times 60/$（m³/s）						
	开启过程	压力/MPa						
		$\Delta V/$m³						
		$t/$s						
		$q=\dfrac{\Delta V}{t}\times 60/$（m³/s）						

2. 根据实验数据画出溢流阀的启闭特性曲线，并在图上标出调压偏差。

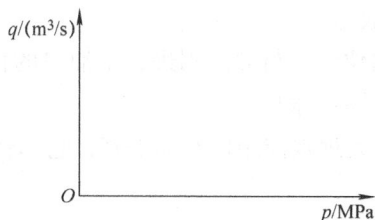

13.5.6 思考题

1）分析溢流阀开启压力大于闭合压力的原因。

2）溢流阀的静态特性对使用性能有何影响（从压力稳定性方面分析)?

3）分析调压偏差与调定压力的关系。

13.6　液压阀的拆装实验

13.6.1　实验目的

1）通过对各种液压阀的拆装使学生熟悉各种常用液压阀的结构及其可能出现的故障。
2）通过对阀的剖析，进一步理解各种阀的工作原理。
3）通过对不同阀结构对比，熟悉各种阀的功用及其适用场合。
4）了解各种阀与其他元件的连接方式。掌握液压阀结构、性能、特点和工作原理。

13.6.2　实验内容

1. 溢流阀的拆装

（1）溢流阀型号　P型直动式溢流阀，Y型先导式溢流阀。

（2）主要零部件分析

1）将P型溢流阀拆开，观察其主要组成零件的结构，弄清阀的工作原理。估计弹簧的尺寸及阀芯阻尼小孔的尺寸，分析阻尼小孔的作用。

2）将Y型溢流阀拆开，观察其主要组成零件的结构，弄清阀的工作原理。估计主阀弹簧和锥阀弹簧的尺寸，分析这两个弹簧的作用。

3）观察主阀阀芯上阻尼小孔的尺寸，分析它的作用。

4）观察远程控制油口的位置。分析在液压系统工作时若将阀的远程控制口直接通入油箱，阀进油口处所能达到的油压约为多少。

2. 减压阀的拆装

（1）减压阀型号　J型先稳压式减压阀。

（2）主要零部件分析

1）将阀拆开，观察其主要组成零件的结构，弄清阀的工作原理，着重理解其能减压并使出口压力稳定的原理。

2）仔细查看主阀阀芯的结构，分析阀芯上三角槽及阀芯小孔的作用。分析当阀芯上的小孔堵塞时，油路可能产生的故障。

3）观察阀的进、出油口的位置，与溢流阀进、出油口的位置有什么不同。如果阀已无标牌，如何判断它是减压阀还是溢流阀？

4）注意观察J型减压阀有无远程控制口？如果有，它起什么作用？

3. 节流阀的拆装

（1）节流阀型号　L型节流阀。

（2）主要零部件分析

1）将阀拆开，观察其主要组成零件的结构，特别注意观察其阀芯上节流口的形式及调速时其节流截面尺寸的变化情况。

2）弄清节流阀的调速原理，分析节流阀调速缺点。分析其容易出现的故障。

4. 调速阀的拆装

（1）调速阀型号　Q型调速阀。

（2）主要零部件分析

1）将阀拆开，观察其各主要组成零件的结构，特别注意其内减压阀与普通J型定压减压阀的区别。观察其内节流阀节流口的形式与普通L型节流口形式的区别，分析这种节流口有什么优点。

2）对照教材中调速阀工作原理图观看实物，弄清调速阀的工作原理，特别应理解当其节流阀进、出口的压力变化时，为什么通过阀的流量可以保持不变。

3）分析调速阀容易出现的故障。

5. 电磁换向阀的拆装

（1）电磁阀型号　24D型交流电磁阀，24E型直流电磁阀。

（2）主要零部件分析

1）观察直流电磁换向阀与交流电磁换向阀的外形特征，分析其外形不同的原因。

2）将阀拆开，观察其主要组成零件的结构，分析每个零件的作用。

3）根据阀芯、阀孔内腔的形状和阀底面各油口的标志，分析阀的工作原理。

4）观察中位机能不同的三位电磁换向阀的阀体和阀芯，分析其中位机能与阀芯结构之间的关系。

5）分析电磁换向阀的优缺点及交、直流电磁换向阀适用于什么场合。

6. 液动换向阀的拆装

（1）液动阀型号　Y型液动换向阀。

（2）主要零部件分析

1）观察液动换向阀的外形特征及其控制油口的位置。

2）将阀拆开，观察阀两端的结构，弄清其工作原理。

3）分析液动换向阀的优点及其适用场合。

7. 单向节流阀的拆装

将阀拆开，观察其各零件的结构并分析其工作原理。

8. 压力继电器的拆装

（1）型号　P型压力继电器。

（2）主要零部件分析

1）观察压力继电器铭牌上所标出的主要参数及其外形特征。

2）将压力继电器拆开，观察其各主要组成零件的结构，特别是其中阀芯、薄膜、弹簧及多个钢球的配置位置，杠杆与微动开关的相对位置。弄清各零件的作用。

3）对照结构图和实物，分析压力继电器的工作原理和它在油路中的作用。

9. 压力表开关的拆装

（1）压力表开关型号　K-6B型压力表开关。

（2）主要零部件分析

1）观察K-6B型压力表开关的外形特点，观察其底面及与压力表连接的油孔的形式，弄清它们与被测压油管及压力表的连接方式。

2）将压力表开关拆开，观察阀芯及阀体的结构。特别注意在压力表打开测压或压力表关闭时阀芯槽和阀体上各测孔位置的对应关系，弄清其工作原理。

3）估计阀体上各阻尼小孔直径的大小，分析阻尼小孔的作用。分析压力表开关容易出现的故障及排除故障的方法。

13.7　节流调速回路性能实验

13.7.1　实验目的

1）通过实验了解各种节流调速回路的速度 – 负载特性，做出速度 – 负载特性曲线。

2）分析比较三种节流调速回路的性能。

3）通过实验比较节流阀调速回路和调速阀调速回路的性能。

13.7.2　实验内容

1. 进油路节流调速回路

（1）实验原理　实验装置原理图如图 13-2 所示，以液压缸 18 模拟外载。由泵 1、溢流阀 2、换向阀 3 节流阀 7 和工作液压缸 17 组成进油节流调速回路。若活塞与液压缸的总摩擦力为 F_f，外载为 F_w，工作缸无杆腔面积为 A_1，压力为 p_4，工作缸有杆腔面积为 A_2，压力为 p_5，模拟外载缸无杆腔面积为 A_1，压力为 p_6，溢流阀 9 可以调节 p_6 的大小。

各液压缸活塞受力平衡方程为

$$p_4 A_1 = p_5 A_1 + F_f + F_w \qquad F_w = p_6 A_1$$

所以工作缸的工作压力为

$$p_4 = p_5 + p_6 + \frac{F_f}{A_1}$$

节流阀两端的压差为

$$\Delta p_T = p_1 - p_4 = p_1 - p_5 - p_6 - \frac{F_f}{A_1}$$

故通过节流阀的流量为

$$q_1 = CA_T \Delta p_T^{\Phi} = CA_T \left(p_1 - p_5 - p_6 - \frac{F_f}{A_1} \right)^{\Phi}$$

因此，活塞运动速度为

$$v = \frac{CA_T}{A_1} \left(p_1 - p_5 - p_6 - \frac{F_f}{A_1} \right)^{\Phi}$$

式中的 C、p_1、p_5、F_f、A_1、Φ 均为常数。若节流阀的开口面积 A_T 调定，则活塞运动速度 v 随外载 F_w 变化而变化（即随加载液压缸压力 p_6 变化而变化）。因此，改变 p_6 可以测出进油节流调速的速度 – 负载特性。即

$$v = f(p_6)$$

（2）实验参考步骤

1）调速阀 4、节流阀 7、10 关闭，节流阀 6 开到最大位置，进油节流阀 5 调到一定位置，使系统形成进油节流调速回路。

2）起动液压泵 1，调整压力阀 2 使液压泵工作压力为 3MPa。

3）起动液压泵 8，调整溢流阀 9，使加载液压缸压力 p_6 接近于零，（旋转按钮使液压缸 18 的活塞左移，顶住液压缸 17 的活塞杆）。每隔 0.5MPa 记录一次数据，直到活塞运动速度为零。

4）每调一次 p_6 时，用秒表记下活塞运动行程为 L 时的时间 t。并换算成速度。

5）上述实验重复一次。

6）将数据记录于表 13-12 中，整理数据画出速度－负载特性曲线。

表 13-12　实验数据（十二）

液压源压力 p_1		活塞行程 L/m		加载压力 p_6/MPa		时间/s	
第一次	第二次	第一次	第二次	第一次	第二次	第一次	第二次

注：$v = \mathrm{f}(p_6)$ 为速度-负载特性曲线（用坐标纸画出）。

2. 回油路节流调速

（1）实验原理　在图 13-2 所示的实验台回路中，将节流阀 5 开到最大，节流阀 7、10 和调速阀 4 关闭，节流阀 6 调到一定位置，系统便组成回油节流调速回路。

活塞受力平衡方程为

$$p_4 A_1 = p_5 A_2 + F_f + F_w$$

故

$$p_5 = \frac{p_4 A_1 - F_f - F_w}{A_2}$$

式中的 A_1、A_2、p_4、F_f、F_w 均为常数。由此可见，当外载 F_w 越小时，p_5 就越大。活塞的工作速度取决于液压缸 17 回油腔的流量 q_2。

因节流阀出口的压力　　　$p_0 \approx 0$

故　　　　　　　　　　　$\Delta p_T = p_5 - p_0 \approx p_5$

因此液压缸活塞的工作速度为

$$v = \frac{q_2}{A_2} = \frac{CA_T \Delta p_T^{\Phi}}{A_2} = \frac{CA_T p_5^{\Phi}}{A_2}$$

式中，q_2 为液压缸 17 回油腔的流量。

因此 $v = \dfrac{CA_T (A_1 p_4 - F_f - F_w)^{\Phi}}{A_2^{\Phi+1}}$；由此测出回油路节流调速的速度－负载特性曲线。

因式中 $F_w = p_6 A_1$，且 A_1、A_2、p_4、C、F_f、Φ 均为常数，故当节流阀开口面积一定时，活塞移动速度取决于外载 F_w，即 p_6。故

$$v = \mathrm{f}(F_w) = \mathrm{f}(p_6)$$

（2）实验参考步骤

1）起动液压泵 1 和 8，调节溢流阀 2 和 9，使液压泵 1 工作压力为 $p_1 = 3\mathrm{MPa}$，泵 8 压力接近于零。

2）将液压缸 17 回油腔节流阀 6 的开口由大向小调，使 p_1、p_5 不变为止（即溢流阀 2 处于工作状态）。

3）调节溢流阀 9，使节流阀 6 前的压力 p_5 由大变小，每隔 5MPa 记录一次数据。

4）每调一次溢流阀 9 改变 p_6 时，用秒表记下活塞运动 L 行程的时间 t，并换算成速度。

5）实验重复一次，将数据记录于表 13-13 中。

6）整理实验数据，画出速度－负载特性曲线（用坐标纸画出）。

表 13-13　实验数据（十三）

回油压力 p_5/MPa		负载压力 p_6/MPa		活塞行程 L/m		运动时间/s	
第一次	第二次	第一次	第二次	第一次	第二次	第一次	第二次

3. 旁油路节流调速回路

（1）实验原理　在图 13-2 中，将节流阀 5、6 开到最大，阀 7 调到适当开口，调速阀 4 关闭，便构成旁油路节流调速回路。

活塞受力平衡方程为 $\qquad p_4 A_1 = F_f + F_w$

液压缸 17 进油腔的工作压力为 $\qquad p_4 = \dfrac{F_f + F_w}{A_1}$

节流阀前后压差为 $\qquad \Delta p_T = p_4 - p_5 = p_4 - 0 = \dfrac{F_f + F_w}{A_1}$

通过节流阀回油箱的流量为 $\qquad \Delta q = C A_T \left(\dfrac{F_f + F_w}{A_1} \right)^{\varPhi}$

进入液压缸 19 的流量为 $\qquad q_1 = q_p - \Delta q = q_p - C A_T \left(\dfrac{F_f + F_w}{A_1} \right)^{\varPhi}$

由此可见，节流阀 7 开口面积调定后，通过外载 F_w 变化可测得旁油路节流调速回路的速度－负载特性，即 $v = f(p_6)$ 曲线。

（2）实验参考步骤

1）调溢流阀 2 为安全阀，安全压力调到 4MPa。

2）调整旁油路节流阀 7 开口，使活塞以中速运动。

3）调整节流阀 10，使 p_6 从 0 调到最大，每隔 0.5MPa 记录一次数据。

4）每次调整节流阀 10 改变 p_6 时，用秒表记下活塞 L 行程的时间 t，并换算成速度。

5）上述实验重复一次，将数据记录于表 13-14 中。

6）整理实验数据，并做出速度－负载特性曲线。

表 13-14　实验数据（十四）

缸工作压力 p_1/MPa		负载缸压力 p_6/MPa		活塞行程 L/m		运动时间/s	
第一次	第二次	第一次	第二次	第一次	第二次	第一次	第二次

4. 调速阀式进油路调速回路

（1）实验原理 在13-2图中，将节流阀5、7关闭，节流阀6开到最大位置，调速阀4开启到一定位置，切换电磁阀3、17可进行调速阀进油路调速实验。

活塞受力平衡方程为 $p_4 A_1 = F_f + F_w = p_6 A_1 + F_f$ （$F_w = p_6 A_1$，不考虑背压）

液压缸17的工作压力为 $p_4 = p_6 + \dfrac{F_f}{A_1}$

节流阀两端压差为 $\Delta p_T = p_1 - p_6 - \dfrac{F_f}{A_1}$

由上式可知，当加载液压缸18压力 p_6 增加（或减少）时，p_4 也增加（或减少）。由于减压阀的自动调节作用，引起节流阀口前的压力也增加（或减少），由此保持节流阀前后压差不变，则通过调速阀的流量不变，因而活塞的运动速度保持不变。

（2）实验参考步骤

1）起动液压泵1和8，调节溢流阀2使液压泵1的压力 p_1 为3MPa。

2）调节溢流阀9，使负载压力 p_6 从0调到最大，每隔0.5MPa记录一次数据。

3）每次调整 p_6 外载压力时，用秒表记下活塞行程 L 和运动时间 t。

4）将实验数据记录于表13-15中，以此画出 $v = f(p'_3)$ 曲线。

表13-15 实验数据（十五）

缸工作压力 p_1/MPa		负载缸压力 p_6/MPa		活塞行程 L/m		运动时间/s	
第一次	第二次	第一次	第二次	第一次	第二次	第一次	第二次

13.7.3 实验报告

1）根据实验结果分析三种节流调速的性能。

2）分析比较节流阀调速和调速阀调速的性能。

13.7.4 思考题

1）本实验中，如果要获得同样的速度，进口和出口节流调速回路中节流阀开度哪个大？为什么？元件规格相同时谁可获得更低的稳定速度？如果克服同样的外负载，进、出口节流调速回路中液压缸工作腔的压力有何不同？

2）各种调速回路中，液压缸最大承载能力取决于什么参数？为什么说采用节流旁油路调速回路时调速范围小？

3）进油路采用调速阀节流调速时，为什么速度-负载特性变硬？而在最后速度却下降得很快？此时调速阀内节流口的前后压差为多少？指出在实验条件下，调速阀所适应的负载范围（可与节流阀调速时的速度-负载特性曲线比较）。

13.8　液压基本回路实验

13.8.1　实验目的

液压基本回路是组成各种实用液压系统回路的基本单元。掌握基本回路的类型、性质以及其适用场合是学好典型设备液压传动系统，培养学生分析复杂液压系统的能力和设计液压系统必不可少的重要环节。本实验的目的是：

1）掌握常用液压基本回路（调压与卸荷回路、减压回路、调速回路、快速回路、顺序动作回路等）的组成特点、主要性能和适用场合。

2）通过解析油路、实测参数、分析实验结果，培养学生分析液压系统，设计液压回路的能力。

3）通过实际操作工作台，验证回路性能可以锻炼学生初步进行科学实验的基本能力。

13.8.2　实验设备

液压基本回路实验可以在 QCS008 型综合教学实验台上完成，该实验台能完成八项基本回路的教学实验。它的阀件采用集成板连接的安装方式，控制板采用集中控制，是按钮控制方式，回路采用显示板显示方式。在实验台主面板上配有八块回路显示板，在做基本回路实验时，只需将回路"选择开关"旋钮旋转至相应的指示位置，显示板便显示出所实验油路的工作原理图。此显示方式简便、直观便于教学。

实验台的液压系统原理图如图 13-4 所示，图中各液压元件的名称见表 13-16。手动选择阀 29 为作其他教学实验时提供引出液压源使用。电气控制面板操作按钮如图 13-5 所示。

表 13-16　液压元件一览表

序　号	名　称	序　号	名　称	序　号	名　称
1	叶片泵	15	压力继电器	38	蓄能器
2	变量叶片泵	16 ~ 24	电磁阀	39、40	压力传感器
3 ~ 5	溢流阀	25、26	流量计	41	流量计
6、7	单向阀	27	液压缸	42	冷却器
8	单项调速阀	28	液压缸	43	加热器
9	远程调压阀	29	选择阀	44	温度计
10、11	节流阀	30	节流阀	45、46	电动机
12	减压阀	31、32	滤油器	47 ~ 49	压力表
13	单向阀	33、34	通断阀		
14	单项顺序阀	35 ~ 37	压力表开关		

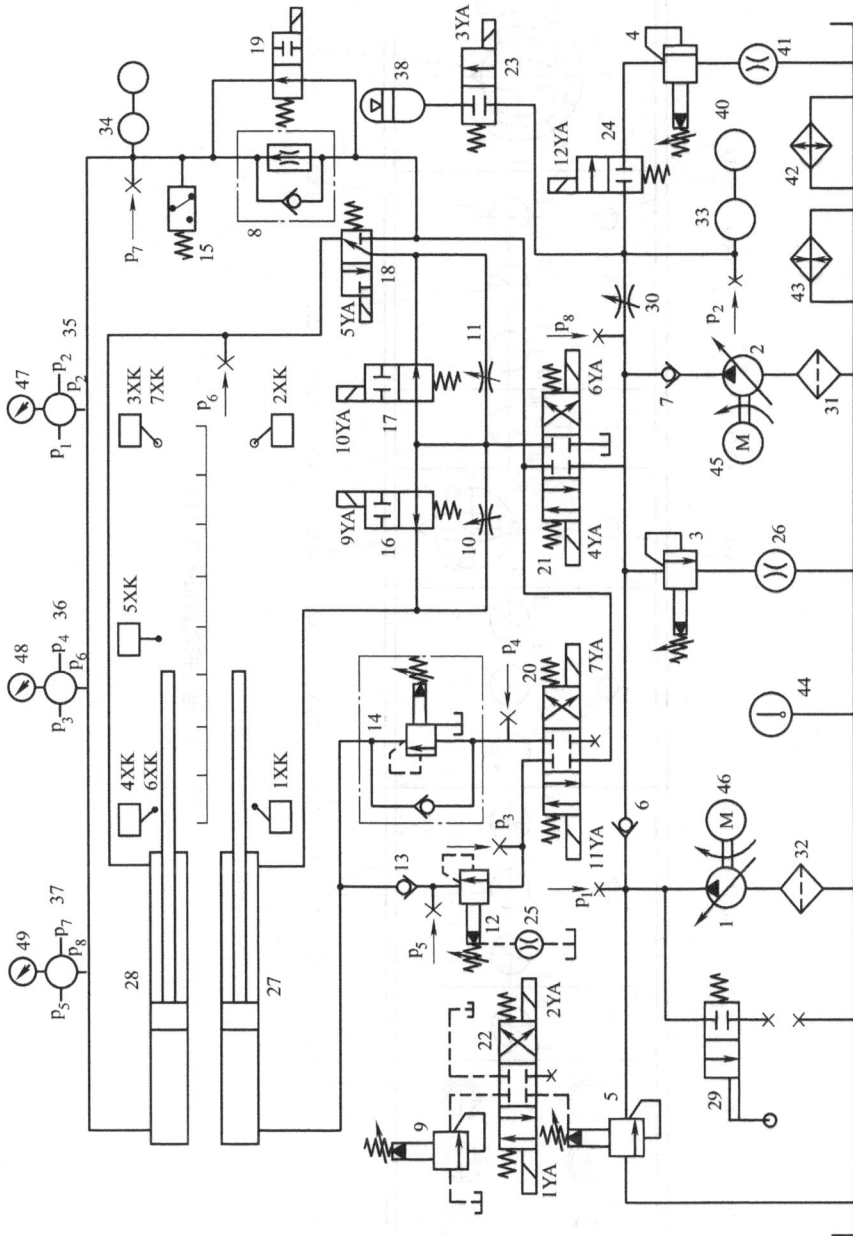

图 13-4　QCS008 型综合教学实验台

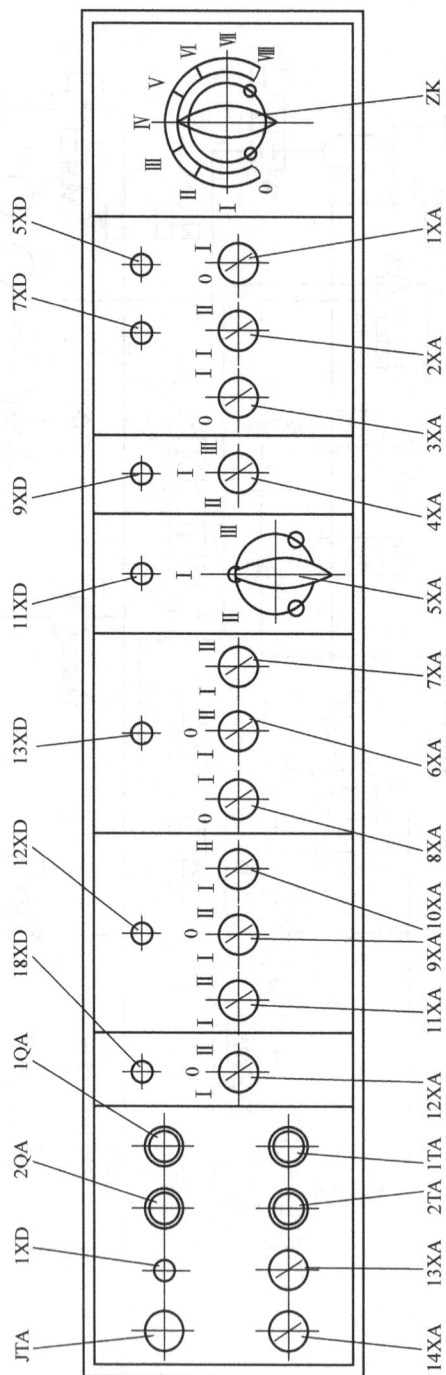

图 13-5　电气控制面板操作按钮图

13.8.3 实验内容及参考步骤

1. 调压及卸荷回路

（1）实验目的 熟悉液压系统的调压、远程调压及卸荷回路的组成及操作方法。

（2）实验油路 如图13-6所示，回路选择开关ZK旋至Ⅵ位，调压及卸荷回路示教板灯光亮起，压力表开关35接至p_1位，将节流阀30关闭，溢流阀3关闭。

（3）实验内容与实验方法

1）调压回路（直接调压）：将转换开关4XA旋至Ⅰ位，起动泵1，直接用溢流阀5调压，由小到大，再由大到小，反复三次。安全压力调制最大$p_1 = 4MPa$。

主油路：泵1→溢流阀5→油箱。

2）远程调压：将远程调压阀9的调压手柄预先旋紧，启动泵1，将溢流阀5调至4MPa，转换开关4XA旋至Ⅱ位。接通1ZT，逐渐放松远程调压阀9的调压手柄，注意观察压力表p_1读数。当阀9的调压手柄旋松到一定位置后压力表读数从原来的调定值开始下降，调压手柄越松，p_1值越低；手柄越紧，p_1值越高；但是其调压最大值总是小于或等于溢流阀5的安全调定压力值4MPa。在液压系统中采用远程调压可以将主溢流阀5安装在靠近动力源位置，而将远程调压阀9安放在便于操作的位置，使调压操作方便可靠。

油路：

控制油路为泵1→溢流阀5（远程控制口）→电磁阀22（左位）→远程调压阀9→油箱。

主油路为泵1→溢流阀5→油箱。

3）卸荷回路：将转换开关旋至Ⅲ位，接通2ZT，溢流阀5的远程控制油路直接通油箱，压力表读数p_1降至最小，即油泵卸荷。

油路：

控制油路为泵1→溢流阀5（远程控制口）→电磁阀22（右位）→油箱。

主油路为泵1→溢流阀5→油箱。

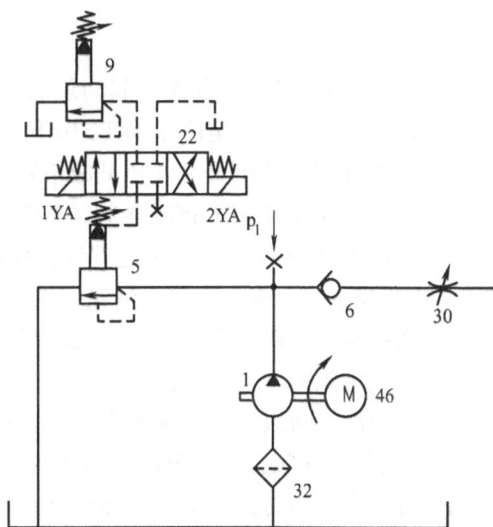

图13-6 调压、远程调压及卸荷回路

2. 减压回路

（1）实验目的 了解减压回路的组成及减压阀的调整方法，理解减压阀的工作原理及在系统中的作用。

（2）实验油路 图13-7所示为减压回路，回路选择开关ZK旋至Ⅳ位，减压回路示教板灯光亮起。压力表开关35、36、37分别旋至p_1、p_3、p_5位。

油路：

进油路为泵1→阀6→阀21左→阀20左→阀20左→阀12→阀13→缸27左。

回油路为缸27右腔→阀10→阀21左→油箱。

（3）实验内容和实验方法

1）将节流阀11关闭，减压阀口全开（无减压时），调节节流阀10，观察减压阀进、出口压力变化关系。将溢流阀3的调压手柄旋松，溢流阀5、顺序阀14、减压阀12的调压手柄旋

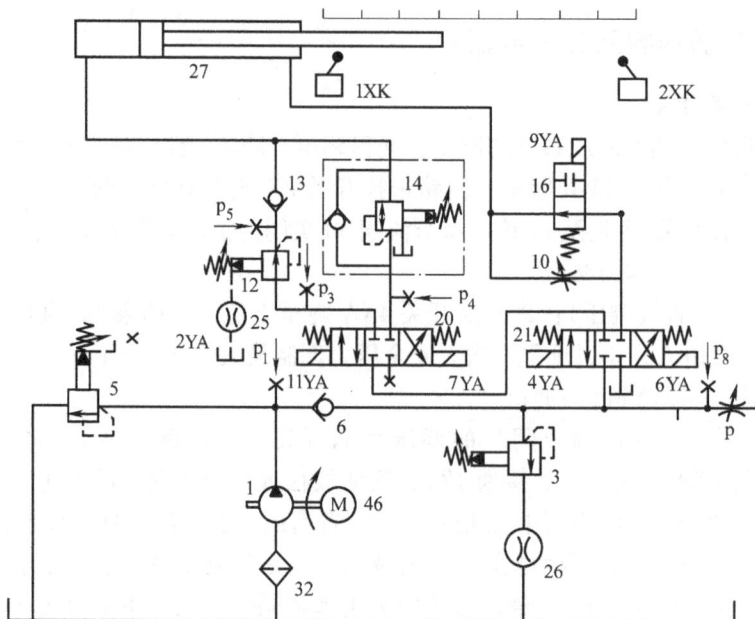

图 13-7　减压回路

紧,这时减压阀处于全开状态。起动泵 1,将溢流阀 3 的压力调至 $p_1 = 4\text{MPa}$(作为安全压力)。

将转换开关 5XA 旋至I位,4ZT、9YT、10ZT、11ZT 同时接通,缸 27 活塞向右前进,这时,将节流阀 10 的开口逐渐开大(负载减小),观察压力表 p_1、p_3、p_5 的读数(建议在 3MPa 范围内记录三次)。可以看出:因减压阀阀口全开未起减压作用,p_3、p_5 的数值基本相同。

将 5XA 旋至 II 位,同时接通 6ZT、7ZT,液压缸左腔的液压油经阀 14 中的单向阀、换向阀 20 右腔、换向阀 1 右腔、油箱,缸 27 活塞退回。

注意:减压阀调压手柄与溢流阀调压手柄对压力的调节有所不同,减压阀的调压手柄调得越紧,减压阀的开口越大,减压作用越小;溢流阀的调压手柄调得越紧,溢流阀的开口越小,调压越高。所以,减压阀要求的出口调定压力越低,其调压手柄应调得越松。

2)调节减压阀,观察出口压力变化对进口压力的影响。继续上实验,溢流阀 3 的调压手柄位置不变。将转换开关 5XA 旋到 I 位;缸 II 活塞前进至右端停止不动,泵 1 的油经溢流阀全部流回油箱,其压力保持在 4MPa。逐渐放松减压阀 12 的调压手柄,减压阀出口的压力 p_5 随之降低(注意观察减压阀泄漏油管处的流量计,此时有油流出)。观察压力表的读数,此时 $p_5 < p_3$,且 p_5 变化时,p_1 基本保持不变。实验表明:减压阀 12 可以控制系统某一支油路实现减压,而不影响主油路工作压力。

3)减压阀开口一定(起减压作用)时,观察减压阀出口流量变化对出口压力的影响。继续上实验,节流阀 10 开口位置不变(缸的负载不变),转换开关 5XA 旋至 I 位,缸 II 活塞处于前进过程,调节减压阀的调压手柄使压力调至 3MPa。观察活塞运动时和到达行程终点时(减压阀出口从有油液流动到没有油液流动)减压阀出口压力表的读数 p_5。可以发现 p_5 值基本不变。实验表明,在减压阀的工作过程中,其出口压力基本不受流量变化的影响(此时减压阀泄漏油管始终有漏油)。

4)减压阀开口一定(起减压作用)时,调节溢流阀,观察减压阀进口压力变化对出口压力的影响。减压阀 12 出口压力在缸Ⅱ活塞前进到终点不动时，调至 2.5MPa 通过溢流阀 3 调节主油路压力 p_1（p_3）从 4~1.5MPa。可以发现当 p_1（p_3）>p_5 时，不管 p_1 如何变化，减压阀出口压力 p_5 始终保持不变。但当主油路压力 p_1 低于减压阀 12 的调定值 p_5（$p_1 < p_5$）时，会引起 p_5 的变化，且 $p_5 \approx p_1$。

实验指出：减压阀实现减压和稳压的条件是，减压阀处于某一口位置，先导阀打开，泄漏油通道畅通。

5）观察单向阀的短时保压作用。接通压力表 p_4，将溢流阀 4 调压手柄旋松。在减压阀 12 后设置单向阀 13 组成具有短时保压功能的减压回路。此功能可通过压力表 p_1 观察到：当主油路 p_1 突然降低时（将 5XA 旋至Ⅲ位接通 2ZT，主泵 1 降压卸荷，p_5 会很快降低。但由于单向阀 13 切断了缸Ⅱ与主油路的通路，使缸 27 的压力 p_4 缓慢的下降，起到了短时保压的作用（注：本系统因受换向阀 20 内泄漏的影响，缸 27 保压时间较短）。

（4）将实验数据记录于表 13-17 中，进行实验数据分析。

表 13-17 实验数据（十七）

实验项目	实验次数	溢流阀调定压力 p_1/MPa	减压阀进口压力 p_3/MPa	减压阀出口压力 p_5/MPa	实验结果分析
减压阀不起作用时，调节节流阀，观察减压阀进口压力的变化（活塞运动）	1				
	2				
	3				
调节减压阀出口压力的变化，观察对进口压力的影响（活塞不运动）	1				
	2				
	3				
减压阀起减压作用时，观察减压阀出口流量对出口压力的影响	1				
	2				
减压阀起减压作用时，观察减压阀进口压力变化对出口压力的影响（活塞不运动）	1				
	2				
	3				
	4				

3. 顺序动作回路

（1）实验目的 了解压力控制和行程控制实现顺序动作的回路的组成、特点和调整方法。

（2）实验油路分析 如图 13-8 所示，回路选择开关 ZK 旋至 Ⅴ 位，顺序动作回路示教板灯光亮起，压力表开关 35、36、37 分别旋至 p_1、p_6、p_7 位。

油路为：

缸 28 $\begin{cases} 进油：\begin{cases} 泵 1 \to 阀 6 \to 阀 21 左 \to 阀 19 左 \to 缸 28 左腔 \\ 泵 1 \to 阀 6 \to 阀 3 \to 流量计 26 \to 油箱 \end{cases} \\ 回油：缸 28 右腔 \to 阀 18 右 \to 阀 11（负载）\to 阀 21 左 \to 油箱 \end{cases}$

缸 27 $\begin{cases} 进油：\begin{cases} 泵 1 \to 阀 6 \to 阀 21 左 \to 阀 20 右 \to 阀 14 \to 缸 27 左泵 1 \to 阀 6、阀 3 \to 流量 \\ 计 26 \to 油箱 \end{cases} \\ 回油：缸 27 右 \to 阀 10（负载）\to 阀 21 左 \to 油箱 \end{cases}$

（3）实验内容和实验方法

1）用顺序阀（压力控制）实现顺序动作。节流阀 10、11 调到开口一定的位置，松开溢流阀 3 的调压手柄，旋紧溢流阀 5 和顺序阀 14 的调压手柄，顺序动作选择开关 6XA 旋至

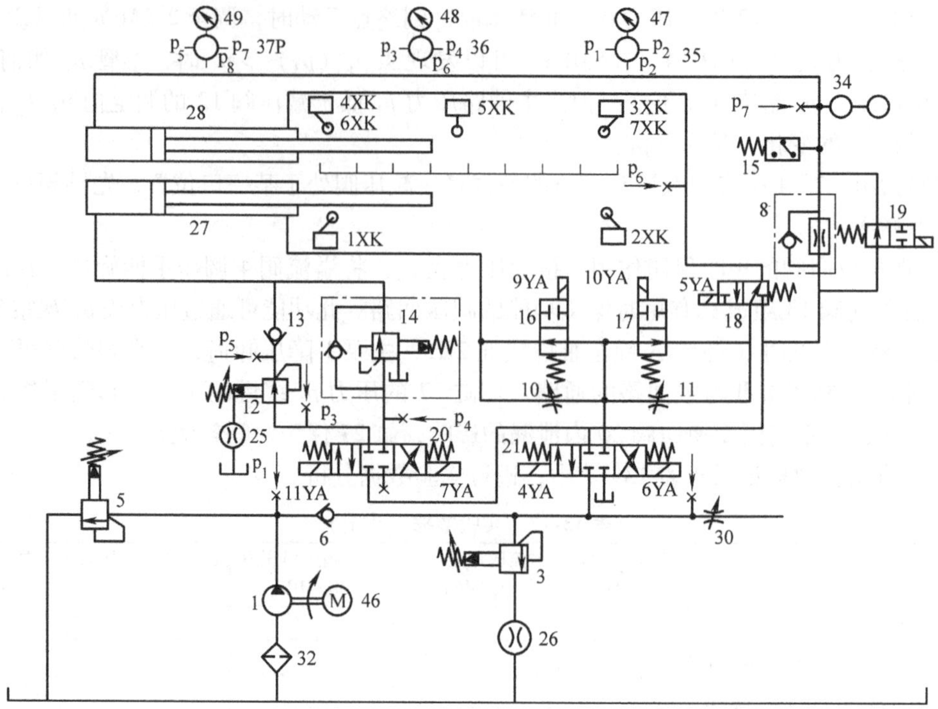

lIng

图 13-8　顺序动作回路

0 位,起动泵 1;将转换开关旋至 I 位,使 4ZT、7ZT、9ZT、10ZT 同时接通,逐渐旋紧溢流阀 3 的调压手柄,直至无溢流,缸 I 活塞快速前进。再继续调压升高 0.8 ~ 1MPa(保证缸 28 动作可靠)。缸 28 活塞到达终点之后,将顺序阀 14 的调压手柄逐渐旋松,直至缸 II 活塞快速前进,顺序阀 14 的调定压力由压力表 p_4 读出(为使顺序阀的动作可靠,溢流阀 3 的调定压力应比顺序阀 14 的调定压力大 0.3 ~ 0.5MPa);将转换开关 7XA 旋至 II 位,6ZT、7ZT 接通,缸 27、28 活塞同时退回。将实验数据记录于表 13-18 中。

反复实验,仔细观察两缸活塞运动的顺序。

表 13-18　实验数据(十八)

控制信号	动作顺序	电磁铁		
		4ZT	6ZT	7ZT
8XA 由 0 旋转至 I 位	缸 28 进	+	-	-
3XK	缸 27 进	+	-	+
2XK	缸 28 退	-	+	-
4XK	缸 27 退	-	+	+
1XK	停止	-	-	-

2)用行程开关控制电磁阀(行程控制)实现顺序动作。将顺序阀 14 的调压手柄松至一定位置(不要全松),顺序动作选择开关 6XA 旋至 I 位,转换开关 8XA 由 0 旋至 I 位,观察用行程开关实现缸 28 与缸 27 活塞的顺序动作。

注:转换开关 8XA 处于 I 位时,实现上述行程控制顺序动作的自动循环。如果将 8XA 由 I 转至 0 位,循环停止。

4. 差动连接快速回路

(1)实验目的　了解缸 28 差动连接实现快速回路的组成及工作特点。

（2）实验油路分析 如图 13-9 所示，回路选择开关 ZK 旋至 Ⅳ 位，缸 28 差动连接快速回路示教板灯光亮起。压力表开关 35、36、37 分别旋至 p_1、p_6、p_7 位。

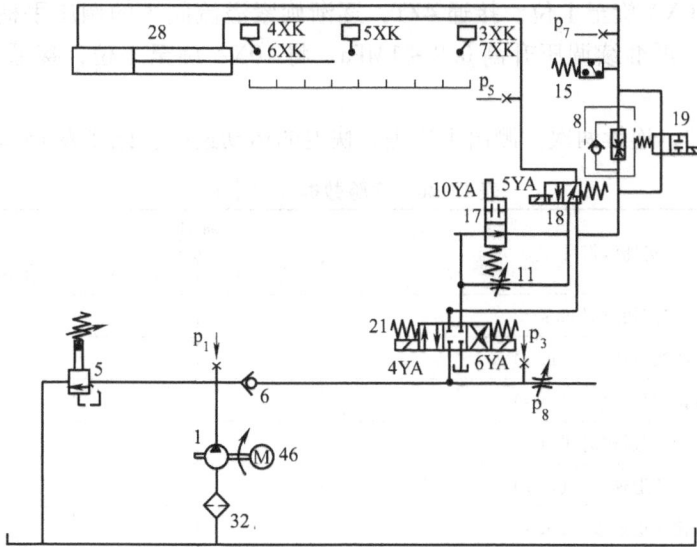

图 13-9 差动连接快速运动回路

油路为：

1）非差动快进。

进油：泵 1→阀 6→阀 21 左→阀 19 左→缸 28 左。

回油：缸 28 右→阀 18 右→阀 17 下→阀 21 左→油箱。

2）差动连接快进。

进油：泵 1→阀 6→阀 21 左→阀 19 左→缸 28 左。

回油：缸 28 右→阀 18 左→缸 Ⅰ 左。

将实验数据记在表 13-19 中。

表 13-19 实验数据（十九）

实 验 项 目		差 动 连 接		非 差 动 连 接	
		第一次	第二次	第一次	第二次
实测快进时间/s					
实测快进速度/（m/s）					
理论实测快进速度/（m/s）					
实测快退时间/s					
实测快进速度/（m/s）					
理论实测快退速度/（m/s）					
快进压力	p_7/MPa				
	p_6/MPa				
快退压力	p_6/MPa				
	p_7/MPa				

（3）实验内容和实验方法

1）非差动连接快进。旋紧溢流阀 5，松开溢流阀 3 的调压手柄。起动泵 1，将选择开关 9XA 旋至Ⅱ位，10XA 旋至Ⅰ位，接通 4ZT，逐渐旋紧溢流阀 3 的调压手柄，直至无溢流，缸Ⅰ活塞快速前进再继续调压升高 0.8～1MPa。将 10XA 旋至Ⅰ位，接通 6ZT，缸Ⅰ活塞快退。

重复上述动作，连续两次，测出Ⅰ快进、快退的运动速度。记在表 13-20 中。

表 13-20　实验数据（二十）

实 验 项 目		差 动 连 接		非 差 动 连 接	
		第一次	第二次	第一次	第二次
实测快进时间/s					
实测快进速度/（m/s）					
理论快进速度/（m/s）					
实测退进时间/s					
实测快退速度/（m/s）					
理论快退速度/（m/s）					
快进压力	p_7/MPa				
	p_6/MPa				
快退压力	p_6/MPa				
	p_7/MPa				

2）差动连接快进。将 9XA 旋至Ⅰ位，11XA 旋至Ⅰ位接通 4ZT、5ZT，记录此时缸 28 活塞快进速度及工作压力。因为系统采用差动连接，缸 28 活塞将快速运动。本系统液压缸两腔有效面积比接近 2:1，故差动快进速度约为非差动时的两倍。差动连接时，有效作用面积减少了一半，若使负载（包括液阻）近似不变，差动快进工作压力也相应需非差动时的两倍。

将 11XA 旋至Ⅱ位，接通 6ZT，缸 28 活塞快退。实验证明，差动快进速度与快退速度基本相等。

（4）实验数据整理

1）将实验中实测的速度和理论计算的速度分别计算出来，填入表 13-20 中。

2）实验结果分析。

3）思考题：非差动连接时，为什么快退的工作压力比快进的工作压力大得多？（提示：快退与快进时，其回油腔流量的差值很大）

13.9　液压回路的拼装实验

13.9.1　实验目的

通过实验使学生了解液压基本回路的拼接方法，进一步熟悉几种常见的液压基本回路的功能及性能参数，加深对液压元件作用的理解。

13.9.2 实验设备

TP500拼装组合式液压实验台是由德国费斯托（Festo）公司制造，由五个部分组成：

（1）实验台台架　实验台台架是长方形的架体。该实验台是轮式的结构，在实验台架下安装有四个万向轮便于推着行走，可以在实验室不同位置做实验。台架上面可安装液压元件储藏箱、油箱、定位拼装组合板、能源装置等。

（2）液压元件储藏箱　液压元件储藏箱共三层。最上面一层盛放着带有快换接头的液压软管和各种实验管路。下面两层盛放着各种液压元件、压力表、流量计等，供学生拼装组合时选用。

（3）油箱　油箱为黑色长方形的浅盘式。这个浅盘式的油箱散热条件比较好。当油液在管路中和液压阀内流动时，产生摩擦，导致油温升高。而当油液返回油箱时，由于浅盘式的油箱具有面积大、油液浅、热量散发快等特点，油箱起到及时降温散热的作用。

（4）定位拼装组合板　定位拼装组合板是一块天蓝色长方形的薄板，其上面具有很多定位孔，各定位孔之间的孔距，在垂直方向和水平方向上都相等，精度相当高。学生根据自己所设计的液压回路选出相应的液压元件后，可通过液压元件后面的定位销，插入拼装组合板的定位孔中，将液压元件安装固定在定位拼装组合板上。

（5）能源装置　能源装置包括电动机、液压泵、过滤器等，它们安装在定位板的后侧。

实验台所备有的插接式液压元件包括：

1）溢流阀（见图13-10）3个。

2）减压阀（见图13-11）2个。

3）节流阀（见图13-12）1个。

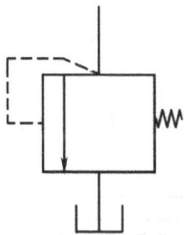

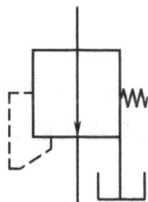

图 13-10　溢流阀　　　　图 13-11　减压阀　　　　图 13-12　节流阀

4）单向节流阀（见图13-13）1个。

5）调速阀（见图13-14）1个。

6）行程阀（见图13-15）1个。

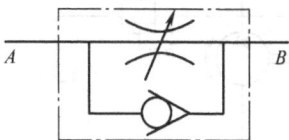

图 13-13　单向节流阀　　　图 13-14　调速阀　　　图 13-15　行程阀

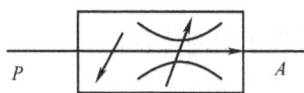

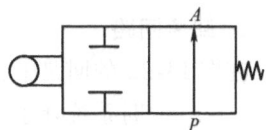

7）二位三通换向阀（见图13-16）1个。

8）三位四通换向阀（见图13-17）1个。

9）单出杆液压缸（见图13-18）2个。

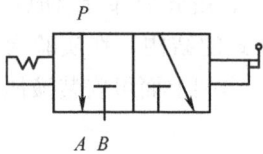

图13-16　二位三通换向阀　　　图13-17　三位四通换向阀　　　图13-18　单出杆液压缸

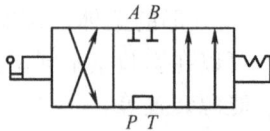

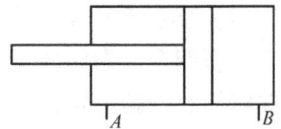

10）蓄能器组件（见图13-19）1个。

11）双向液压马达（见图13-20）1个。

12）压力表组件（见图13-21）3个。

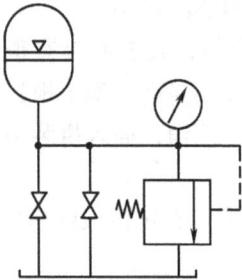

图13-19　蓄能器组件　　　图13-20　双向液压马达　　　图13-21　压力表组件

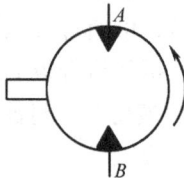

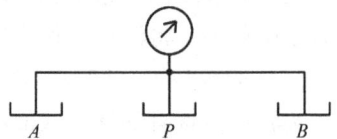

13）橡胶软管若干个（带快换接头）。

14）带单向阀的橡胶软管3个（带快换接头）。

13.9.3　实验内容

在 TP500 实验台上有泵源及插接式阀安装板，用上述液压元件，在安装板上分别连接组合成下列五个液压基本回路并调整实现各自基本功能。

1. 调压回路

在图 13-22 中，调整阀 4，使缸处于端点位置；调节阀 3 旋钮，观察压力表 2，记录系统压力变化值。

1）缸行走时 p_A = ＿＿＿＿＿＿。

2）缸停止后 p_A = ＿＿＿＿＿＿。

3）缸停止后调节阀 3 旋钮时 p_A = ＿＿＿＿＿＿（变化范围）。

2. 卸荷回路

在图 13-22 的回路中，当阀 4 处于中间位置，p_A = ＿＿＿＿＿时系统处于＿＿＿＿＿状态。

3. 速度换接回路

在图 13-23 的 DE 两点之间并联行程阀 7，单向节

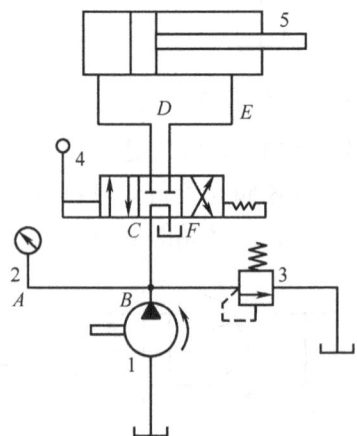

图 13-22　调压、远程调压及卸荷回路

流阀 6 形成速度换接回路（图 13-24）。

在图 13-24 中将阀 6 中节流阀调到适当开口；使缸 5 活塞向右运动；当挡块 8 压下行程阀 7 时观察液压缸活塞运动速度；挡块 8 压下行程阀后观察活塞运动速度。

4. 快速运动回路

在图 13-23 的 A 点并联蓄能器组件，在出油口串联换向阀，形成快速运动回路（图 13-25），调整阀 3 及蓄能器组件上溢流阀开口，关闭蓄能器通油箱的阀门；打开泵 1 向缸 5 和蓄能器 7 供油；当阀 4 分别处于左右位置及阀 6 处于右位时，观察缸 5 活塞运动速度。

5. 减压回路

在图 13-23 的 BC 点之间串联减压阀形成减压回路，在 C 点安装压力表，使阀 4 分别处于左右端，将缸运动到端点位置；调节阀 3 使系统处于适当压力；调节阀 6 观察 BC 点压力变化情况。

记录：1）活塞运动中 p_B =   ，p_C =   。

2）活塞停止后 p_B =   ，p_C =   。

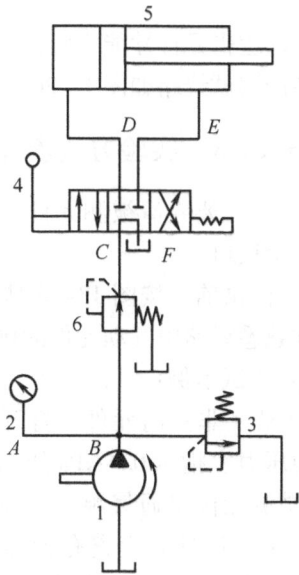

图 13-23 减压回路

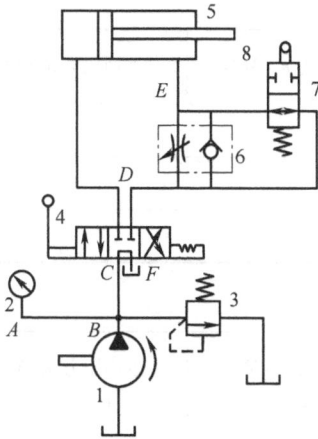

图 13-24 速度换接回路

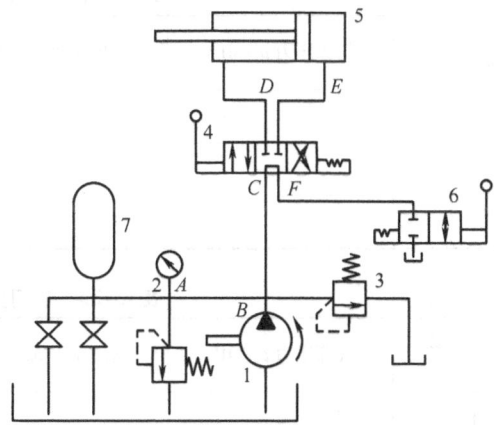

图 13-25 快速运动回路

13.10 气动逻辑元件静态压力特性测试

13.10.1 实验目的

巩固、加深和验证课堂教学中有关气动逻辑元件的结构原理及基本逻辑功能，通过实验进一步认识气动逻辑元件的性能和特点。

13.10.2　实验装置

气动逻辑元件性能实验台和被测气动逻辑元件,是门、非门、或门、双稳等。气动逻辑元件性能测试线路如图 13-26 所示。

13.10.3　实验方法步骤

1) 首先要弄清被测元件所具有的基本逻辑功能及各个接口。

2) 测试前,按图 13-26 所示检查核对测试线路,并熟悉线路中气动元件的操作方法和步骤。

3) 测试示例:

① 是(非)门元件。打开总气源,调节减压阀 1 使压力表指示 0.4MPa 压力值,再操作手拉阀 2,使被测元件接通气源 p_s,观察被测元件的输出压力值 p_0,此时应检查有无异常情况,若一切正常,则操作手动阀 4,然后调节减压阀 3 使之逐渐

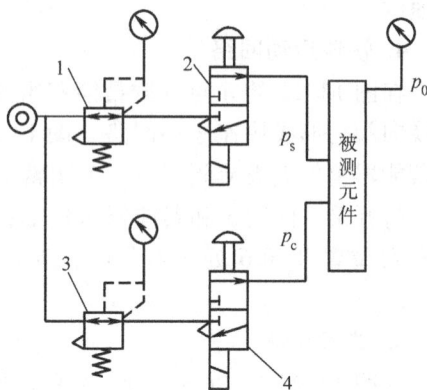

图 13-26　气动逻辑元件性能测试线路图

升压,直至被测元件切换为止。然后,再缓慢降压直到元件的输出返回,分别记下输出压力 p_0,切换压力 p'_c 和返回压力 p''_c 等值。上述实验,可适当改变 p_s 值 2～3 次,把所测得的实验数据填入表 13-21 和表 13-22 中。

表 13-21　是门元件测试数据

次数 ＼ 参数	气源压力 p_s/MPa	输出压力 p_0/MPa	切换压力 p'_c/MPa	返回压力 p''_c/MPa
1				
2				
3				

表 13-22　非门元件测试数据

次数 ＼ 参数	气源压力 p_s/MPa	输出压力 p_0/MPa	切换压力 p'_c/MPa	返回压力 p''_c/MPa
1				
2				
3				

② 双稳元件。与检测是(非)门元件一样,首先给被测元件接通气源 p_s,观察被测元件的输出压力值 S_1 和 S_2,哪一端有输出(双稳元件接线板见图 13-26),此时应观察有无异常情况,若 S_1 端有输出,则把切换信号加至 b 端,由小到大直到 S_2 端有输出为止,然后撤去控制信号 b,观测输出端有无压力变化,若无变化,则把切换信号加至 a 端,有小到大直到 S_1 端有输出为止,同样撤去控制信号 a,观察输出端有无压力变化。上述实验可适当改变

气源 p_s 值，重复 2~3 次，把测得的数据列入表 13-23 中。

表 13-23 双稳元件测试数据

次数 \ 参数	气源压力 p_s/MPa	输出压力 p_0/MPa	切换压力 p'_c/MPa	返回压力 p''_c/MPa
1				
2				
3				

13.10.4 气动逻辑元件静态压力特性测试分析实验报告

1）根据测得的是门和非门元件数据，分别画出其特性曲线。
①是门元件 ②非门元件
2）根据对双稳元件的测试，把测试数据转化并列成状态表，即用"1""0"表示其输入输出之间的状态转化关系。
3）分析实验结果和对本实验的改进意见。
4）试画出用普通气阀来实现是门、非门和双稳逻辑功能的线路图。

13.11 气动线路设计

13.11.1 实验目的

运用已经学过的气动线路设计知识，按已知动作程序设计出相应的逻辑回路，并选用所需要逻辑元件连成线路，然后供气，实现程序所规定的动作，从而验证理论和实践的一致性。

13.11.2 实验装置

气动线路模拟实验台和所需逻辑元件等。
气动线路模拟实验台线路如图 13-27 所示。

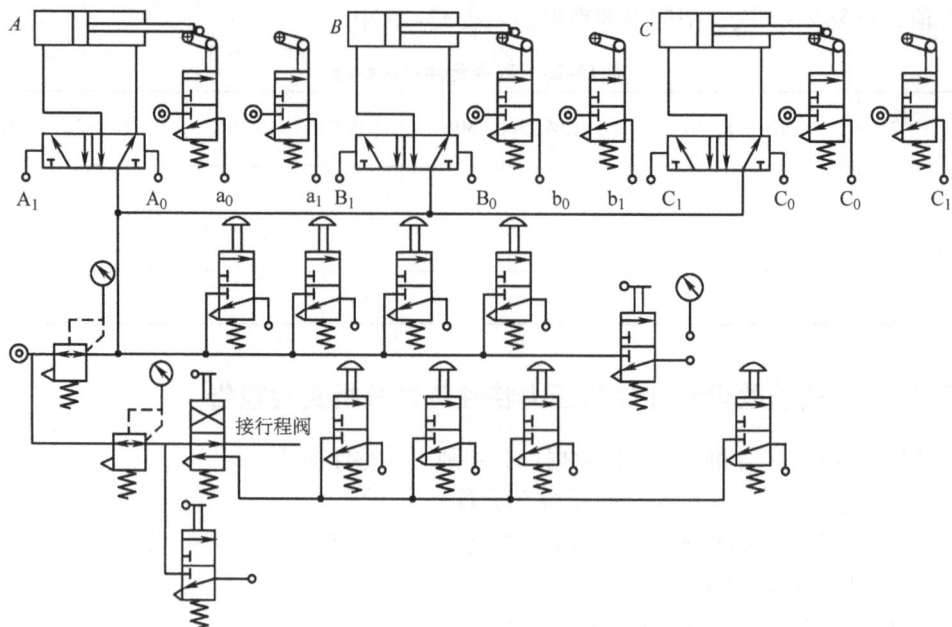

图 13-27　气动线路模拟实验台原理图

13.11.3　实验方法和参考步骤

1）将所设计的工作程序列于表 13-24 中，按教师所指定的程序，预先用信号 – 动作状态图或扩大卡诺图设计好逻辑回路图，（可做在草稿纸上），检查无误后进行实验。

表 13-24　程序表

组　别	工　作　程　序
1	
2	
3	
4	

2）熟悉启动模拟实验台线路后，按自己所做的程序回路将配管连接起来，检查无误后可以接通气源，一般把控制系统的气源压力调到 0.4MPa 上。观察各执行元件的动作顺序是否与所给定的工作程序一致，如不符合，则需停气后，分析排除故障，直到达到程序要求为止。

13.11.4　气动线路设计实验报告

1. 工作程序

程序 1：

程序 2：

2. 气动线路设计

按信号－动作状态图法或扩大卡诺图法设计，把执行信号填入表 13-25 中。

表 13-25 执行信号记录

执 行 信 号	程 序 1	程 序 2
A_1		
A_0		
B_1		
B_0		
C_1		
C_0		
X_1		
X_0		
Y_1		
Y_0		

3. 绘制逻辑回路图
4. 分析实验结果和对本次实验的改进意见

13.12 液压传动综合教学实验台实验

随意快插组合式液压传动实验装置是根据现代教学特点和最新的液压传动课程教学大纲要求设计的。它采用最为先进的液压元件和新颖的模块设计，构成了插接方便的系统组合。它满足高等院校、中等专业院校及职业技工学校的学生对进行液压传动课程的实验教学要求。可以培养和提高学生的设计能力、动手能力和综合运用能力，起到了加强设计性实验及其综合运用的实践环节的作用。

13. 12. 1　主要特点

1）该系统全部采用标准的工业液压元件，使用安全可靠，贴近实际。

2）快速而可靠的连接方式，特殊的密封接口，能够保证实验组装简便、快捷，拆接不漏油，清洁干净。

3）精确的测量仪器，方便的测量方式，使用简单，读数准确。

13. 12. 2　实验功能

1. 常用液压元件的性能测试

1）液压泵的特性测试。

2）溢流阀的特性测试。

3）节流阀的特性测试。

4）调速阀的特性测试。

5）减压阀的特性测试。

6）液压缸的特性测试。

2. 液压传动基本回路演示实验（十几种回路）

1）采用节流阀的进油节流调速回路（进油节流调速、回油节流调速、旁路节流调速）。

2）采用调速阀的定压节流调速回路（进油节流调速、回油节流调速、旁路节流调速）。

3）简单的压力调定回路。

4）变量泵加旁路小孔节流的调压回路。

5）采用多个溢流阀的压力调节回路（二级调压回路）。

6）采用减压阀的减压回路。

7）采用行程阀的速度换接回路。

8）调速阀串联的速度换接回路。

9）调速阀并联的速度换接回路。

10）采用三位换向阀的卸荷回路。

11）采用先导式溢流阀的卸荷回路。

12）采用顺序阀的顺序动作回路。

13）采用电器行程开关的顺序动作回路。

14）采用压力继电器的顺序动作回路。

15）采用液控单回阀的闭锁（平衡）回路。

16）采用顺序阀的平衡回路。

3. 学生自行设计、组装的扩展液压回路实验（可扩展30多种）

4. 可编程序控制器（PLC）电气控制实验，机电液一体控制实验

13. 12. 3　实验装置组成

实验装置由实验台架、液压泵站、常用液压元件、电气测控单元等几部分组成。其结构图如图 13-28 所示。

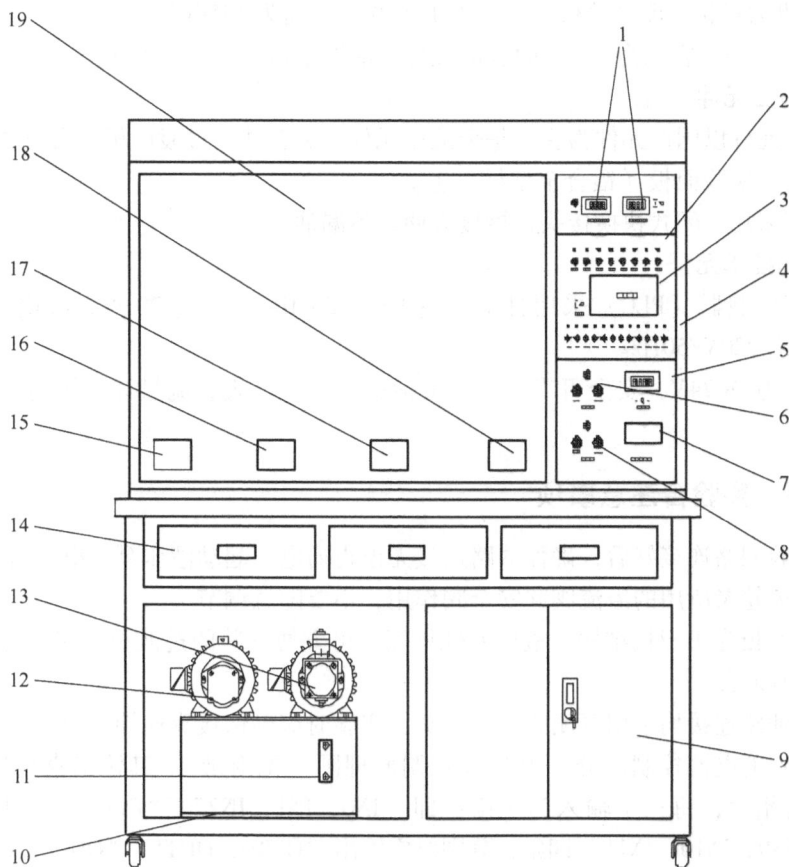

图 13-28 实验工作台结构图
1—流量、转速数显表 2—PLC 输出插座及显示 3—PLC 主单元 4—PLC 输入插座及输入按钮 5—电动机功率显示
6—定量齿轮泵电动机控制按钮 7—电源总开关 8—变量叶片泵电动机控制按钮 9—液压元件存储柜
10—油箱 11—油面油温计 12—定量齿轮泵 – 电动机组合 13—变量叶片泵 – 电动机组合
14—工具、元件抽屉 15—齿轮泵输出油路 16—齿轮泵用溢流安全阀 17—叶片泵输出油路
18—系统回油油路块 19—实验工作面板（铝合金型材结构）

1. 实验工作台

实验工作台由实验安装面板（铝合金型材）、实验操作台等构成。安装面板为带 T 形槽的铝合金型材结构，可以方便、随意地安装液压元件，搭接实验回路。

工作台尺寸为：长 × 宽 × 高 = 1660mm × 680mm × 1800mm。

2. 液压泵站

系统额定工作压力为 6MPa。

（1）电动机 – 泵装置（2 台）

1）定量齿轮泵 – 电动机 1 台：

① 定量齿轮泵为双向，公称排量 8mL/r，容积效率为 95%。

② 电动机为三相交流电动机，功率为 1.5kW，转速为 1450r/min。

2）变量叶片泵 – 电动机 1 台：

① 泵为低压变量叶片泵，公称排量为 8.3mL/r，压力调节范围为 1.5~7MPa。

② 电动机为三相交流电动机，功率为 1.5kW，转速为 1450r/min。

（2）油箱　公称容积为 60L，附有液位计、油温指示计、过滤器等。

3. 常用液压元件

常用液压元件以国产元件为主。每个液压元件均配有油路过渡底板，可方便、随意地将液压元件安放在实验面板（铝合金型材）上。

油路搭接采用开闭式快换接头，拆接方便，不漏油。

4. 电气测控单元

可编程序控制器（PLC）采用日本三菱 FX1s-20MR，I/O 为 20 点，继电器输出形式，电源电压为 AC 220V/50Hz。

控制电压为 DC24V，安全可靠，方便灵活；配有压力表、流量计、转速表、定时器等测量工具。

13. 12. 4　实验台注意事项

1）在实验回路连接好后，确保油路连接无误再通电，起动液压泵－电动机。

2）定量齿轮泵所用的溢流阀起安全阀作用，不要随意调节。

3）实验面板为 T 形槽结构，液压元件均配有可方便安装的过渡板，实验时只需将元件挂在 T 形槽中即可。

4）实验油路连接均采用开闭式快换接头，实验时应确保接头连接到位，可靠。

5）实验台的电器控制部分，为 PLC 控制原理图（见附录）。其输出直接控制电磁阀，并带有发光管指示；每三个输入为一组：即"IN0，IN1，IN2""IN3，IN4，IN5""IN6，IN7，IN8""IN9，IN10，IN11"四组，分别对应输出"OUT0，OUT1""OUT2，OUT3"……，且每组的两个输出互锁。

注 意 事 项

1）因实验元件结构和用材的特殊性；在实验的过程中务必注意稳拿轻放防止碰撞；在回路实验过程中确认安装稳妥无误才能进行加压实验。

2）做实验之前必须熟悉元件的工作原理和动作条件；掌握快速组合的方法，绝对禁止强行拆卸，不要强行旋扭各种元件的手柄，以免造成人为损坏。

3）实验中的行程开关为感应式，开关头部离开感应金属 1~4mm 即可感应发出信号。

4）请不要带负载起动（要将溢流阀旋松），以免损坏压力表。起动油泵前应确认油泵对应溢流阀完全打开，即溢流阀手柄完全松开！同时停止电动机前，也应先调节调压阀，使系统压力将至最低！

5）学生做实验时不应将压力调得太高（一般在 2~3MPa）。

6）学生使用本实验系统之前一定要了解液压实验准则，了解本实验系统的操作规程，在实验老师的指导下进行，切勿盲目进行实验。

7）学生实验过程中，发现回路中任何一处有问题，应立即关闭泵，只有当回路卸压后才能重新进行实验。

8）实验完毕后，要清理好元件；注意元件的保养和实验台的整洁。

实验项目、内容及步骤

液压元件的性能测试

实验1 液压泵的性能测试

1. 实验目的

通过对液压泵的测试，进一步了解泵的性能，掌握液压泵工作特性测的原理和基本方法。

2. 实验内容

1）液压泵的流量 – 压力特性。

2）液压泵的容积效率 – 压力特性。

3）液压泵的总效率 – 压力特性。

3. 实验装置与实验分析

（1）实验回路　实验回路原理图如图 13-29 所示。

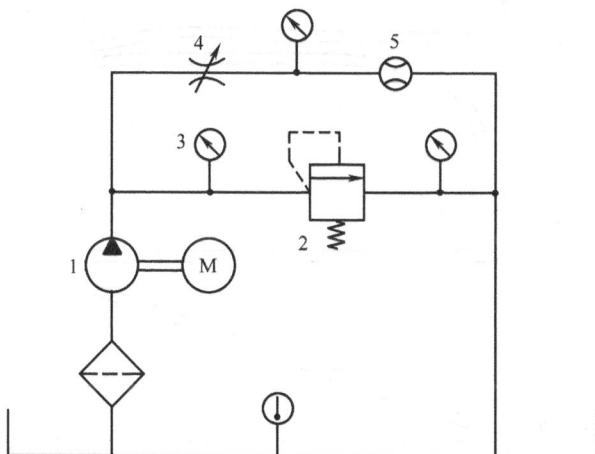

图 13-29　实验回路图（1）

1—被测叶片泵　2—溢流阀　3—压力传感器　4—节流阀　5—流量传感器

（2）数据处理

容积效率为
$$\eta = \frac{V_e}{V_i} = \frac{Q_e}{Q_i} \times \frac{N_i}{N_e} \times 100\%$$

输出液压功率为
$$P = \frac{P_e \times Q_e}{60000}$$

式中，V_e 为试验压力时的有效排量（mL/r）；V_i 为空载压力时的有效排量（mL/r）；Q_e 为试验压力时的输出流量（L/min）；Q_i 为空载压力时的输出流量（L/min）；P_e 为输出试验压力（kPa）；N_e 为试验压力时的转速（r/min）；N_i 为空载压力时的转速（r/min）。

（3）实验步骤

1）依照原理图的要求，选择所需的液压元件，同时检验性能是否完好。

2）将检验好的液压元件安装在插件板的适当位置，通过快速接头和软管按回路的要求连接。

3）确认安装和连接无误：

① 先将节流阀4开得稍大，溢流阀1完全放松，起动泵空载运行几分钟，排除系统内的气。

② 将节流阀完全关闭，起动叶片泵，慢慢调节溢流阀2使系统压力上升至所需的压力值，如6MPa，并用锁紧螺母将溢流阀锁住。

③ 全部打开节流阀4，使被试泵的压力 $p = 0$（或者接近0）。

此时测出来的流量为空载流量。再逐渐关小节流阀4，作为泵的不同负载，对应测出并记录不同负载时的压力 p，流量 Q 和电动机输入功率 W、转速 n。

依照回路中各表不同压力的读数，绘制曲线图（与后附曲线图相比较）。若有数据采集系统，则曲线由数据采集系统直接产生。

4）实验完备后，放松溢流阀，将电动机关闭，待回路中压力为0时拆卸元件，清理好元件并放入规定抽屉内。

（4）特性曲线　特性曲线如图13-30所示。

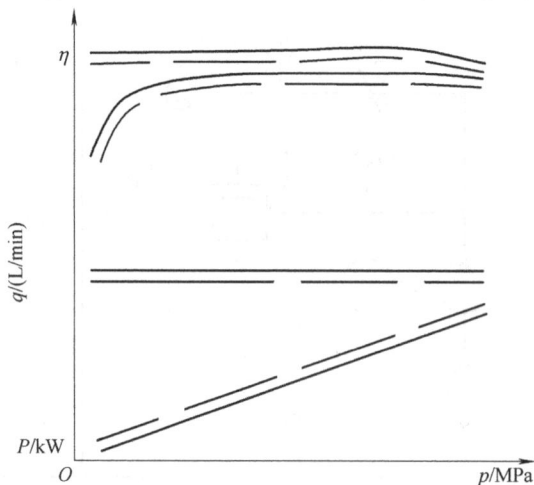

图 13-30　特性曲线

实验2　溢流阀的特性测试

1. 实验目的

加强理解溢流阀稳定工作的静态特性，主要包括调压范围、启闭特性等指标。进一步理解溢流阀工作参数突然变化瞬间的动态特性。掌握溢流阀静、动态性能的测试方法。

2. 实验装置与实验条件

（1）实验回路　实验回路如图13-31所示。

注：油源的流量应大于被试阀的实验流量；允许在给定的基本回路中增设调节压力、流量或保证实验系统安全工作的元件。

（2）测量点的位置　测量压力点的位置为进口测压点应设置在被试阀的上游，距被试

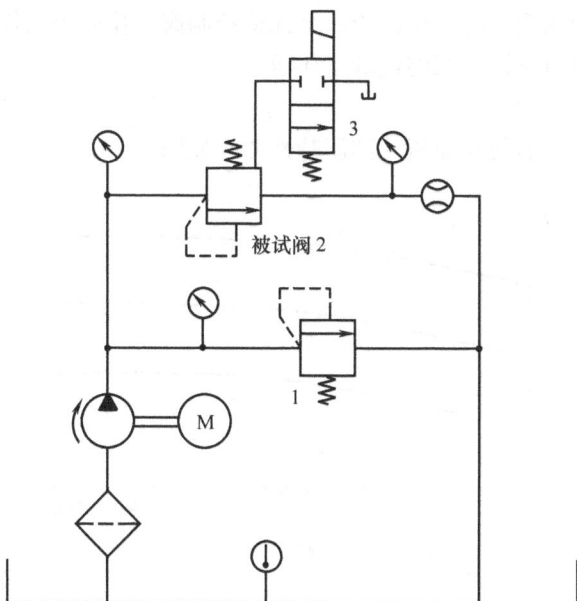

图 13-31　实验回路图（2）

阀的距离为 $5d$（d 为管道通径）；出口测压点应设置在距被试阀 $10d$ 处。

注：测量仪表连接时要排除连接管道内的空气。

测温点的位置应设置在油箱的一侧，直接浸泡在液压油中。

3. 实验内容及步骤

（1）调压范围的测定　先导式溢流阀的调定压力是由导阀弹簧的压紧力决定的，改变弹簧的压缩量就可以改变溢流阀的调定压力。

具体步骤：如图 13-31 所示将被试阀 2 关闭，溢流阀 1 完全打开。起动泵，运行30s 后，调节溢流阀 1，使泵出口压力升至 6MPa。将被试阀 2 完全打开，泵的压力降至最低值。调节被试阀 2 的手柄，从全开至全关，再全关至全开，观察压力的变化是否平稳，并测量压力的变化范围是否符合规定的调节范围。

（2）稳态压力–流量特性试验　溢流阀的稳态特性包括开启和闭合两个过程。本实验中用数据采集系统进行数据采集，若没有数据采集系统则用记录描点法。

开启过程：关闭溢流阀 1，将被试阀 2 调定在所需压力值（如 5MPa），打开溢流阀 1，使通过被试阀 2 的流量为 0，逐渐关闭溢流阀 1 并记录相对应的压力和流量。并通过对压力和溢流量的比值分析，绘制特性曲线图（见图 13-32）。开启实验作完后，再将溢流阀 1 逐渐打开，分别记录下各压力处的流量，即得到闭合数据。

（3）卸压–建压特性实验　卸压–建压实验是动态实验，周期短，肉眼只能观察到现象，而数据记录有一定的困难，所以由数据采集系统来完成相对容易些。具体操作如下：

关闭阀 1，将被试阀 2 调定在所需实验压力下（如 5MPa），电磁阀 3 通电，系统处于卸荷状态，然后将电磁阀 3 断电。卸荷控制阀换向切换时，数据采集系统记录测试被试阀从所控制的压力卸到最低压力值所需的时间和重新建立控制压力值的时间。电磁阀 3 的切换时间不得大于被试阀的响应时间的 10%，最大不超过 10ms。

当溢流阀是先导控制型式时，可以用一个卸荷控制阀 – 换向阀切换先导级油路，使被试阀卸荷，逐点测出各流量时被试阀的最低工作压力。

4. 特性曲线

稳态压力 – 流量特性曲线和建压 – 卸压特性曲线如图 13-32 所示。

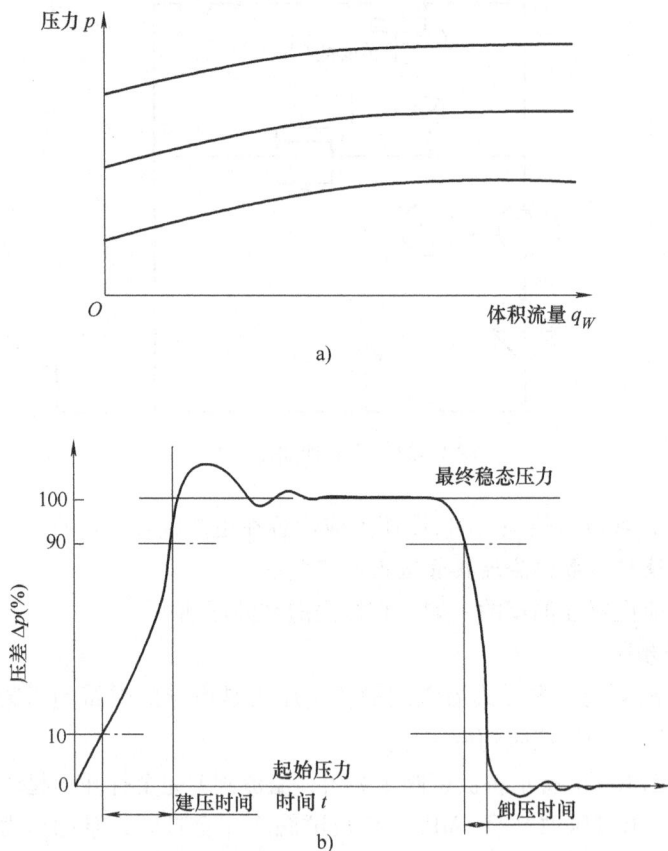

a)

b)

图 13-32　稳态压力 – 流量特性曲线和建压 – 卸压特性曲线

a）稳态压力 – 流量特性曲线　b）建压 – 卸压特性曲线

实验 3　节流阀的特性测试

1. 实验目的

学会测试各种节流调速的性能，并作其速度 – 负载特性曲线。

分析比较节流阀与调速阀的性能优劣。

2. 实验装置和实验条件

（1）实验回路　如图 13-33 所示。

注： 油源的流量要大于被试阀的实验流量，允许回路中增设调节压力、流量或保证实验系统安全工作的元件。

（2）测量点的位置　测量压力点的位置为进口测压点应设置在被试阀的上游，距被试阀的距离为 $5d$（d 为管道通径）；出口测压点应设置在距被试阀 $10d$ 处。

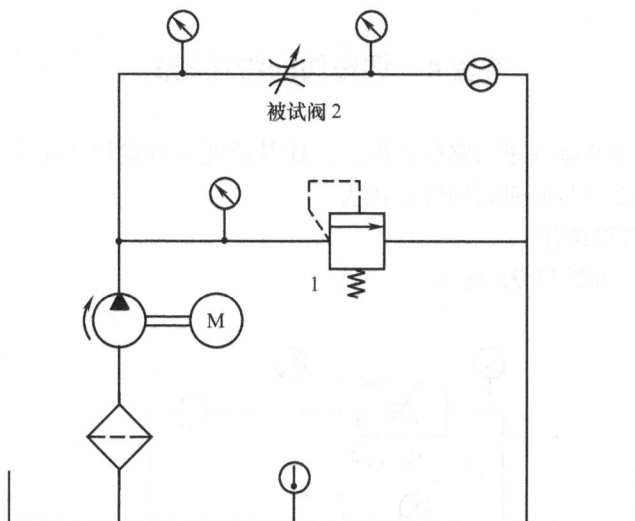

图 13-33　实验回路图（3）

注： 测量仪表连接时要排除连接管道内的空气。

测温点的位置应设置在油箱的一侧，直接浸泡在液压油中。

（3）实验用液压油的清洁度等级　固体颗粒污染等级代号不得高于 19/16。

3. 实验内容

（1）稳态压力－流量特性实验步骤如下：

1）先关闭节流阀 2，将溢流阀 1 全部打开，起动泵 30s，排除管内的空气。

2）关闭溢流阀 1，调节节流阀 2，到需要的压力值（如 5MPa）。

3）调定好后，完全打开溢流阀 1，使通过节流阀 2 的流量为 0，逐渐关闭溢流阀 1，同时记录相对应的压力、流量等，根据压差与流量的数值绘制曲线图。若有数据采集系统，则由数据采集系统直接来完成。

4. 特性曲线

稳态特性曲线（一）如图 13-34 所示。

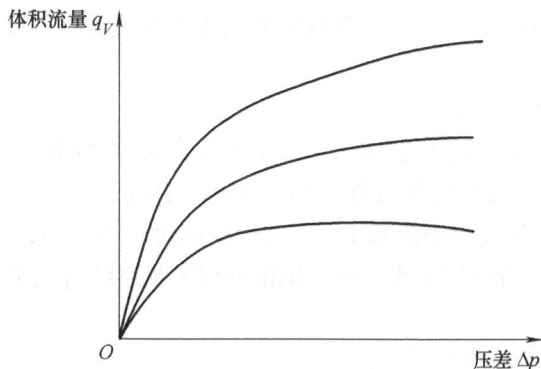

图 13-34　稳态特性曲线（一）

实验4　调速阀的特性测试

1. 实验目的

1）学会测试各种节流调速回路的性能，并作其速度－负载特性曲线。

2）分析比较节流阀与调速阀的性能优劣。

2. 实验装置和实验条件

（1）实验回路　如图 13-35 所示。

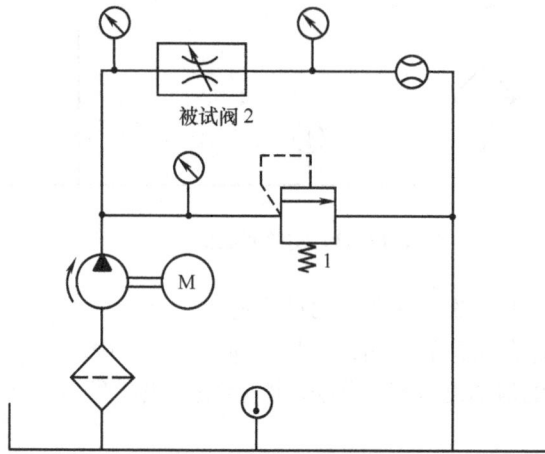

图 13-35　实验回路图（4）

注：油源的流量要大于被试阀的实验流量，允许回路中增设调节压力、流量或保证实验系统安全工作的元件。

（2）测量点的位置　测量压力点的位置为进口测压点应设置在被试阀的上游，距被试阀的距离为 $5d$（d 为管道通径）；出口测压点应设置在距被试阀 $10d$ 处。

注：测量仪表连接时要排除连接管道内的空气。

测温点的位置应设置在油箱的一侧，直接浸泡在液压油中。

（3）实验用液压油的清洁度等级　固体颗粒污染等级代号不得高于 19/16。

3. 实验内容

稳态压力－流量特性实验：

先关闭调速阀2，将溢流阀1全部打开，起动泵30s，排除管内的空气。然后，关闭溢流阀1，调节调速阀2，到需要的压力值（如 5MPa）。调定好后，完全打开溢流阀1，使通过调速阀的流量为0，逐渐关闭溢流阀1，同时记录相对应的压力，流量等，根据压差与流量的数值绘制曲线图。若有数据采集系统，则由数据采集系统直接来完成。

4. 特性曲线

稳态特性曲线（二）如图 13-36 所示。

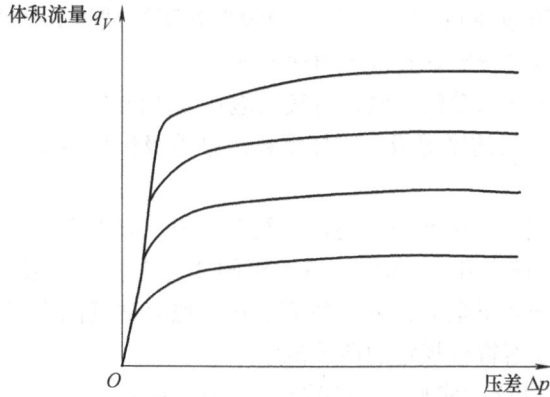

图 13-36 稳态特性曲线（二）

实验 5 减压阀的特性测试

1. 实验目的

本实验旨在加强对减压阀的性能、稳态压力 – 流量特性以及卸压 – 建压特性实验的了解。

2. 实验装置与实验条件

（1）实验回路 如图 13-37 所示。

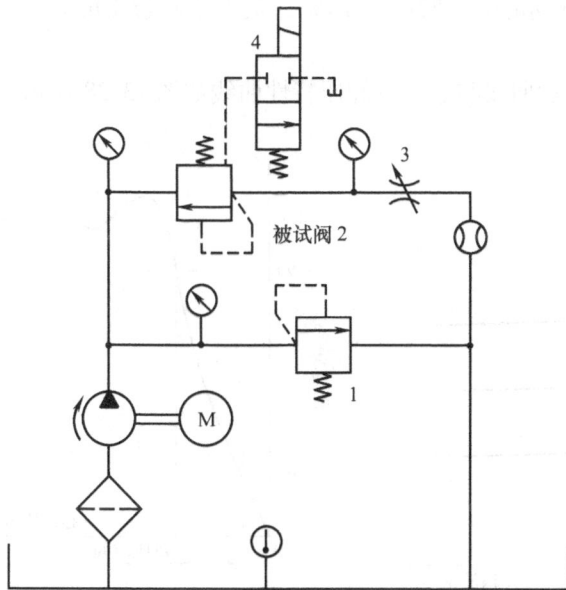

图 13-37 实验回路图（5）

注：油源的流量应大于被试阀的实验流量；允许在给定的基本回路中增设调节压力、流量或保证实验系统安全工作的元件。

（2）测量点的位置 测量压力点的位置为进口测压点应设置在被试阀的上游，距被试阀的距离为 5d （d 为管道通径）；出口测压点应设置在距被试阀 10d 处。

注： 测量仪表连接时要排除连接管道内的空气。

测温点的位置应设置在油箱的一侧，直接浸泡在液压油中。

（3）实验用液压油的清洁度等级　固体颗粒污染等级代号不得高于 19/16。

3. 实验内容及步骤

（1）调压范围的测定　具体步骤为将被试阀 2 关闭，阀 1 完全打开。起动泵，运行 30s 后，调节阀 1，使泵出口压力升至 7MPa。将被试阀 2 完全打开，泵的压力降至最低值。调节被试阀 2 的手柄，从全开至全关，再全关至全开，观察被试阀进口压力的变化是否平稳，并检验压力的变化范围是否符合规定的调节范围。

（2）稳态压力–流量特性实验　做完调压范围实验后，将被试阀 2 调定在所需流量（由节流阀 3 调定）和压力值（包括阀的最高和最低压力值）上。然后调节节流阀 3，使流量从零增加到最大值，再从最大值减小到零，测试此过程中被试阀的进口压力。与此同时记录各测量表的读数。根据压差与流量的数值绘制曲线图。若有数据采集系统，则由数据采集系统直接来完成。

（3）卸压–建压特性实验　卸压–建压实验是动态实验，周期短，肉眼只能观察到现象，而数据记录有一定的困难，所以由数据采集系统来完成相对容易些。具体操作如下：

关闭阀 1，将被试阀 2 调定在所需试验压力下（如 5MPa），将电磁阀 4 通电，系统处于卸荷状态，然后将电磁阀 4 断电。卸荷控制阀换向切换时，数据采集系统记录被试阀从所控制的压力卸到最低压力值所需的时间和重新建立控制压力值的时间。电磁阀 4 的切换时间不得大于被试阀的响应时间的 10%，最大不超过 10ms。

4. 特性曲线

稳态压力–流量特性曲线与建压–卸压特性曲线如图 13-38 所示。

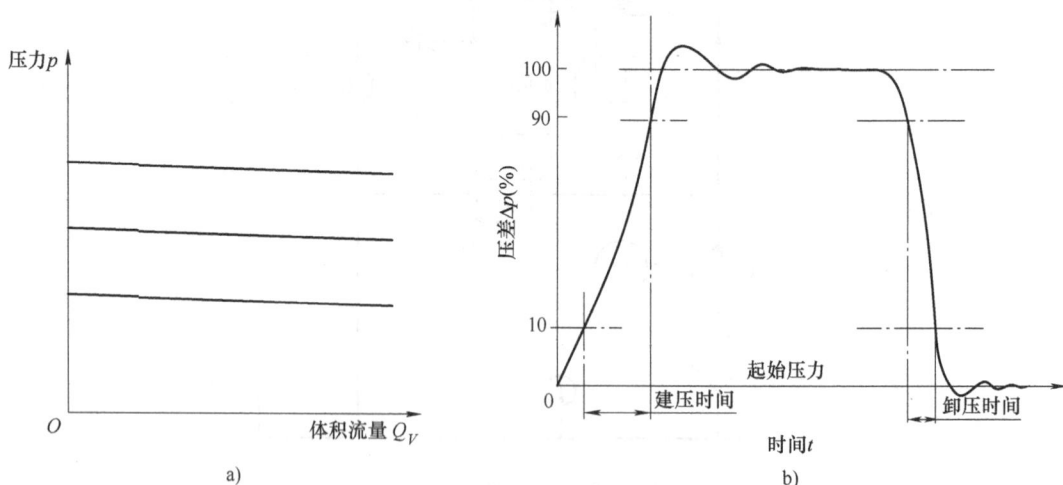

图 13-38　稳态压力–流量特性曲线和建压–卸压特性曲线
a）稳态压力–流量特性曲线　b）建压–卸压特性曲线

实验6　液压缸的特性测试

1. 实验目的

本实验主要是为了检测液压缸的起动压力特性；同时检验在液压系统中液压缸的压力与时间的一种相互关系；测试负载效率（液压缸加载）特性。

2. 实验装置与条件

（1）实验回路图　如图13-39所示。

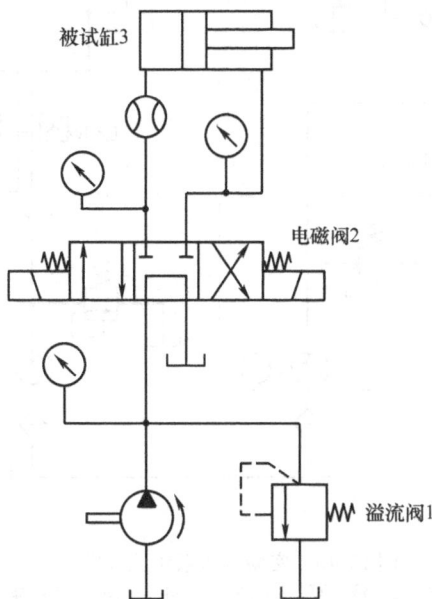

图13-39　实验回路图（6）

（2）测量点的位置　测量压力点的位置为进口测压点应设置在被试阀的上游，距被试阀的距离为5d（d为管道通径）；出口测压点应设置在距被试阀10d处。

注：测量仪表连接时要排除连接管道内的空气。

测温点的位置应设置在油箱的一侧，直接浸泡在液压油中。

（3）实验用液压油的清洁度等级　固体颗粒污染等级代号不得高于19/16。

3. 实验内容、方法

（1）试运转　调整系统压力，使被试液压缸能在无负载工况下运动，并全程往复运动数次，排尽缸内空气。

（2）起动压力特性实验　试运转后，在无负载工况下，调整溢流阀1，使无杆腔压力逐渐升高，至液压缸起动时，记录下的起动压力即为最低起动压力。

（3）负载效率　使被试液压缸在一定压力下工作，调节加载缸的工作压力，使被试液压缸在不同负载下匀速运动，按公式 $\eta = \dfrac{W}{pA} \times 100\%$（其中 $W = p_z A_z$，即加载缸的压力与活塞面积之积）计算出在不同压力下的负载效率。并绘制负载效率曲线图。图13-40所示为实验液压系统原理图。

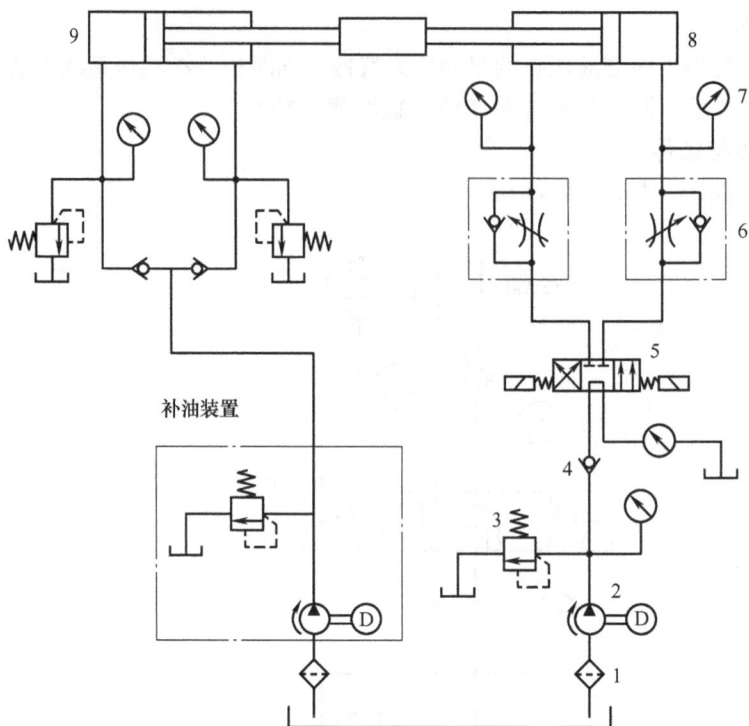

图 13-40 实验液压系统原理图
1—过滤器 2—液压泵 3—溢流阀 4—单向阀 5—换向阀
6—单向节流阀 7—压力表 8—被试缸 9—加载缸

4. 特性曲线图

压力-时间波形图如图 13-41 所示。图 13-42 所示为负载效率特性曲线。

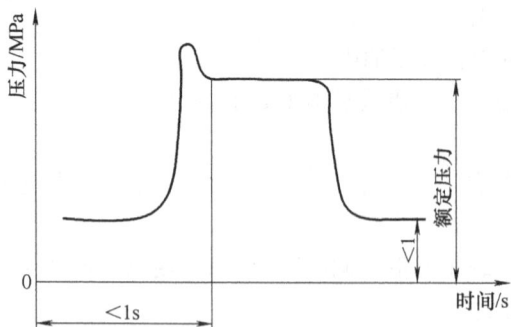

图 13-41 压力-时间波形图

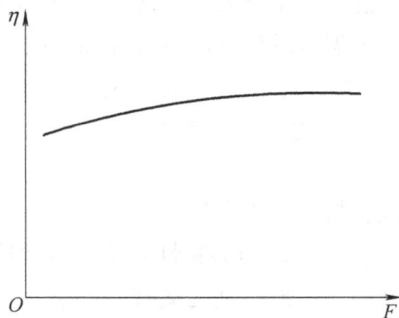

图 13-42 负载效率特性曲线

典型液压回路实验

实验1　采用节流阀的节流调速回路

1. 进油节流调速

（1）实验原理图　如图13-43所示。

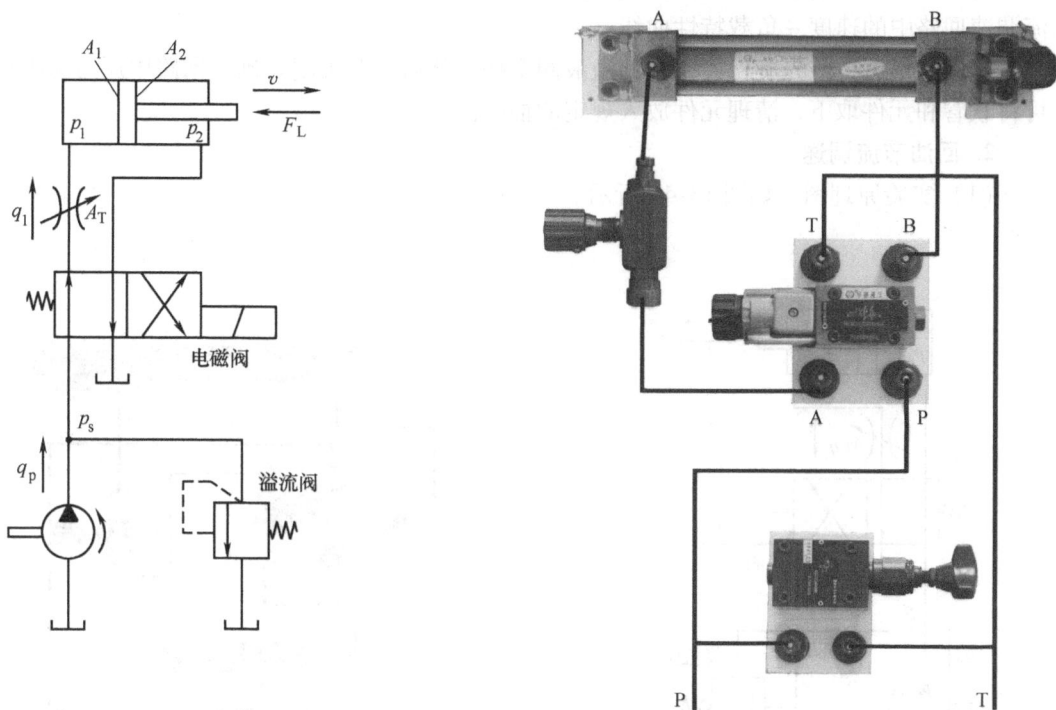

图13-43　进油节流调速回路

（2）实验目的　了解进油节流调速回路的组成及性能，绘制速度-负载特性曲线，并与其他节流调速进行比较。

（3）实验步骤　按照实验回路图，选取所需的液压元件并检查性能是否完好。

1）将检验好的液压元件安装在插件板的适当位置，通过快速接头和软管按回路要求连接；然后把相应的电磁换向阀插头插到输出孔内。

2）依照回路图，确认安装和连接是否正确；放松溢流阀，起动泵，调节溢流阀的压力，调节单向节流阀开口大小。

3）电磁换向阀通电换向，通过对电磁换向阀的控制就可以实现活塞的伸出和缩回。

4）同时通过调节溢液阀的压力大小，也可控制回路中的整体压力；进而调节活塞的运动速度。

5）在运行过程中通过调节单向节流阀开口的大小，可以控制活塞运动的快慢。

6）当活塞以稳定速度运动时，活塞的受力平衡方程式为

$$p_1 A_2 = p_2 A_2 + F_L$$

式中，p_2 为液压缸回油腔压力，由于回油腔通油箱，故 $p_2 = 0$。

所以 $p_1 = F_L/A_1 = p_L$，p_L 为克服负载所需的压力。称为负载压力，因此

$$v = q_1/A_1 = \left[KA_T \left(p_s A_1 - F_L \right)^{1/2} \right] / A_1^{3/2}$$

式中，v 为速度（m/s）；K 为取决于节流阀阀口和油液特性的液阻系数；A_T 为节流阀通流面积（m^2）；A_1 为缸截面面积（m^2）；F_L 为负载力（N）；p_s 为溢流阀调定后的定值。

这个方程反映了速度 v 与负载 F_L 的关系。按不同节流阀通流面积 A_T 作图，可得进油节流调速回路中的速度 – 负载特性曲线。

实验完毕后，首先旋松回路中的溢液阀手柄，然后将泵关闭。确认回路中压力为零后方可将软管和元件取下，清理元件放入规定的抽屉内。

2. 回油节流调速

（1）实验原理图　如图 13-44 所示。

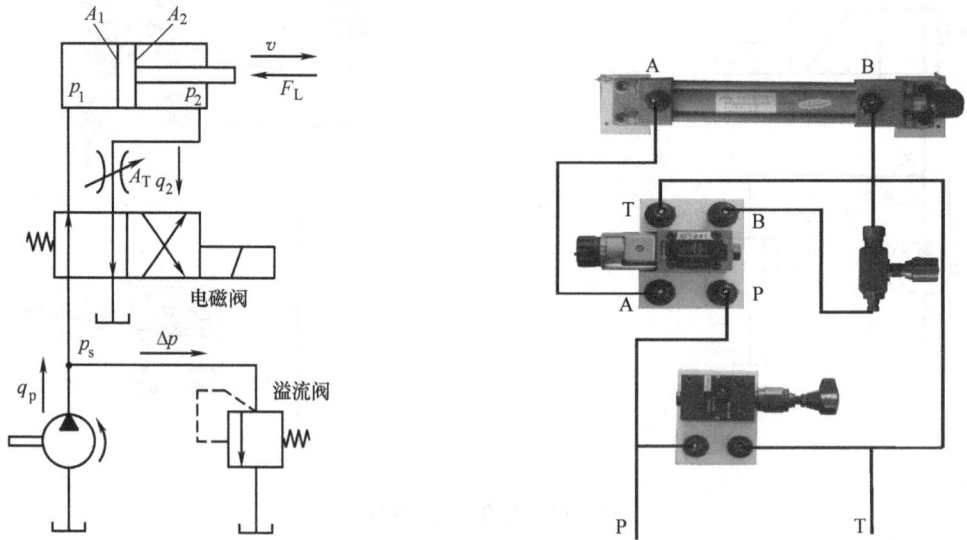

图 13-44　回油节流调速回路原理图

（2）实验目的　了解回油节流调速回路的组成及性能，绘制速度 – 负载特性曲线，并与其他节流调速进行比较。

（3）实验步骤　按照实验回路图，选取所需的液压元件并检查性能是否完好。

1）将检验好的液压元件安装在插件板的适当位置，通过快速接头和软管按回路要求连接；然后把相应的电磁换向阀插头插到输出孔内。

2）依照回路图，确认安装和连接是否正确；放松溢流阀，起动泵，调节溢流阀的开口大小，调节单向节流阀开口大小。

3）电磁换向阀通电后换向，通过对电磁换向阀的控制就可以实现活塞的伸出和缩回。

4）通过调节溢流阀的开口大小，也可调节回路的整体压力；同时也调节了活塞的运动速度。

5）在运行的过程中通过调节单向节流阀开口的大小，就可以控制活塞运动的快慢。

6）实验完毕后，首先旋松回路中的溢流阀手柄，然后将泵关闭。确认回路中压力为零后方可将软管和元件取下，清理元件放入规定的抽屉内。

注：使用单向节流阀做回油实验时，需将阀接到液压缸回油口处；本实验也可采用其他的换向阀及溢流阀进行实验。

以上两个实验说明：进油、回油节流调速回路结构简单，价格低廉，但是效率低，只宜用在负载变化不大、低速、小功率的场合。速度负载特性、功率特性两油路大致相同。只是在承受负载、运动平稳性、启动性能等几个方面有所不同。

3. 旁路节流调速

（1）实验原理图 如图13-45所示。

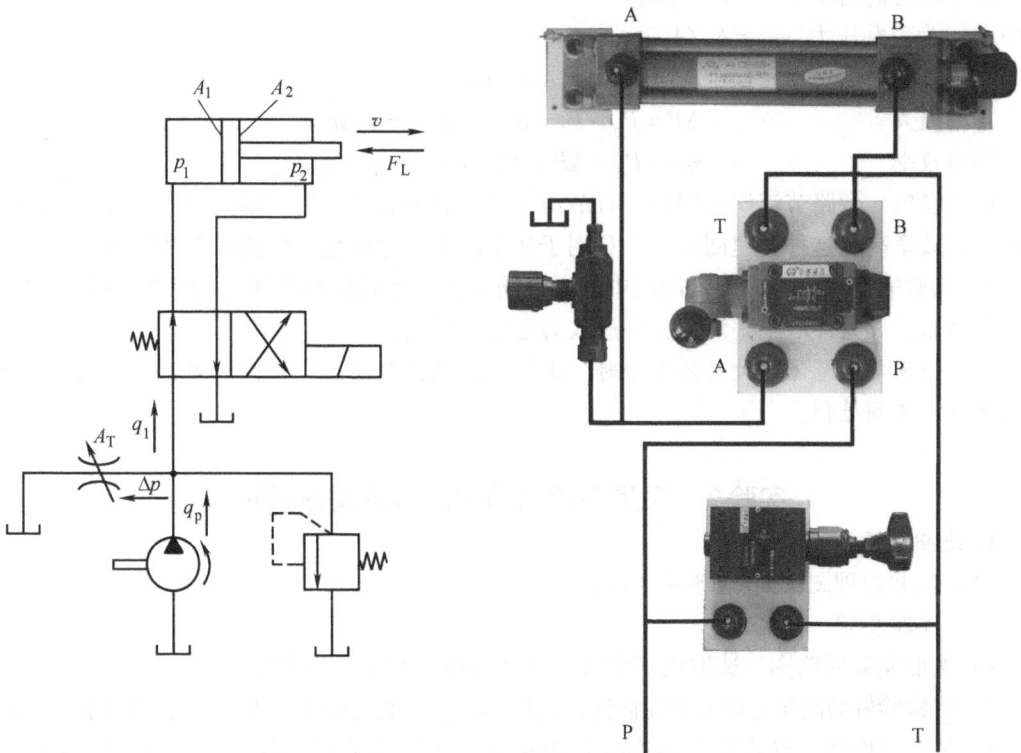

图 13-45　旁路节流调速回路原理图

（2）实验步骤

1）按照实验回路图，选取所需的液压元件并检查性能是否完好。

2）将检验好的液压元件安装在插件板的适当位置，通过快速接头和软管按回路要求连接。

3）依照回路图，确认安装和连接是否正确；放松溢流阀，起动泵，调节溢流阀的压力，调节单向节流阀开口大小。

4）通过手动控制换向阀就可以实现活塞的伸出和缩回。

5）通过调节溢流阀的开口大小，可调节回路中整体的压力，同时调节活塞的运动速度。

6）在运行的过程中通过调节单向节流阀开口的大小，可以控制活塞运动的快慢。

7）旁路节流调速回路中，由于溢流功能通过节流阀来完成，故工作时溢流阀处于关闭状态，起安全作用，其调定压力为最大负载压力的 1.1～1.2 倍。液压泵的供油压力 p_p 取决于负载。

8）速度-负载特性。由于泵工作压力随负载变化，泵的输出流量 q_p 应计为泵的泄漏量随压力的变化 Δq_p。

因此，速度的表达式为

$$v = q_1/A_1 = (q_{pt} - \Delta q_{p-} \Delta q)/A_1 = [q_{pt} - \lambda_p(F_L/A_1) - KA_T(F_L/A_1)^{1/2}]/A_1$$

式中，q_{pt} 为泵的理论流量。

液压泵的输出功率　　$P_p = pLq_p$

式中，p_L 为负载压力，$p_L = F_L/A_1\eta$。

液压缸的输出功率　　　$P_1 = F_L v = p_L A_1 v = p_L q_1$

功率损失　　　　　　$\Delta P = P_p - P_1 = p_L q_p - p_L q_1 = p_L \Delta q$

回路效率　　　　　　$\eta = (P_p - \Delta P)/P_p = p_L q_1/p_L q_p = q_1/q_p$

可以看出，旁路节流调速回路只有节流损失，而无溢流损失，因而功率损失比前两调速回路小，效率高。这种调速回路一般只用于功率较大且速度稳定性要求不高的场合。

9）实验完毕后，首先旋松回路中的溢流阀手柄，然后将泵关闭。确认回路中压力为零后方可将软管和元件取下，清理元件放入规定的抽屉内。

注：使用单向节流阀做进油实验时，需将阀接到换向阀出口处；本实验也可采用其他的换向阀及溢流阀进行。

实验2　采用调速阀的定压节流调速回路

1. 进油节流调速

（1）实验原理图　如图 13-46 所示。

（2）实验步骤

1）按照实验回路图，选取所需的液压元件并检查性能是否完好。

2）将检验好的液压元件安装在插件板的适当位置，通过快速接头和软管按回路要求连接。

3）依照回路图，确认安装和连接是否正确。放松溢流阀，起动泵，调节溢流阀的压力，调节调速阀的开口。

4）通过手动控制换向阀就可以实现活塞的伸出和缩回。

5）通过调节溢流阀开口的大小，可调节整体回路压力的大小，同时也可调节活塞的运动速度。

6）在运行过程中通过调节调速阀开口的大小，可以控制活塞运动的快慢。

7）实验完毕后，首先旋松回路中的溢流阀手柄，然后将泵关闭。确认回路中压力为零后方可将软管和元件取下，清理元件放入规定的抽屉内。

（3）实验结论　此回路的构成、工作原理同进油节流调速回路基本一样，由于调速阀能在负载变化的条件下保证节流阀两端的压差基本不变，因此回路的刚性大为提高。

注：本实验也可采用其他的换向阀、溢流阀，调速阀进行。

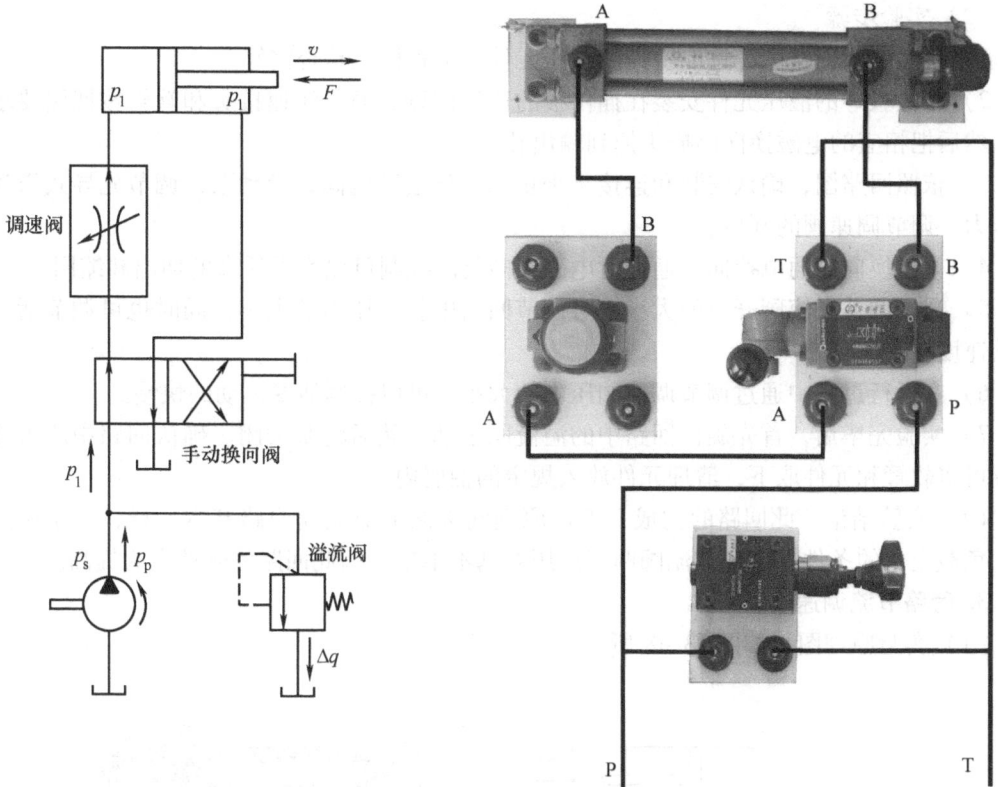

图 13-46 进油节流调速回路

2. 回油节流调速

（1）实验原理图 如图 13-47 所示。

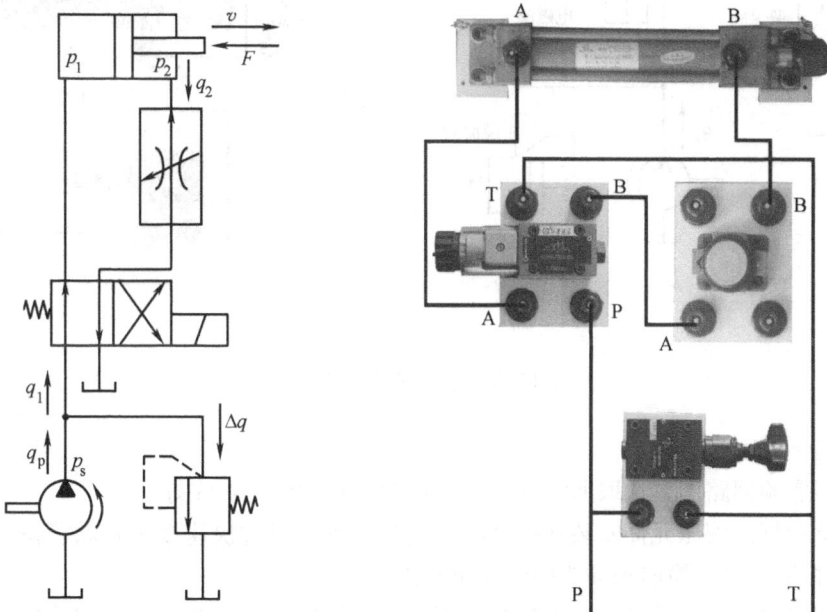

图 13-47 回油节流调速回路

（2）实验步骤

1）按照实验回路图，选取所需的液压元件并检查性能是否完好。

2）将检验好的液压元件安装在插件板的适当位置，通过快速接头和软管按回路要求连接，然后把相应的电磁换向阀插头插到输出孔内。

3）依照回路图，确认安装和连接是否正确。放松溢流阀，起动泵，调节先导式溢流阀的压力，调节调速阀的开口。

4）电磁换向阀通电换向，通过对电磁换向阀的控制可以实现活塞的伸出和缩回。

5）通过调节溢流阀开口的大小，可调节回路中整体压力的大小，同时也可调节活塞的运动速度。

6）在运行过程中通过调节调速阀压力的大小，可以控制活塞运动的快慢。

7）实验完毕后，首先旋松回路中的溢流阀手柄，然后将泵关闭。确认回路中压力为零后方可将软管和元件取下，清理元件放入规定的抽屉内。

（3）实验结论　此回路的构成、工作原理同进油节流调速回路基本一样，由于调速阀能在负载变化的条件下保证节流阀两端的压差基本不变，因此回路的刚性大为提高。

3. 旁路节流调速

（1）实验原理图　如图 13-48 所示。

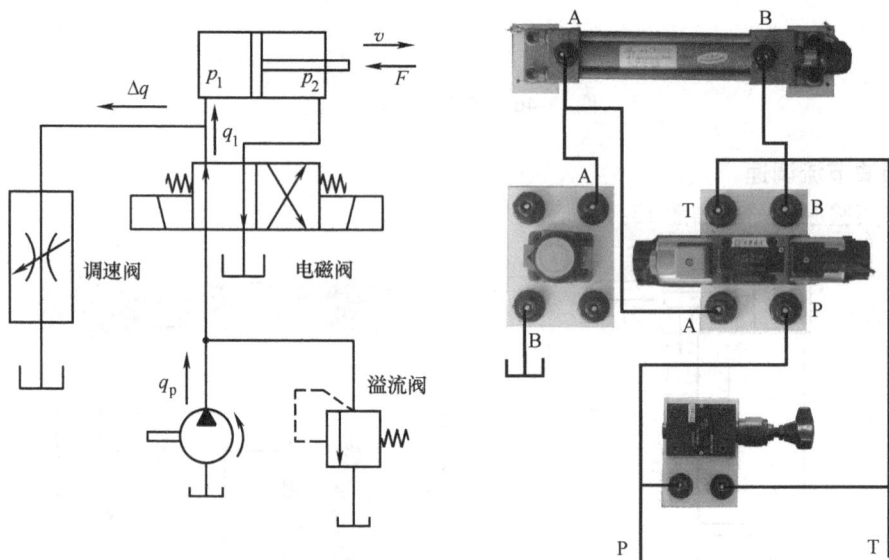

图 13-48　旁路节流调速回路

（2）实验步骤

1）按照实验回路图，选取所需的液压元件并检查性能是否完好。

2）将检验好的液压元件安装在插件板的适当位置，通过快速接头和软管按回路要求连接；然后把相应的电磁换向阀插头插到输出孔内。

3）依照回路图，确认安装和连接是否正确；放松溢流阀，起动泵，调节先导式溢流阀的压力，调节调速阀的开口。

4）电磁换向阀通电换向，通过对电磁换向阀的控制可以实现活塞的伸出和缩回。

5）通过调节溢流阀开口的大小，可以调节回路中整体的压力大小，同时也可调节活塞的运动速度。

6）在运行过程中通过调节调速阀压力的大小，可以控制活塞运动的快慢。

7）实验完毕后，首先旋松回路中的溢流阀手柄，然后将泵关闭。确认回路中压力为零后方可将软管和元件取下，清理元件放入规定的抽屉内。

（3）实验结论　旁通型调速阀只能用于进油节流调速回路中，液压泵的供油压力随负载变化，因此回路的功率损失较小，效率较采用调速阀时高。旁通型调速阀的流量稳定性比调速阀差，在小流量时尤为明显，故不宜用在对低速稳定性要求较高的精密机床调速系统中。

实验3　简单的压力调定回路

1. 实验回路图

图13-49所示为压力调定回路实验回路图。

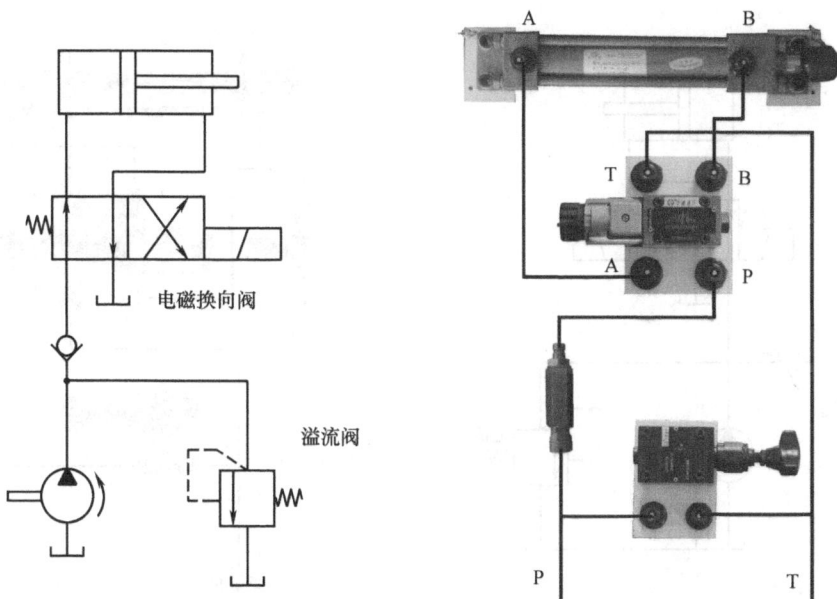

图13-49　压力调定回路实验回路图

2. 实验步骤

1）按照实验回路图，选取所需的液压元件并检查性能是否完好。

2）将检验好的液压元件安装在插件板的适当位置，通过快速接头和软管按回路要求连接；然后把相应的电磁换向阀插头插到输出孔内。

3）依照回路图，确认安装和连接是否正确。放松溢流阀，起动泵，调节先导式溢流阀的压力。

4）电磁换向阀通电换向，通过对电磁换向阀的控制可以实现活塞的伸出和缩回。

5）通过调节溢流阀的压力，在回路中可以得到不同的恒定压力，同时也可调节活塞的运动速度。

6）控制单向阀的压力，使回路中有一个恒定的压力。

7）实验完毕后，首先旋松回路中的溢流阀手柄，然后将泵关闭。确认回路中压力为零后方可将软管和元件取下，清理元件放入规定的抽屉内。

3. 实验结论

以上回路为最基本的调压回路，其特点为：

1）溢流阀开启压力通过调压弹簧调定，如果压力小于溢流阀调压弹簧的预压缩量，便可设定供油压力的最高值。

2）系统的实际压力由工作压力负载决定，当外负载压力小于溢流阀调定压力时，溢流阀处无溢流状态，此时溢流阀起安全作用。

实验4 变量泵加旁路小孔节流的调压回路

1. 实验原理图

图13-50所示为变量泵加旁路小孔节流的调压回路实验原理图。

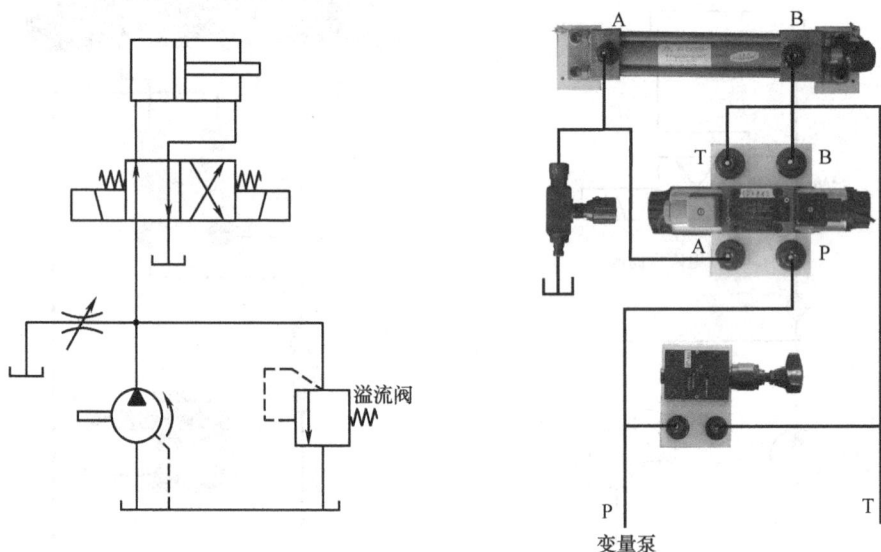

图13-50 变量泵加旁路小孔节流的调压回路实验原理图

2. 实验步骤

1）按照实验回路图，选取所需的液压元件并检查性能是否完好。

2）将检验好的液压元件安装在插件板的适当位置，通过快速接头和软管按回路要求连接；然后把相应的电磁换向阀插头插到输出孔内。

3）依照回路图，确认安装和连接是否正确。放松溢流阀，起动泵，调节先导式溢流阀的压力，调节节流阀的开口。

4）电磁换向阀通电换向，通过对电磁换向阀的控制可以实现活塞的伸出和缩回。

5）调节旁路上的节流阀的开口大小，回路中的压力也随之发生变化。当节流阀恒定不动时，回路中的压力是确定的。

6）通过调节溢流阀的压力，在回路中可以得到不同的恒定压力，同时也可调节活塞的运动速度。

7）实验完毕后，首先旋松回路中的溢流阀手柄，然后将泵关闭。确认回路中压力为零后方可将软管和元件取下，清理元件放入规定的抽屉内。

3. 实验结论

如图 13-50 所示，图中溢流阀作安全阀使用，旁路采用固定节流阀，在系统压力小于溢流阀设定的安全压力时，通过改变变量泵的输出流量，可连续调节供油压力，这种调压方法有一定的功率损失，但可实现无级调压。

实验 5　用多个溢流阀的压力调节回路

1. 实验原理图

图 13-51 所示为多个溢流阀的压力调节回路实验原理图。

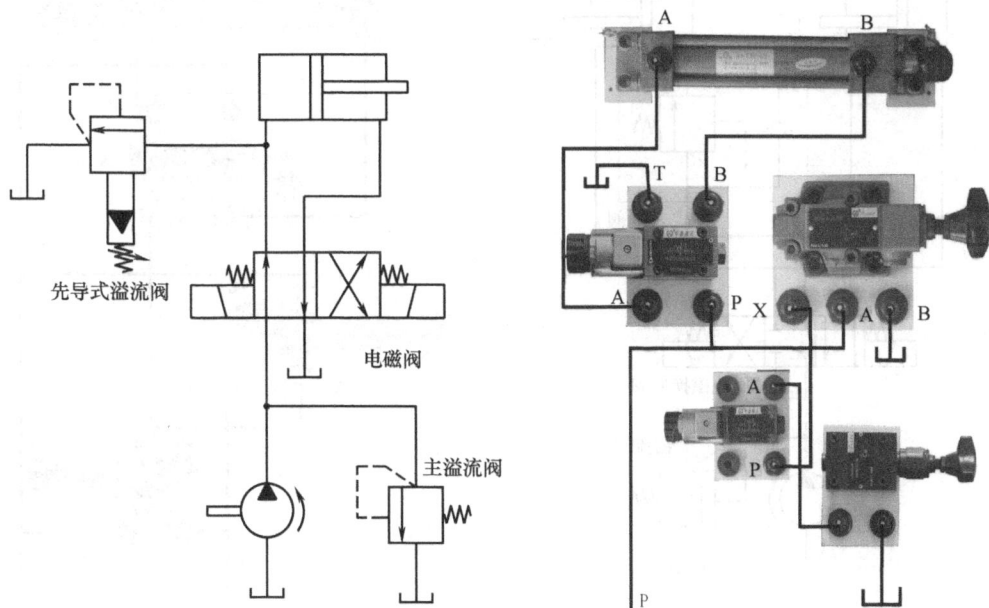

图 13-51　多个溢流阀的压力调节回路实验原理图

2. 实验步骤

1）按照实验回路图，选取所需的液压元件并检查性能是否完好。

2）将检验好的液压元件安装在插件板的适当位置，通过快速接头和软管按回路要求连接；然后把相应的电磁换向阀插头插到输出孔内。

3）依照回路图，确认安装和连接是否正确；放松溢流阀，起动泵，调节先导式溢流阀的压力，调节溢流阀的开口。

4）电磁换向阀通电换向，通过对电磁换向阀的控制可以实现活塞的伸出和缩回。

5）调节主溢流阀的压力大小，同时调节先导式溢流阀的压力大小，在回路中可以得到不同的压力。

6）实验完毕后，首先旋松回路中的溢流阀手柄，然后将泵关闭。确认回路中压力为零后方可将软管和元件取下，清理元件放入规定的抽屉内。

如图 13-51 所示，当二位二通阀的电磁铁失电时，油路被切断，系统中的最高供油压力为主溢流阀设定压力；当二位二通阀的电磁铁得电时，油路接通，系统的最高供油压力为先导式溢流阀设定压力。同时主溢流阀用来调定系统的安全压力值。

实验 6 用减压阀的减压回路

1. 实验原理图

图 13-52 所示为用减压阀的减压回路实验原理图。

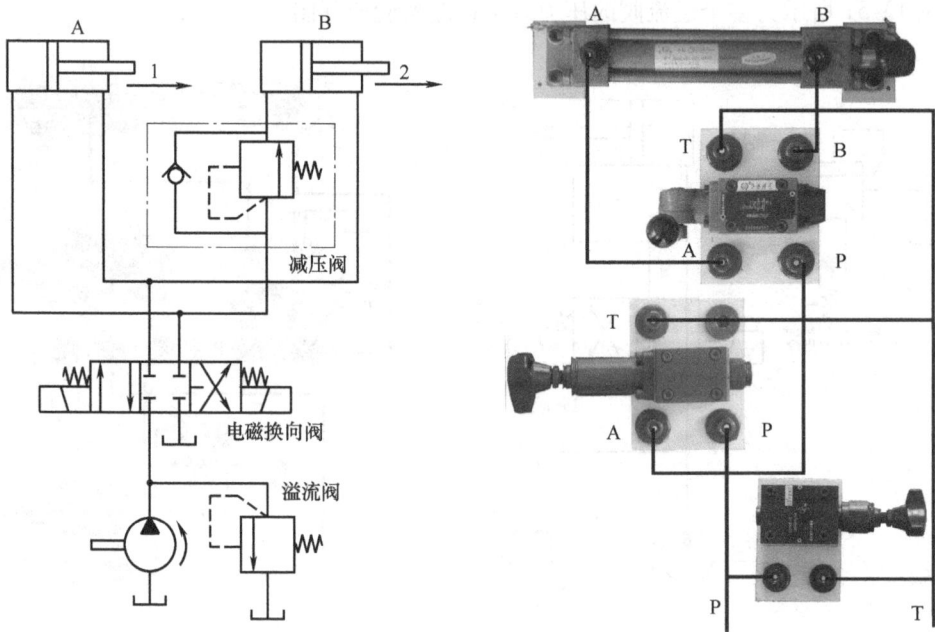

图 13-52 用减压阀的减压回路实验原理图

2. 实验步骤

1）按照实验回路图，选取所需的液压元件并检查性能是否完好。

2）将检验好的液压元件安装在插件板的适当位置，通过快速接头和软管按回路要求连接。

3）依照回路图，确认安装和连接是否正确。放松溢流阀，起动泵，调节溢流阀的开口，调节减压阀的压力。

4）通过手动控制换向阀可以实现活塞的伸出和缩回。

5）通过调节溢流阀的压力能控制回路的整体压力，同时也能控制活塞的运动速度。

6）通过调节回路中减压阀的压力，缸的左腔就能得到一个比泵输出压力小的压力。

7）实验完毕后，首先旋松回路中的溢流阀手柄，然后将泵关闭。确认回路中压力为零后方可将软管和元件取下，清理元件放入规定的抽屉内。

如图 13-52 所示为减压阀回路在恒压控制回路中的应用。当电磁换向阀在左位时，系统向液压缸左侧供入经减压后的恒定压力，可得到向右的恒定压紧力。电磁换向阀切换到右位时，单向阀打开，减压阀不起作用。减压阀二次压力超过一次压力时，单向阀也打开，起过载保护作用。

实验 7　采用行程阀减速与流量控制阀组合的减速回路

1. 实验原理图

图 13-53 所示为采用行程阀减速与流量控制阀组合的减速回路实验原理图。

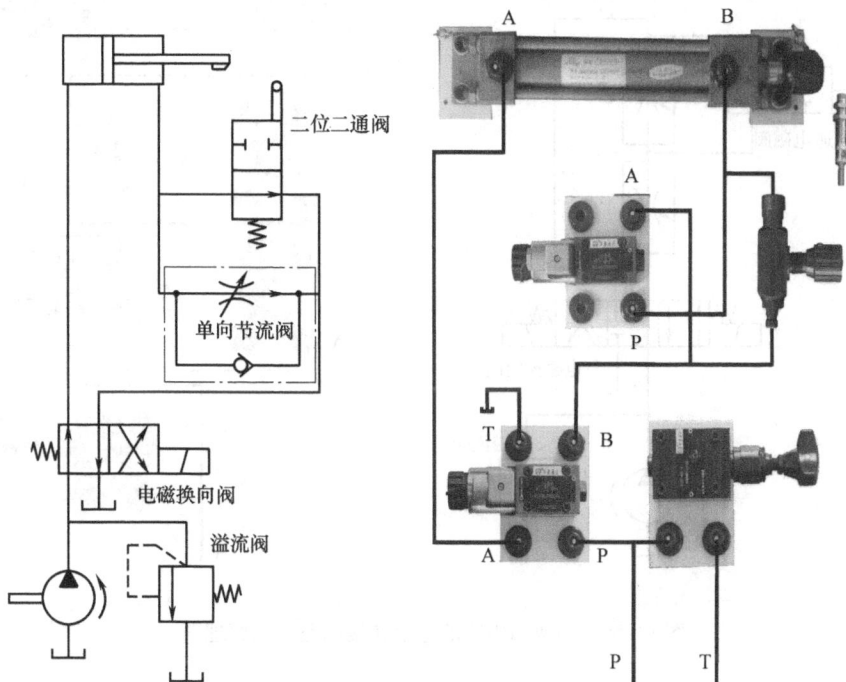

图 13-53　采用行程阀减速与流量控制阀组合的减速回路实验原理图

2. 实验步骤

1）按照实验回路图，选取所需的液压元件并检查性能是否完好。

2）将检验好的液压元件安装在插件板的适当位置，通过快速接头和软管按回路要求连

接，然后把相应的电磁换向阀插头插到输出孔内。

3）依照回路图，确认安装和连接是否正确，松溢流阀，起动泵，调节溢流阀的开口，调节节流阀的压力。

4）电磁换向阀通电换向，通过对电磁换向阀的控制可以实现活塞的伸出和缩回。

5）通过调节溢流阀的压力就能控制整个回路的整体压力，同时也能控制活塞的运动速度。

6）图示状态下，当行程开关被与执行元件一起运动的撞块（本实验中用接近开关）触动，二位二通阀得电时，执行元件的回路被流量控制阀节流，从而实现了减速。

7）实验完毕后，首先旋松回路中的溢流阀手柄，然后将泵关闭。确认回路中压力为零后方可将软管和元件取下，清理元件放入规定的抽屉内。

实验8　调速阀串联的速度换接回路

1. 实验原理图

图 13-54 所示为调速阀串联的速度换接回路实验原理图。

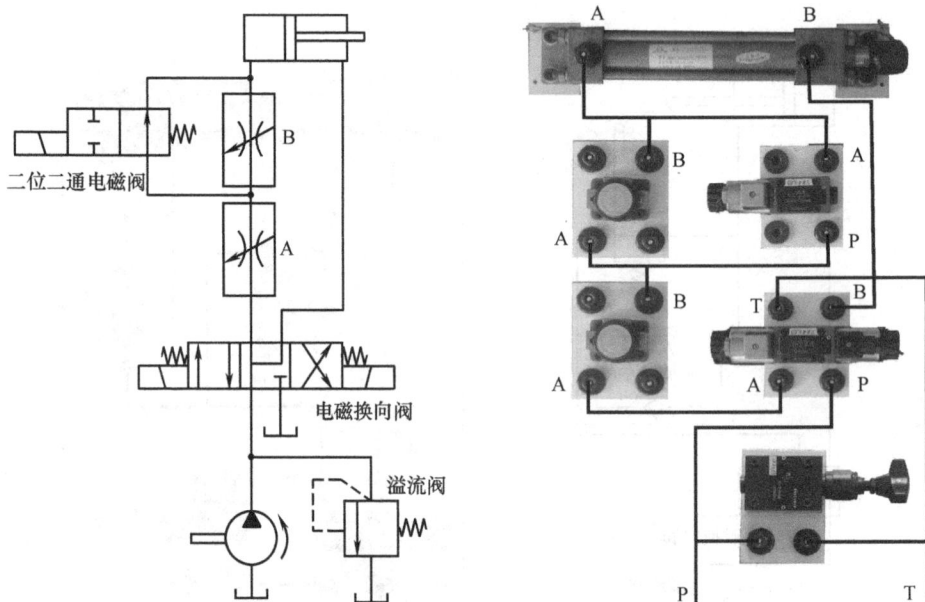

图 13-54　调速阀串联的速度换接回路实验原理图

2. 实验步骤

1）按照实验回路图，选取所需的液压元件并检查性能是否完好。

2）将检验好的液压元件安装在插件板的适当位置，通过快速接头和软管按回路要求连接；然后把相应的电磁换向阀插头插到输出孔内。

3）依照回路图，确认安装和连接是否正确；放松溢流阀，起动泵，调节溢流阀的开口，调节调速阀的压力，下一个调速阀的压力要比上一个调速阀的压力大。

4）电磁换向阀通电换向，通过对电磁换向阀的控制可以实现活塞的伸出和缩回。

5）通过调节溢流阀的压力能控制整个回路的整体压力大小，同时也能控制活塞的运动速度。

6）实验为调速阀串联的二次进给回路。调速阀 A 用于第一次进给，调速阀 B 用于二次进给。当二位二通电磁阀处于通的状态时，速度直接由 A 调节，当二位二通电磁阀得电时，流经调速阀 A 的液压油需经调速阀 B 后再流入液压缸，如果 B 调节的流量比 A 小，则二次进给速度将取决于阀 B 的调节量。故调节调速阀 B 的开口，即可改变第二次工作进给的速度。调速阀串联时，同一回路中的后一只调速阀只能控制更低的速度，因而调节有一定的局限性。

7）实验完毕后，首先旋松回路中的溢流阀手柄，然后将泵关闭。确认回路中压力为零后方可将软管和元件取下，清理元件放入规定的抽屉内。

实验9　调速阀并联的速度换接回路

1. 实验原理图

图 13-55 所示为调速阀并联的速度换接回路实验原理图。

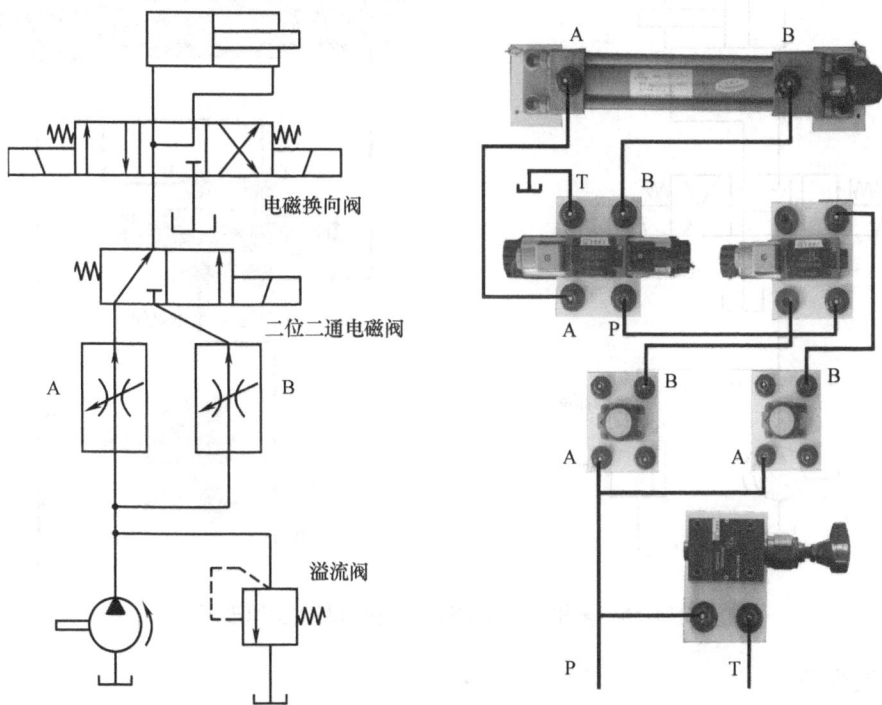

图 13-55　调速阀并联的速度换接回路实验原理图

2. 实验步骤

1）按照实验回路图，选取所需的液压元件并检查性能是否完好。

2）将检验好的液压元件安装在插件板的适当位置，通过快速接头和软管按回路要求连接；然后把相应的电磁换向阀插头插到输出孔内。

3）依照回路图，确认安装和连接是否正确，放松溢流阀，起动泵，调节溢流阀的开口，调节调速阀的压力。

4）电磁换向阀通电换向，通过对电磁换向阀的控制可以实现活塞的伸出和缩回。

5）通过调节溢流阀的压力就能控制整个回路的整体压力，同时也能控制活塞的运动速度。

6）调速阀的并联，克服了串联相互制约的缺点，如图 13-55 所示，二位二通电磁阀处于左位时，进给速度由调速阀 A 调节；反之，当二位二通电磁阀切换到右位时，进给速度由阀 B 调节。

7）实验完毕后，首先旋松回路中的溢流阀手柄，然后将泵关闭。确认回路中压力为零后方可将软管和元件取下，清理元件放入规定的抽屉内。

实验 10　采用三位换向阀的卸荷回路

1. 实验原理图

图 13-56 所示为采用三位换向阀的卸荷回路实验原理图。

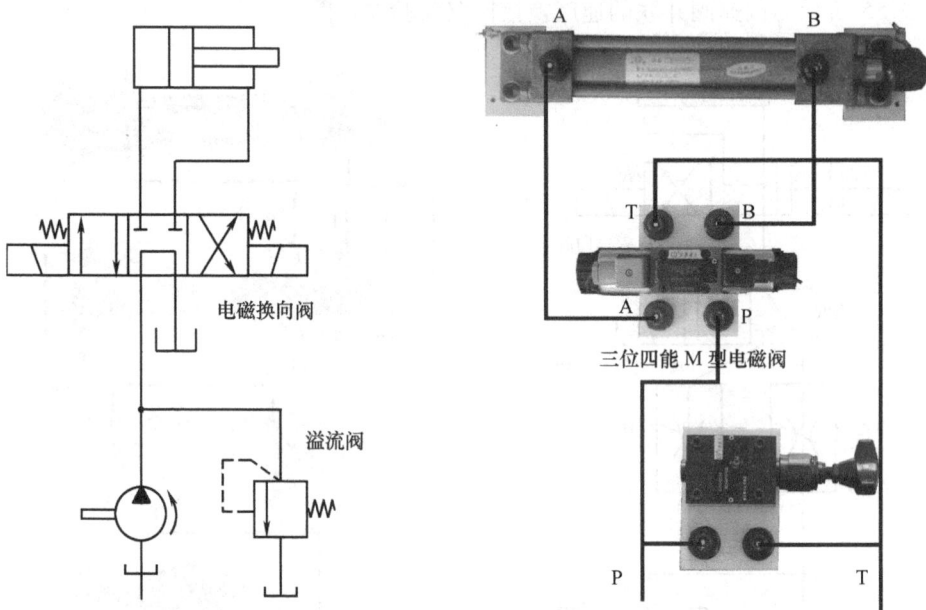

图 13-56　采用三位换向阀的卸荷回路实验原理图

2. 实验步骤

1）按照实验回路图，选取所需的液压元件并检查性能是否完好。

2）将检验好的液压元件安装在插件板的适当位置，通过快速接头和软管按回路要求连接，然后把相应的电磁换向阀插头插到输出孔内。

3）依照回路图，确认安装和连接是否正确，放松溢流阀，起动泵，调节溢流阀的开口。

4）电磁换向阀通电换向，通过对电磁换向阀的控制可以实现活塞的伸出和缩回。

5）通过调节溢流阀的压力就能控制整个回路的整体压力；同时也能控制活塞的运动速度。

6）当电磁换向阀中位（M型）工作时，泵的输出直接流入液压缸，实现液压泵卸荷。

7）实验完毕后，首先旋松回路中的溢流阀手柄，然后将泵关闭。确认回路中压力为零后方可将软管和元件取下，清理元件放入规定的抽屉内。

实验11　采用先导式溢流阀的卸荷回路

1. 实验原理图

图13-57所示为采用先导式溢流阀的卸荷回路实验原理图。

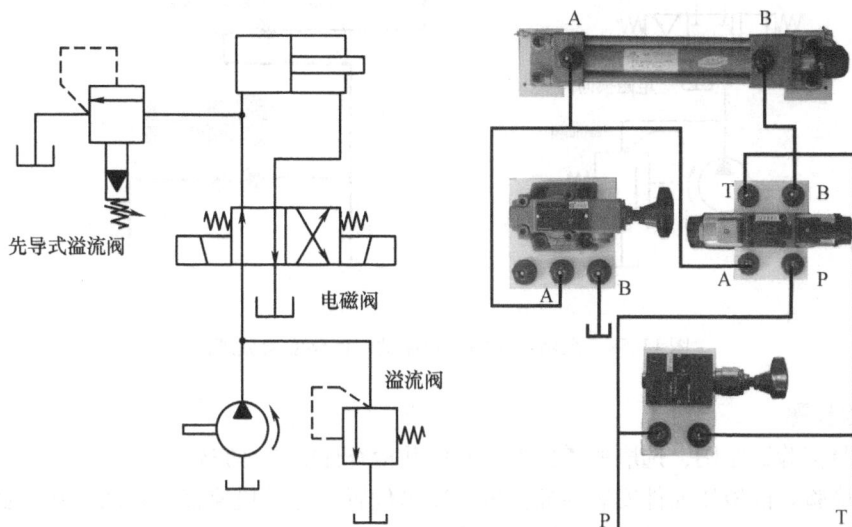

图13-57　采用先导式溢流阀的卸荷回路实验原理图

2. 实验步骤

1）按照实验回路图，选取所需的液压元件并检查性能是否完好。

2）将检验好的液压元件安装在插件板的适当位置，通过快速接头和软管按回路要求连接，然后把相应的电磁换向阀插头插到输出孔内。

3）依照回路图，确认安装和连接是否正确；放松溢流阀、起动泵，调节溢流阀的开口，调节先导式溢流阀的压力大小。

4）电磁换向阀通电换向，通过对电磁换向阀的控制可以实现活塞的伸出和缩回。

5）通过调节溢流阀的压力就能控制整个回路的整体压力，同时也能控制活塞的运动速度。

6）图示状态下，当回路中的压力超过先导式溢流阀的压力范围，液压油经先导式溢流阀流入液压缸，实现了卸荷的动作。

7）实验完毕后，首先旋松回路中的溢流阀手柄，然后将泵关闭。确认回路中压力为零后方可将软管和元件取下，清理元件放入规定的抽屉内。

实验12　采用顺序阀的顺序动作回路

1. 实验原理图

图13-58所示为采用顺序阀的顺序动作回路实验原理图。

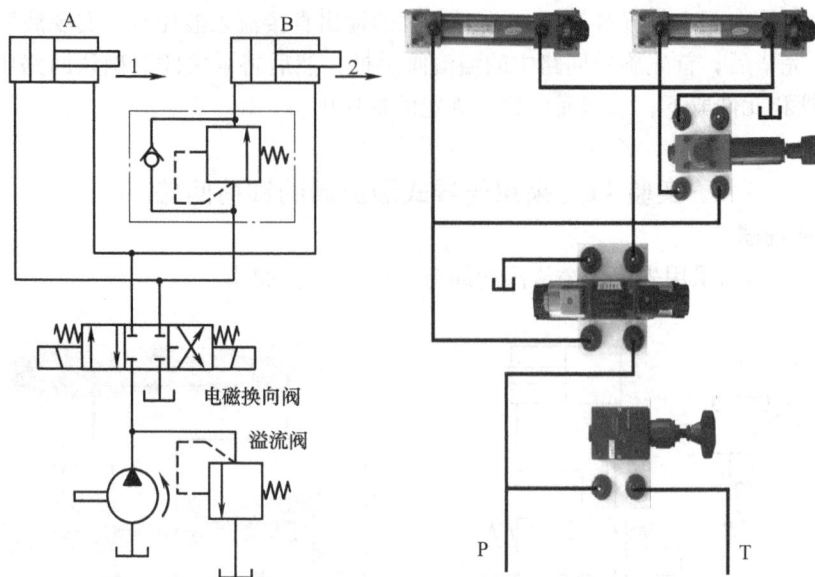

图 13-58　采用顺序阀的顺序动作回路实验原理图

2. 实验步骤

1）按照实验回路图，选取所需的液压元件并检查性能是否完好。

2）将检验好的液压元件安装在插件板的适当位置，通过快速接头和软管按回路要求连接，然后把相应的电磁换向阀插头插到输出孔内。

3）依照回路图，确认安装和连接是否正确；放松溢流阀，起动泵，调节溢流阀的开口，节顺序阀的压力大小。

4）电磁换向阀通电换向，通过对电磁换向阀的控制就可以实现活塞的伸出和缩回。

5）通过调节溢流阀的压力就能控制整个回路的整体压力，同时也能控制活塞的运动速度。

6）当电磁换向阀左位接入时，液压油进入缸 A 的左腔，活塞右行，当行至终点，右边的顺序阀在压力作用下打开，油液通过顺序阀进入缸 B，缸 B 从左向右运动，行至终点。实现 1、2 顺序动作。这种回路顺序动作的可靠性在很大程度上取决于顺序阀的性能与其压力的调定值。

7）实验完毕后，首先旋松回路中的溢流阀手柄，然后将泵关闭。确认回路中压力为零后方可将软管和元件取下，清理元件放入规定的抽屉内。

实验 13　采用电器行程开关的顺序动作回路

1. 实验原理图

图 13-59 所示为采用电器行程开关的顺序动作回路实验原理图。

2. 实验步骤

1）按照实验回路图，选取所需的液压元件并检查性能是否完好。

2）将检验好的液压元件安装在插件板的适当位置，通过快速接头和软管按回路要求连

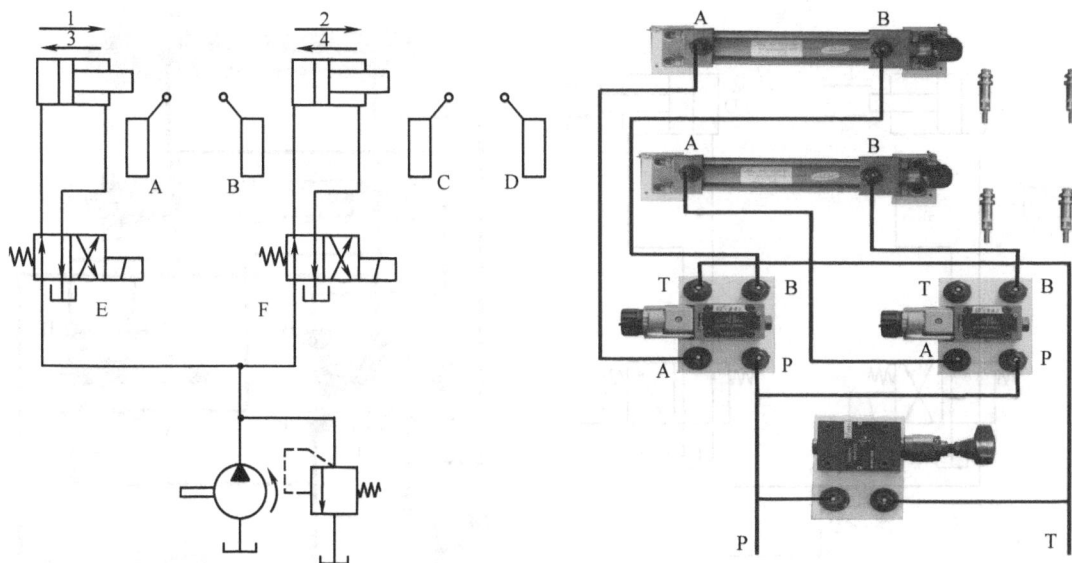

图 13-59 采用电器行程开关的顺序动作回路实验原理图

接，然后把相应的电磁换向阀插头插到输出孔内。

3）依照回路图，确认安装和连接是否正确。放松溢流阀，起动泵，调节溢流阀的开口。

4）电磁换向阀通电换向，通过对电磁换向阀的控制可以实现活塞的伸出和缩回。

5）通过调节溢流阀的压力就能控制整个回路的整体压力，同时也能控制活塞的运动速度。

6）行程控制是利用一个液压缸移动一段规定行程后发出信号使下一个液压缸动作的控制。如图 13-59 所示，当右电磁换向阀 E 左位得电时，压力油进入左缸左腔，使活塞向右运动，即 1 动作。当活塞移动到预定位置，缸上撞块压下行程开关 B（也可以是接近开关），左电磁换向阀左位断电，同时右电磁换向阀 F 的左位得电，油液进入右缸左腔使缸向右运动，即 2 动作。当 2 动作到液压缸撞块压下行程开关 D 时，左边的电磁换向阀 E 右位得电，油液进入左缸右腔，使其活塞向左移动，即完成 3 动作。当移动到撞块压下行程开关 A 时，阀 E 右位断电，同时 F 右位得电，使其活塞向左移动。它的撞块压下行程开关 C 时，两个电磁阀都处于中位，完成一个完整的运动循环。

7）实验完毕后，首先旋松回路中的溢流阀手柄，然后将泵关闭。确认回路中压力为零后方可将软管和元件取下，清理元件放入规定的抽屉内。

实验 14　采用压力继电器的顺序动作回路

1. 实验原理图

图 13-60 所示为采用压力继电器的顺序动作回路实验原理图。

2. 实验步骤

1）按照实验回路图，选取所需的液压元件并检查型性能是否完好。

2）将检验好的液压元件安装在插件板的适当位置，通过快速接头和软管按回路要求连

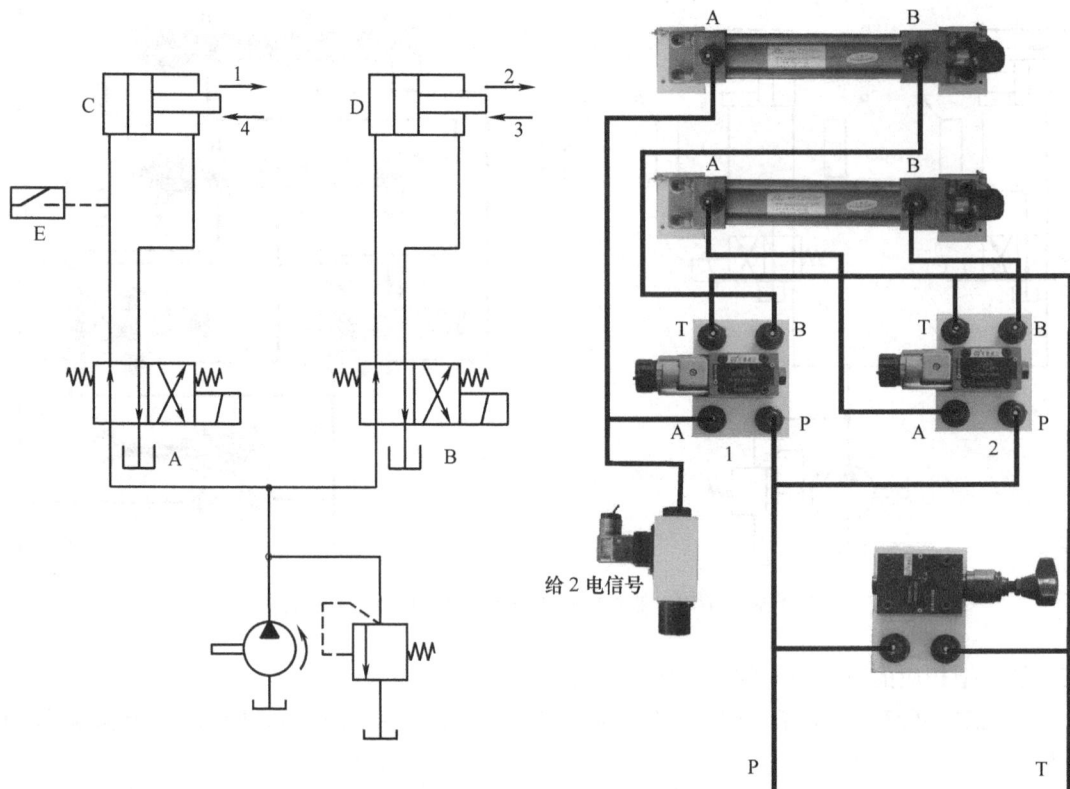

图 13-60　采用压力继电器的顺序动作回路实验原理图

接；然后把相应的电磁换向阀插头插到输出孔内。

3）依照回路图，确认安装和连接是否正确。放松溢流阀，起动泵，调节溢流阀的开口；调节压力继电器的压力大小。

4）电磁换向阀通电换向，通过对电磁换向阀的控制可以实现活塞的伸出和缩回。

5）通过调节溢流阀的压力就能控制整个回路的整体压力，同时也能控制活塞的运动速度。

6）图示状态下，当二位四通电磁阀 A 不得电时，阀处于左位，油液进入液压缸 C 左腔，活塞向右移动，移到位后，在压力的作用下，压力继电器得电，使电磁阀 B 左位得电。同时，电磁阀 A 处于中位，油液通过电磁阀 B 左位进入液压缸 D 左腔，使其活塞向右移动。当电磁阀 B 右位得电，使电磁阀 B 的右位接入回路时，压力油推液压缸 D 的活塞向左退回，当退到终点时，系统压力升高，压力继电器 F 发出信号，使电磁阀 A 右位得电，压力油进入液压缸 C 右腔，推其活塞向左退回，这样就完成了一个完整的动作循环。

7）实验完毕后，首先旋松回路中的溢流阀手柄，然后将泵关闭。确认回路中压力为零后方可将软管和元件取下，清理元件放入规定的抽屉内。

实验 15　采用液控单向阀的闭锁（平衡）回路

1. 实验原理图

图 13-61 所示为采用液控单向阀的闭锁（平衡）回路实验原理图。

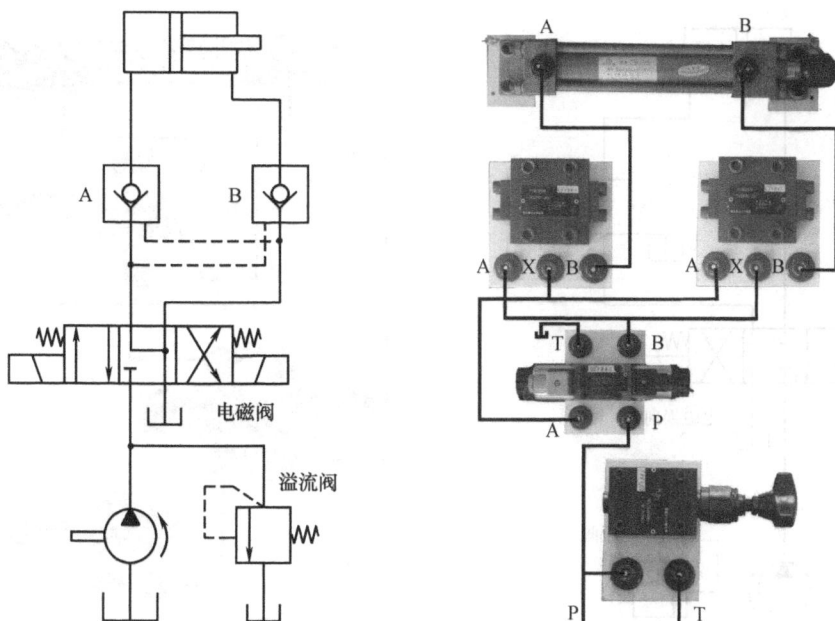

图 13-61　采用液控单向阀的闭锁（平衡）回路实验原理图

2. 实验步骤

1）按照实验回路图，选取所需的液压元件并检查性能是否完好。

2）将检验好的液压元件安装在插件板的适当位置，通过快速接头和软管按回路要求连接；然后把相应的电磁换向阀插头插到输出孔内。

3）依照回路图，确认安装和连接是否正确。放松溢流阀，起动泵，调节溢流阀的开口；调节节流阀的开口大小。

4）电磁换向阀通电换向，通过对电磁换向阀的控制可以实现活塞的伸出和缩回。

5）通过调节溢流阀的压力就能控制整个回路的整体压力，同时也能控制了活塞的运动速度。

6）如图 13-61 所示，当换向阀处于左位时，液控单向阀 A 被打开，同时油液也进入液控单向阀 B 的控油口 X，使液控单向阀 B 也打开，液压缸右腔的油经液控单向阀 B 回到油箱，活塞实现向右移动。当电磁阀处于中位时，液控单向阀 A、B 都迅速关闭，液压缸立即停止运动。这种回路由于液控单向阀是锥面密封，泄漏量小，故闭锁性能好。

7）实验完毕后，首先旋松回路中的溢流阀手柄，然后将泵关闭。确认回路中压力为零后方可将软管和元件取下，清理元件放入规定的抽屉内。

实验 16　采用顺序阀的平衡回路

1. 实验原理图

图 13-62 所示为采用顺序阀的平衡回路实验原理图。

2. 实验步骤

1）按照实验回路图，选取所需的液压元件并检查性能是否完好。

2）将检验好的液压元件安装在插件板的适当位置，通过快速接头和软管按回路要求连接；然后把相应的电磁换向阀插头插到输出孔内。

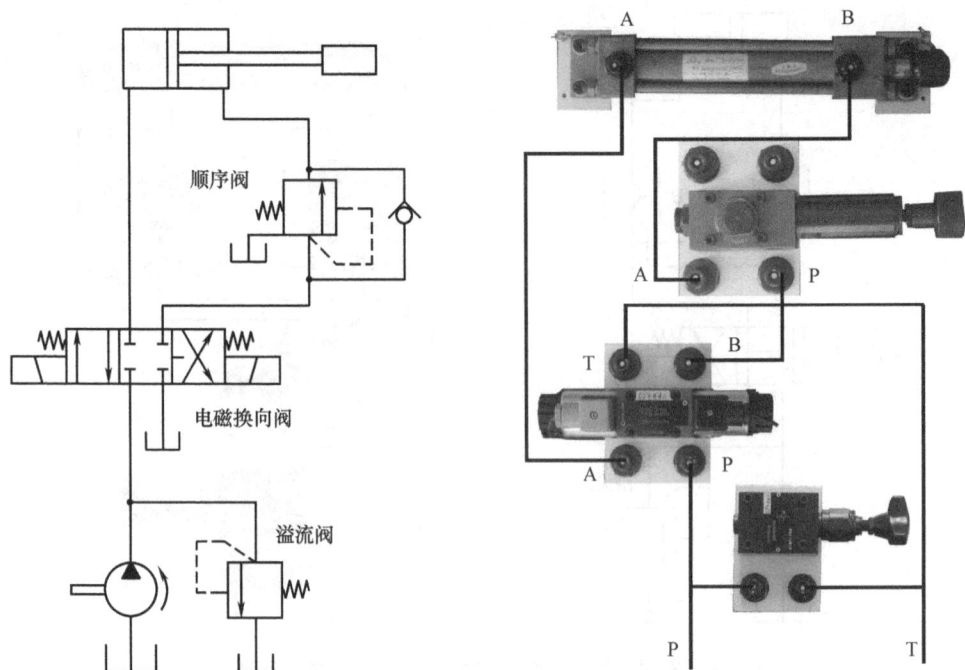

图 13-62　采用顺序阀的平衡回路实验原理图

3）依照回路图，确认安装和连接是否正确。放松溢流阀、起动泵，调节溢流阀的开口；调节顺序阀压力的大小。

4）电磁换向阀通电换向，通过对电磁换向阀的控制可以实现活塞的伸出和缩回。

5）通过调节溢流阀的压力就能控制整个回路的整体压力，同时也能控制了活塞的运动速度。

6）当三位电磁阀左位接入，液压油进入缸上腔，活塞下降；依靠顺序阀调节下行的速度；当三位电磁阀中位时，理论上液压缸活塞可以停留在任意位置上，但由于顺序阀的泄漏，实际上活塞仍会缓慢地下降。这种回路当压力油进入液压缸左腔推动活塞向右时，由于背压的存在，运动比较平稳。

7）实验完毕后，首先旋松回路中的溢流阀手柄，然后将泵关闭。确认回路中压力为零后方可将软管和元件取下，清理元件放入规定的抽屉内。

13. 13　气动 PLC 控制综合教学实验台实验

气动 PLC 控制综合教学实验台除了可以进行常规的气动基本控制回路实验外，还可以进行模拟气动控制技术应用实验、气动技术课程设计等。

实验设备采用 PLC 控制方式，利用 PLC 控制系统与计算机连接，从学习简单的 PLC 指令编程、梯形图编程，深入到 PLC 控制的应用，与计算机通信、在线调试等实验功能。

13. 13. 1　主要特点

1）工作台采用双面结构，可以供两组学生同时进行实验，具有很高的产品性价比。

2）模块化结构设计搭建实验简单、方便，各个气动元件组成独立模块，配有方便安装的底板，实验时可以随意在通用铝合金型材板上组装各种实验回路，操作简单、方便。

3）可靠的连接接头，安装连接简便、省时。

4）标准工业用元器件，性能可靠，安全。

5）采用手动、继电器及 PLC 三种控制方式。

6）低噪声的工作泵站、提供一个安静的实验环境（噪声在 60dB 左右）

13.13.2 实验项目

1. 用气动元件进行功能演示实验

2. 常见气动回路演示实验

1）单作用气缸的换向回路。

2）双作用气缸的换向回路。

3）单作用气缸的速度调节回路（单向、双向）。

4）双作用气缸的速度调节回路（进口调速、出口调速）。

5）速度换接回路。

6）缓冲回路。

7）互锁回路。

8）过载保护回路。

9）卸荷回路。

10）单缸单往复控制回路。

11）单缸连续往复控制回路。

12）用行程阀的双缸顺序动作回路。

13）用电气开关（磁性开关、接近开关）的双缸顺序动作回路。

14）三缸联动回路。

15）二次压力控制回路。

16）低压转换回路。

17）计数回路。

18）延时回路。

19）逻辑阀的应用回路。

20）双手操作回路。

3. 可编程序控制器（PLC）电气控制实验：机 - 电 - 气一体控制实验

1）PLC 指令编程、梯形图编程学习。

2）PLC 编程软件的学习与使用。

3）PLC 与计算的通信、在线调试。

4）PLC 与气动相结合的控制实验。

4. 学生自行设计、组装的扩展回路实验（可扩展 80 多种）

13.13.3 实验装置组成

实验装置由实验工作台、工作泵站、常用气动元件、电气控制单元等几部分组成。

1. 实验工作台

实验工作台由实验安装面板（铝合金型材——双面）、实验操作台等构成。安装面板为带"T"沟槽形式的铝合金型材结构，可以方便、随意地安装气动元件，搭接实验回路。

2. 工作泵站

气泵输入电压：AC 220V/50Hz。

额定输出压力：0.8MPa。

气泵容积：20L。

工作噪声：60dB。

3. 气动元件

配置两套元件，以台湾亚德客气动元件为主，详见配置清单。

气动元件均配有过渡底板（铝合金型材＋工程塑料），可方便、随意地将元件安放在实验面板（铝合金型材）上。

回路搭接采用快换接头，拆接方便。

4. 电气控制单元

可编程序控制器（PLC）采用日本欧姆龙 CPM1A-20CDR，I/O 口 20 点，继电器输出形式，电源电压为 AC 220V/50Hz；并配有与计算机通信的下载线缆（包括适配器）。

5. 其他元件

包括漏电脱扣器，DC24V 电源，电磁阀输出控制口，继电器，接近开关，磁性开关，连接线缆，插座，按钮，指示灯等。

注 意 事 项

1）因实验元件结构和用材的特殊性；在实验的过程中务必注意稳拿轻放防止碰撞；在回路实验过程中确认安装稳妥无误才能进行加压实验。

2）做实验之前必须熟悉元件的工作原理和动作条件；掌握快速组合的方法，绝对禁止强行拆卸，不要强行旋扭各种元件的手柄，以免造成人为损坏。

3）实验中的行程开关为感应式，开关头部离开感应金属约 1mm 即可感应发出信号。

4）请不要带负载起动（气源处理装置上的旋钮旋松），以免损坏压力表。

5）学生做实验时为安全起见不应将压力调得太高（一般使压力在 0.3～0.4MPa）。

6）学生使用本实验系统之前一定要了解气动实验准则，了解本实验系统的操作规程，在实验老师的指导下进行，切勿盲目进行实验。

7）学生实验过程中，发现回路中任何一处有问题，此时应立即关闭泵，只有当回路释压后才能重新进行实验。

8）实验台的电器控制部分为 PLC 控制和继电器控制两种方式。PLC 控制方式：其输出直接控制电磁阀，并带有发光管指示；其输入每三个输入为一组：即"IN0，IN1，IN2""IN3，IN4，IN5""IN6，IN7，IN8""IN9，IN10，IN11"四组，分别对应输出"OUT0，OUT1"，"OUT2，OUT3"……，且每组的两个输出互锁，即 IN1 对应输出 OUT0，IN2 对应输出 OUT1，IN0 为停止键。

继电器控制和 PLC 控制基本功能相似，其输出直接控制电磁阀，并带有发光管指示；其输入每三个输入为一组：即"换向 1，换向 2，停止""换向 3，换向 4，停止""换向 5，换向6，停止"三组，分别对应输出"输出1，输出2""输出3，输出4"……，且每组的两个输出互锁，即"换向1"对应"输出1"，"换向2"对应"输出2"，"停止"键停止输出。

9）实验完毕后，要清理好元件；注意好元件的保养和实验台的整洁。

实验项目、内容及实验步骤

气动回路功能演示实验

实验1　单作用气缸的换向回路

1. 实验原理图

图13-63所示为单作用气缸的换向回路实验原理图。

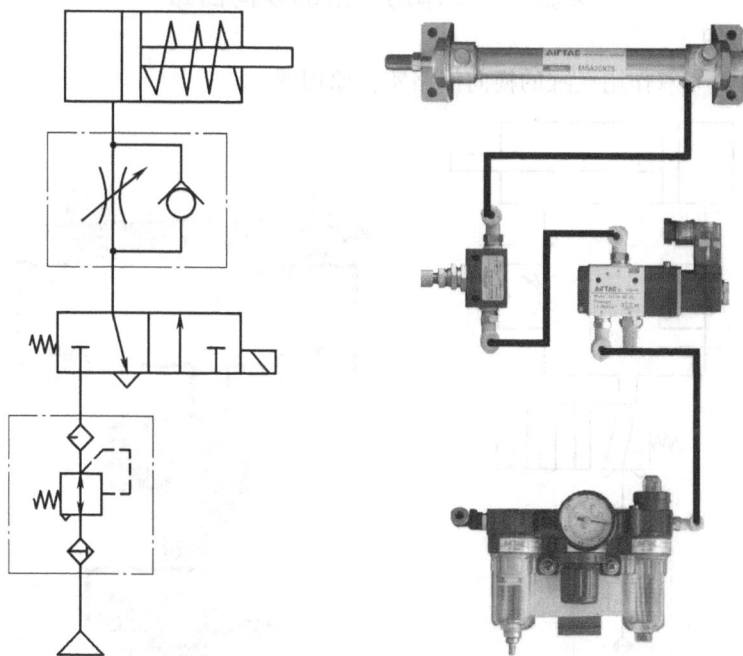

图13-63　单作用气缸的换向回路实验原理图

2. 实验步骤

1）依据本实验的要求选择所需的气动元件 [单作用气缸（弹簧回位）、单向节流阀、二位三通电磁换向阀、气源处理装置、长度合适的连接软管]，并检验元件的实用性能是否正常。

2）在看懂原理图的情况下，按照原理图搭接实验回路。

3）将二位三通电磁换向阀的电源输入口插入相应的控制板输出口。

4）确认连接安装正确稳妥，把气源处理装置的调压旋钮放松，通电，开启空气压缩机。待空气压缩机工作正常，再次调节气源处理装置的调压旋钮，使回路中的压力在系统工作压力以内。

5）当二位三通电磁换向阀通电时，右位接入，气缸左腔进气，气缸活塞杆伸出，失电时气缸靠弹簧的弹力返回（在活塞杆的伸缩过程中通过调节回路中的单向节流阀可以从容的控制气缸的动作快慢）。

6）实验完毕后，关闭空气压缩机，切断电源，待回路压力为零时，拆卸回路，清理元件并放回规定的位置。

3. 试一试

1）若把回路中单向节流阀拆掉重做一次实验，气缸的活塞运动是否会很平稳，而且冲击效果是否很明显？回路中单向节流阀的作用是什么？

2）采用三位五通电磁换向阀是否能实现气缸的定位？想一想主要是利用了三位五通电磁换向阀的什么机能。

实验 2　双作用气缸的换向回路

1. 实验原理图

图 13-64 所示为双作用气缸的换向回路实验原理图。

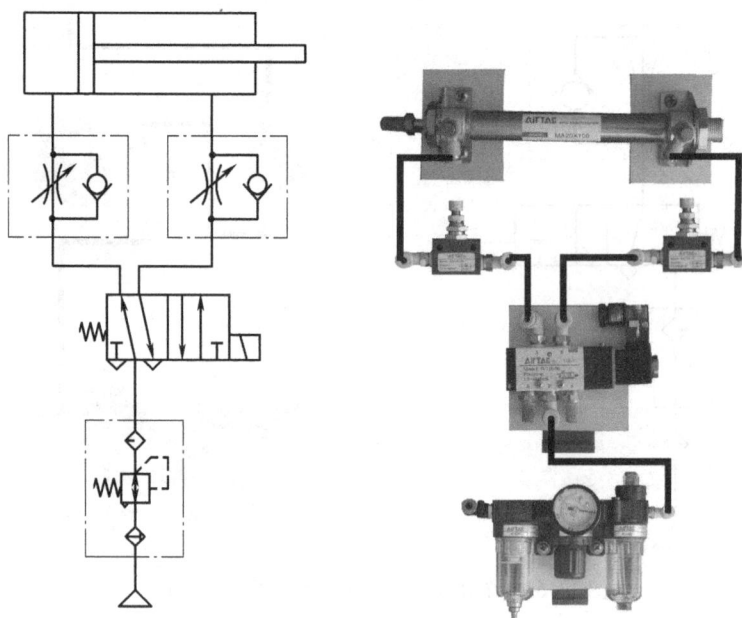

图 13-64　双作用气缸的换向回路实验原理图

2. 实验步骤

1）依照实验回路图选择气动元件（单杆双作用缸、两个单向节流阀、二位五通电磁换向阀、气源处理装置、长度合适的连接软管），并检验元件的实用性能是否正常。

2）在看懂实验原理图的情况下，搭接实验回路。

3）将二位五通电磁换向阀的电源输入口插入相应的控制板输出口。

4）确认连接安装正确稳妥，把气源处理装置的调压旋钮放松，通电，开启空气压缩机。待气源处理装置工作正常，再次调节气源处理装置的调压旋钮，使回路中的压力在系统工作压力以内。

5）当二位五通电磁换向阀处于图13-64所示工作位置时，气体从空气压缩机出来经过二位五通电磁换向阀再经过节流阀到达气缸左腔使气缸活塞左移；当二位五通电磁换向阀右位接入，气体经二位五通电磁换向阀的右位进入气缸的右腔，气缸活塞左移。

6）实验完毕后，关闭空气压缩机，切断电源，待回路压力为零时，拆卸回路，清理元件并放回规定的位置。

3. 试一试

1）把回路中的单向节流阀拆掉重做一次实验，气缸的活塞运动是否会很平稳？而且冲击效果是否很明显？回路中的单向节流阀的作用是什么？

2）采用三位五通电磁换向阀是否能实现缸的定位？想一想主要是利用了三位五通电磁换向阀的什么机能。

3）用双杆双作用缸代替单杆双作用缸看一下演示效果。

实验3 单作用气缸的速度调节回路

1. 单向调速回路

（1）实验原理图 如图13-65所示。

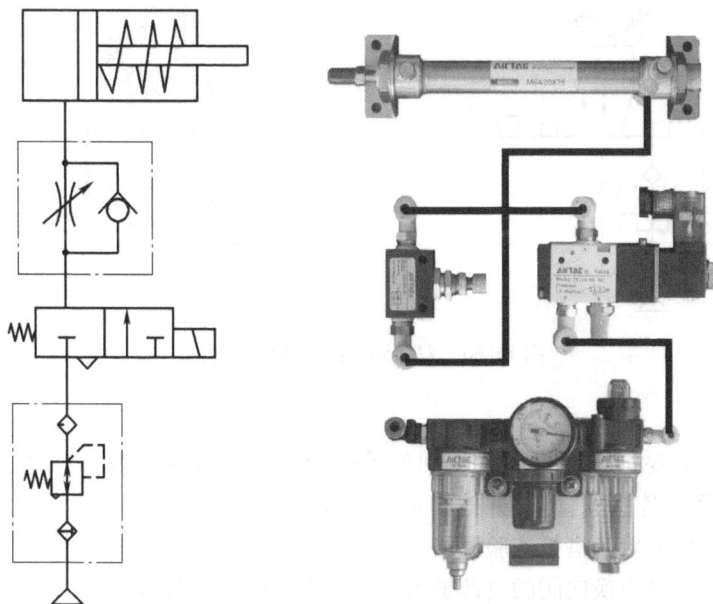

图13-65 单向调速回路实验原理图

（2）实验步骤

1）根据实验原理图选择实验所用的元件（弹簧回位缸、单向节流阀、手动换向阀、气源处理装置、连接软管），并检验元件实用性能是否正常。

2）在看懂原理图后，搭接实验回路。

3）将二位二通电磁换向阀的电源输入口插入相应的控制板输出口。

4）确认连接安装正确稳妥，把气源处理装置的调压旋钮放松，通电，开启空气压缩机。待空气压缩机工作正常，再次调节气源处理装置的调压旋钮，使回路中的压力在系统工作压力以内。

5）当二位二通电磁换向阀通电，右位接入时，气体经过气源处理装置经过电磁阀的右位，再经过回路中的单向节流阀进入气缸的左腔，气缸活塞向右伸出。二位二通电磁阀换向失电后，在弹簧的作用下活塞回位。

6）在实验的过程中调节回路中的单向节流阀来控制活塞的运动速度。

实验完毕后，关闭空气压缩机，切断电源，待回路压力为零时，拆卸回路，清理元件并放回规定的位置。

（3）试一试　若想要活塞快速回位，可以怎样实现？

2. 双向调节回路

（1）实验原理图　如图 13-66 所示。

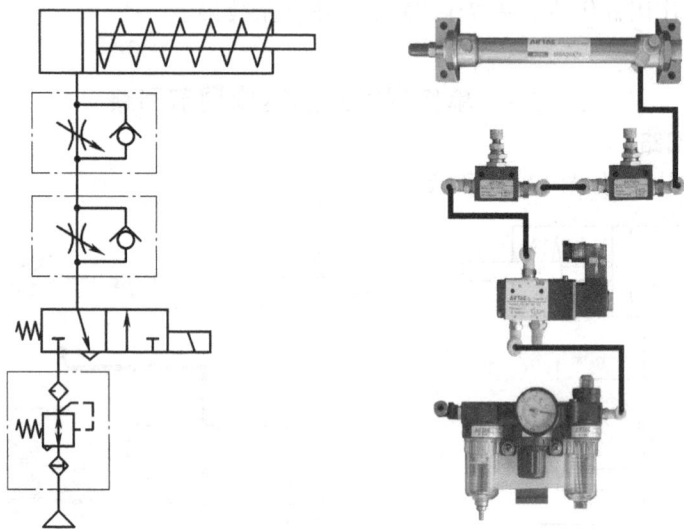

图 13-66　双向调节回路实验原理图

（2）实验步骤

1）根据实验需要选择元件（弹簧回位单作用缸、单向节流阀、二位三通单电磁换向阀、气源处理装置、连接软管），并检验元件实用性能是否正常。

2）在看懂原理图后，搭接实验回路。

3）将二位二通电磁换向阀的电源输入口插入相应的控制板输出口。

4）确认连接安装正确稳妥，把气源处理装置通电的调压旋钮放松，开启空气压缩机。待空气压缩机工作正常，再次调节气源处理装置的调压旋钮，使回路中的压力在系统工作压力以内。

5）当二位二通电磁换向阀得电，右位接入时，压缩空气依次经过气源处理装置和二位二通电磁换向阀的右位，再经过两个相对安装的单向节流阀进入气缸的左腔，活塞右行。在此过程中调节接近缸的单向节流阀可以控制活塞的运行速度。

6）当二位二通电磁换向阀失电时，回位到左位状态。气缸活塞在弹簧的作用下向左运动，左腔的压缩空气经单向节流阀到二位二通电磁换向阀，最后排到大气中，在此过程中调节接近二位二通电磁换向阀的单向节流阀就可以控制活塞左行的运动速度。

7）实验完毕后，关闭空气压缩机，切断电源，待回路压力为零时，拆卸回路，清理元件并放回规定的位置。

（3）试一试　还有什么样的方法可以达到双向调速的目的？怎样实现？

实验4　双作用气缸的速度调节回路

1. 进口调速回路

（1）实验原理图　如图13-67所示。

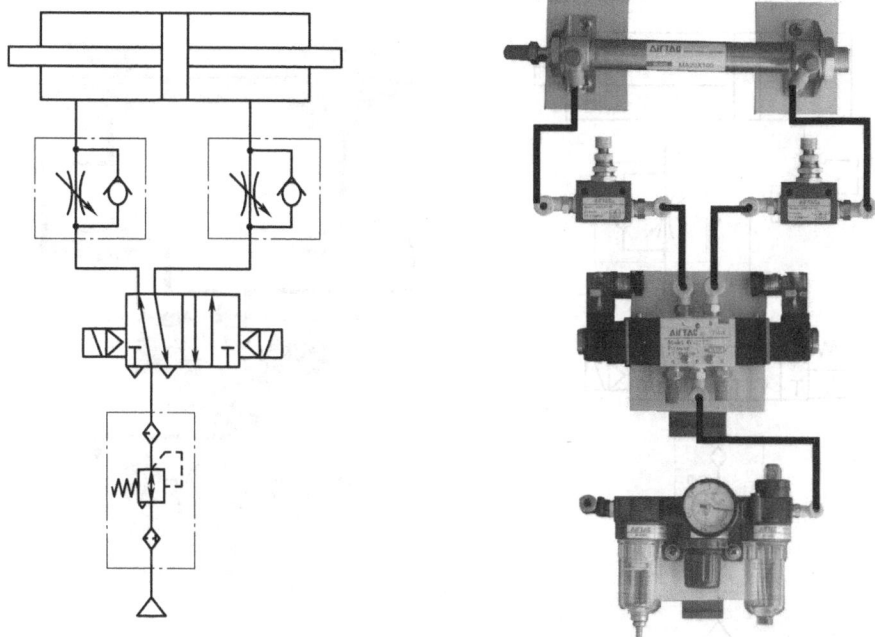

图13-67　进口调速回路

（2）实验步骤

1）根据实验的需要选择元件（双杆双作用缸、单向节流阀两只、二位五通电磁换向阀、气源处理装置、连接软管），并检验元件的实用性能是否正常。

2）看懂原理图之后，搭建实验回路。

3）将二位四通电磁换向阀的电源输入口插入相应的控制板输出口。

4）确认连接安装正确稳妥，把气源处理装置的调压旋钮放松，通电，开启空气压缩机。待空气压缩机工作正常，再次调节气源处理装置的调压旋钮，使回路中的压力在系统工作压力以内。

5）当二位四通电磁换向阀得电后如图13-67所示位置，压缩空气依次经过气源处理装置和二位四通电磁换向阀，再经过单向节流阀进入气缸的左腔，活塞在压缩空气的作用下向右运动。在此过程中调节左边的单向节流阀的开口大小就能调节活塞的运动速度，从而实现进口调速功能。

6）而当二位四通电磁换向阀右位接入时，压缩空气经过其右位再经过右边的单向节流阀进入气缸的右腔，活塞在压缩空气的作用下向左运行。而在此过程中调节左边的单向节流阀就不再起作用，只有调节右边的单向节流阀才能控制活塞的运动速度。

7）实验完毕后，关闭空气压缩机，切断电源，待回路压力为零时，拆卸回路，清理元件并放回规定的位置。

（3）试一试

1）换用其他的换向阀做实验看看，顺便了解其他换向阀的工作机能。

2）想想如果不采用单向节流阀，而采用其他的节流阀行不行？

2. 出口调速回路

（1）实验原理图 如图 13-68 所示。

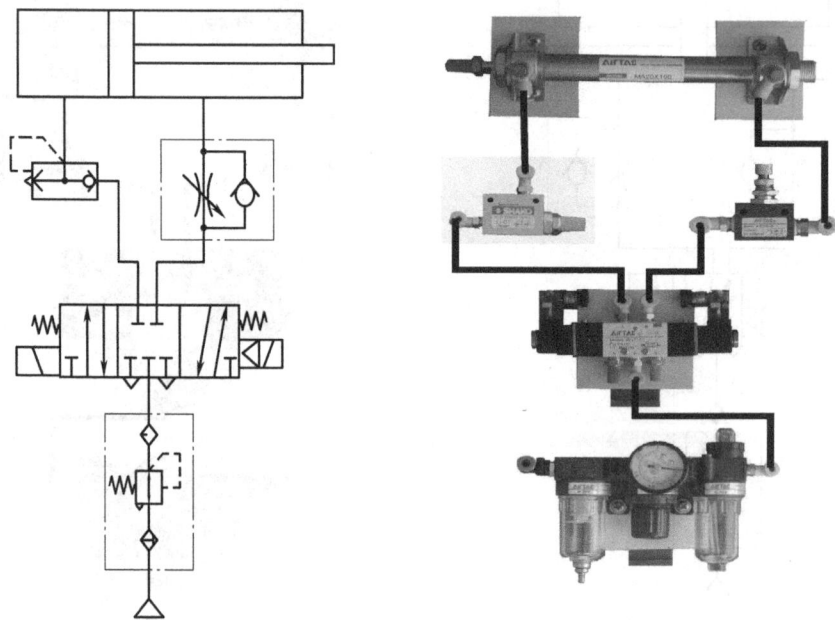

图 13-68 出口调速回路实验原理图

（2）实验步骤

1）根据实验的需要选择元件（单杆双作用杆、单向节流阀、快速排气阀、三位五通电磁换向阀、气源处理装置、连接软管），并检验元件的实用性能是否正常。

2）看懂原理图之后，搭建实验回路。

3）将三位五通电磁换向阀的电源输入口插入相应的控制板输出口。

4）确认连接安装正确稳妥，把气源处理装置的调压旋钮放松，通电，开启空气压缩机。待空气压缩机工作正常，再次调节气源处理装置的调压旋钮，使回路中的压力在系统工作压力以内。

5）如图 13-68 所示，三位五通电磁换向阀处于中位时，压缩空气进入不了气缸；当三位五通电磁换向阀得电时左位接入，压缩空气经气源处理装置过电磁换向阀再经过快速排气阀进入缸的左腔,活塞在压缩空气的作用下向右运动,而在此时调节出口的单向节流阀的开口大小就能随意改变活塞的运行速度。

6)而当三位五通电磁换向阀的右位接入时,压缩空气进入气缸的右腔,活塞向左运动,由于气缸的左边接了一个快速排气阀,所以活塞可以迅速回位。

7)实验完毕后,关闭空气压缩机,切断电源,待回路压力为零时,拆卸回路,清理元件并放回规定的位置。

(3)试一试

1)如果要实现活塞回位时也能控制速度该怎么做?

2)若用其他的阀代替单向节流阀来做实验,怎样实现功能?

实验 5　速度换接回路

1. 实验原理图

图 13-69 所示为速度换接回路实验原理图。

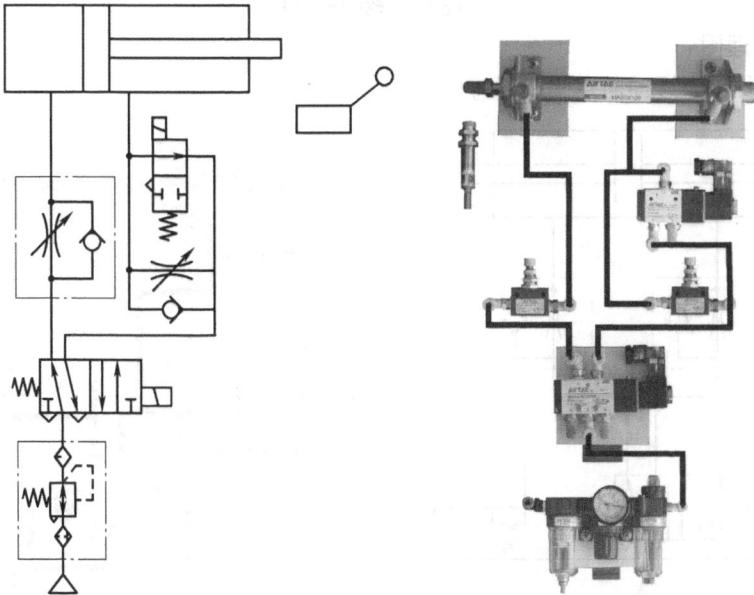

图 13-69　速度换接回路实验原理图

2. 实验步骤

1)据实验的需要选择元件(单杆双作用缸、单向节流阀、二位二通电磁换向阀、二位四通电磁换向阀、气源处理装置、接近开关、连接软管),并检验元件的实用性能是否正常。

2)看懂原理图之后,搭建实验回路。

3)将二位四通电磁换向阀和二位二通电磁换向阀以及接近开关的电源输入口插入相应的控制板输出口。

4)确认连接安装正确稳妥,把气源处理装置的调压旋钮放松,通电,开启空气压缩机。待空气压缩机工作正常,再次调节气源处理装置的调压旋钮,使回路中的压力在系统工作压力以内。

5）如图 13-69 所示，二位五通电磁换向阀处于左位时，压缩空气经过气源处理装置、二位五通电磁换向阀左位、单向节流阀进入气缸的左腔，活塞在压缩空气的作用向右运动，此时气缸的右腔空气经过二位二通电磁换向阀或节流阀排出。

6）当活塞杆接触到接近开关时，二位二通电磁换向阀失电换位，右腔的空气只能从单向节流阀排出，此时只要调节单向节流阀的开口就能控制活塞运动的速度，从而实现了一个从快速运动到较慢运动的换接。

7）而当二位四通电磁换向阀右位接入时可以实现快速回位。

8）实验完毕后，关闭空气压缩机，切断电源，待回路压力为零时，拆卸回路，清理元件并放回规定的位置。

3. 试一试

1）怎样用其他的方法去实现速度的换接？想一想这样的功能有何作用。

2）速度换接回路怎样在现实生产中运用？

实验 6 缓冲回路

1. 实验原理图

图 13-70 所示为缓冲回路实验原理图。

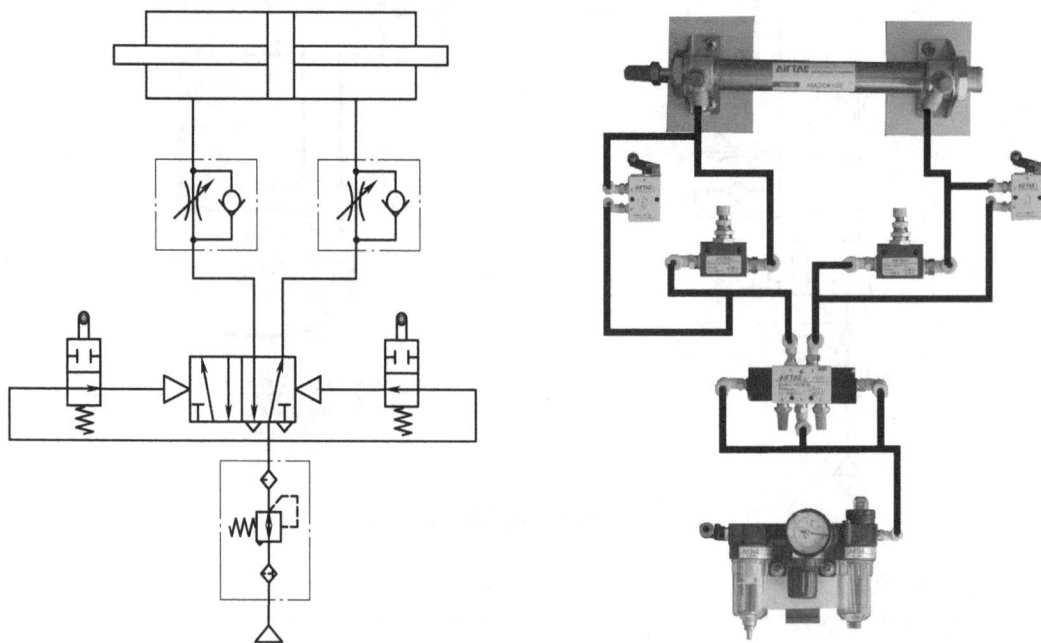

图 13-70 缓冲回路实验原理图

2. 实验步骤

1）根据实验需要选择元件（双杆双作用缸、单向节流阀、气控阀、气源处理装置、行程阀、连接软管），并检验元件的实用性能是否正常。

2）看懂原理图之后，搭建实验回路。

3）确认连接安装正确稳妥，把气源处理装置的调压旋钮放松，通电，开启空气压缩

机。待空气压缩机工作正常，再次调节气源处理装置的调压旋钮，使回路中的压力在系统工作压力以内。

4）如图 13-70 所示压缩空气经气源处理装置过气控阀的右位再经单向节流阀进入气缸的右腔，活塞快速向左运动；当活塞杆撞到行程阀时；压缩空气经过行程阀使气控阀迅速换位，从而压缩空气经气源处理装置过气控阀的左位再经单向节流阀进入气缸的左腔。

5）活塞在反向作用力下停止前进，当活塞两边产生压差时活塞换向，开始向右运动，当撞到右边行程阀后又在压缩空气的作用下反向。

6）实验完毕后，关闭空气压缩机，切断电源，待回路压力为零时，拆卸回路，清理元件并放回规定的位置。

3. 试一试

1）如果不在回路中加单向节流阀安全吗？单向节流阀在此实验回路中的作用是什么？

2）如有兴趣可以按照书本所示回路图做实验看看结果。

实验7 互锁回路

1. 实验原理图

图 13-71 所示为互锁回路实验原理图。

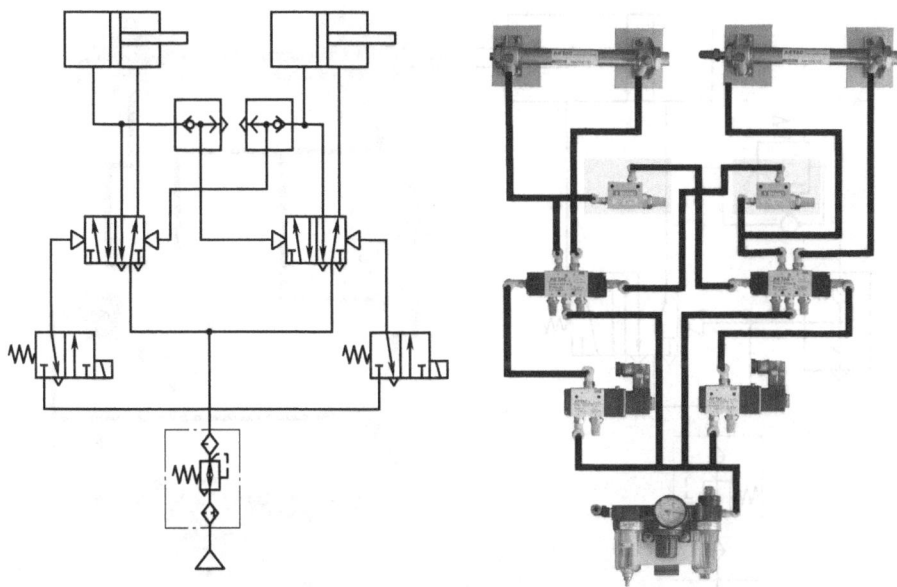

图 13-71 互锁回路实验原理图

2. 实验步骤

1）根据实验的需要选择元件（单杆双作用缸、或门逻辑阀、双气控阀、二位三通电磁换向阀、气源处理装置、连接软管），并检验元件的实用性能是否正常。

2）看懂原理图之后，搭建实验回路。

3）将二位三通电磁换向阀的电源输入口插入相应的控制板输出口。

4）确认连接安装正确稳妥，把气源处理装置的调压旋钮放松，通电，开启空气压缩

机。待空气压缩机工作正常，再次调节气源处理装置的调压旋钮，使回路中的压力在系统工作压力以内。

5）图 13-71 所示状态下没有一个缸可以动作；当左边二位三通电磁换向阀得电时，压缩空气经过该阀后使左边气控阀动作而左位接入。压缩空气进入左缸的左位，左缸的活塞向右运行，同时压缩空气经梭阀让右边的气控阀一直是右位工作。

6）当左边的二位三通电磁换向阀失电，右边的二位三通电磁换向阀右位工作时，压缩空气经过气控阀的左位进入右缸的右腔，活塞向右运动。同时压缩空气经梭阀控制左边的气控阀一直右位接入，从而避免了同时动作。

7）实验完毕后，关闭空气压缩机，切断电源，待回路压力为零时，拆卸回路，清理元件并放回规定的位置。

3. 试一试

如果要实现三级互锁该怎么做？

实验 8 过载保护回路

1. 实验原理图

图 13-72 所示为过载保护回路实验原理图。

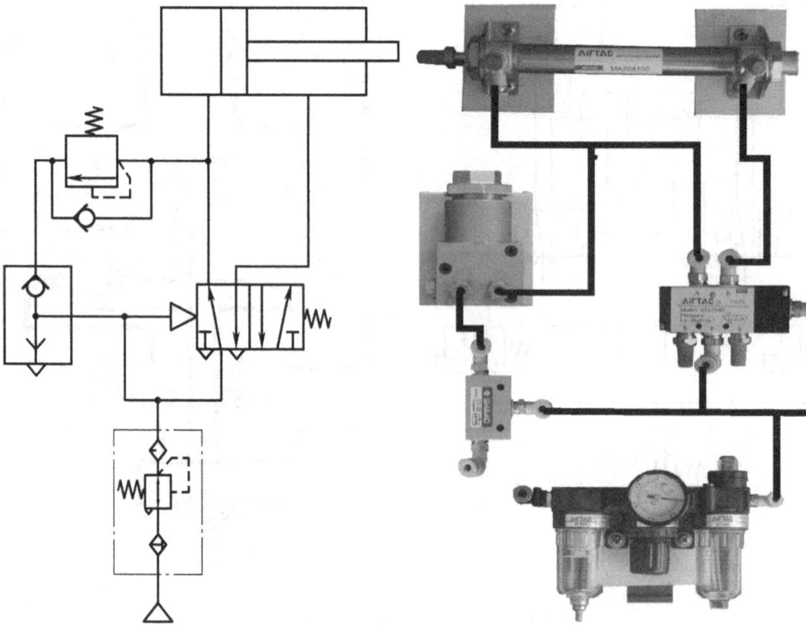

图 13-72 过载保护回路实验原理图

2. 实验步骤

1）根据实验需要选择元件（单杆双作用缸、顺序阀、梭阀、气控阀、气源处理装置、连接软管），并检验元件的实用性能是否正常。

2）看懂原理图之后，搭建实验回路。

3）确认连接安装正确稳妥，把气源处理装置的调压旋钮放松，通电，开启空气压缩

机。待空气压缩机工作正常，再次调节气源处理装置的调压旋钮，使回路中的压力在系统工作压力以内。

4）在图13-72所示状态下，活塞在压缩空气的作用下向右运行，假设在向右前进的过程中遇到障碍，速度突然急剧下降，此时气缸右腔的压力随之增大，当压力达到一定程度时打开顺序阀，压缩空气经顺序阀过或梭阀作用于气控阀使气控阀右位接入，从而压缩空气进入气缸的右腔作用于活塞，使其向左运行，实现过载保护。

5）实验完毕后，关闭空气压缩机，切断电源，待回路压力为零时，拆卸回路，清理元件并放回规定的位置。

3. 试一试

1）在回路中用行程阀作为负载能不能做演示实验实现过载保护功能？该如何搭接回路？

2）能采用什么阀来代替梭阀实现其功能？

实验9 单缸单往复控制回路

1. 实验原理图

图13-73所示为单缸单往复控制回路实验原理图。

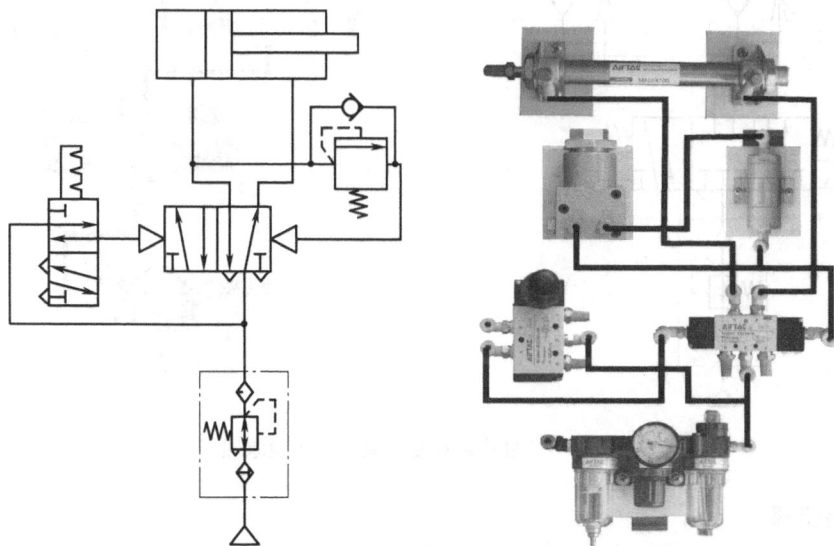

图13-73 单缸单往复控制回路实验原理图

2. 实验步骤

1）根据实验需要选择元件（单杆双作用缸、顺序阀、手动换向阀、气控阀、气源处理装置、单向阀、连接软管），并检验元件的实用性能是否正常。

2）看懂原理图之后，搭建实验回路。

3）确认连接安装正确稳妥，把气源处理装置的调压旋钮放松，通电，开启气泵。待泵工作正常，再次调节气源处理装置的调压旋钮，使回路中的压力在系统工作压力以内。

4）在图13-73所示状态下，活塞是不运动的；当控制手动换向阀让气控阀的左位接入时，压缩空气经气源处理装置经过气控阀进入气缸的左腔；活塞在压缩空气的作用下向右运动，左腔的压力慢慢增大，当压力值达到足以打开顺序阀时，压缩空气经顺序阀作用于气控阀促使气控阀换位——右位接入；活塞在压缩空气的作用下向左运动，从而完成一个单往复动作。

5）实验完毕后，关闭空气压缩机，切断电源，待回路压力为零时，拆卸回路，清理元件并放回规定的位置。

3. 试一试

1）如果采用行程阀或行程开关来做实验该怎么接？

2）若将手动换向阀换成电磁换向阀，实验该怎样做？

实验 10　单缸连续往复控制回路

1. 实验原理图

图 13-74 所示为单缸连续往复控制回路实验原理图。

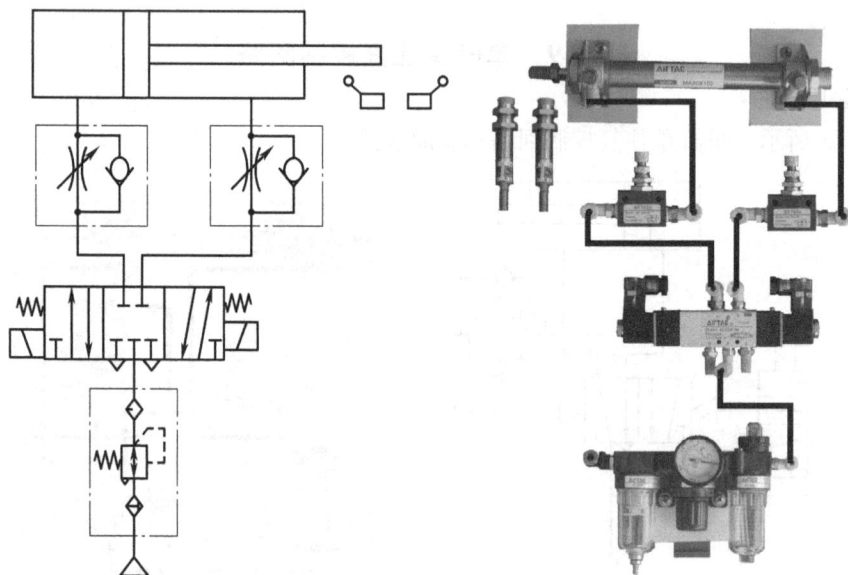

图 13-74　单缸连续往复控制回路实验原理图

2. 实验步骤

1）根据实验需要选择元件（单杆双作用缸、单向节流阀、接近开关、三位五通电磁换向阀、气源处理装置、连接软管），并检验元件的实用性能是否正常。

2）看懂原理图后，搭建实验回路。

3）将三位五通电磁换向阀和接近开关的电源输入口插入相应的控制板输出口。

4）确认连接安装正确稳妥，把气源处理装置的调压旋钮放松，通电，开启空气压缩机。待空气压缩机工作正常，再次调节气源处理装置的调压旋钮，使回路中的压力在系统工作压力以内。

5）当电磁阀得电后，压缩空气经过电磁阀过单向节流阀进入气缸的左腔，活塞向右运动，当活塞杆靠近接近开关时三位五通电磁换向阀右位接入，压缩空气过三位五通电磁换向阀的右位和单向节流阀进入气缸的右腔，活塞在压缩空气的作用下向左运动。

6）当活塞杆靠近左边接近开关时，三位五通电磁换向阀动作换位，压缩空气进入气缸的右腔，活塞又开始向右运动，从而实现连续往复运动。

7）实验完毕后，关闭空气压缩机，切断电源，待回路压力为零时，拆卸回路，清理元件并放回规定的位置。

3. 试一试

1）如果采用行程阀进行控制该怎样搭接实验回路？

2）如采用磁性开关来代替接近开关又该如何？

实验 11 双缸顺序动作回路

1. 实验原理图

图 13-75 所示为双缸顺序动作回路实验原理图。

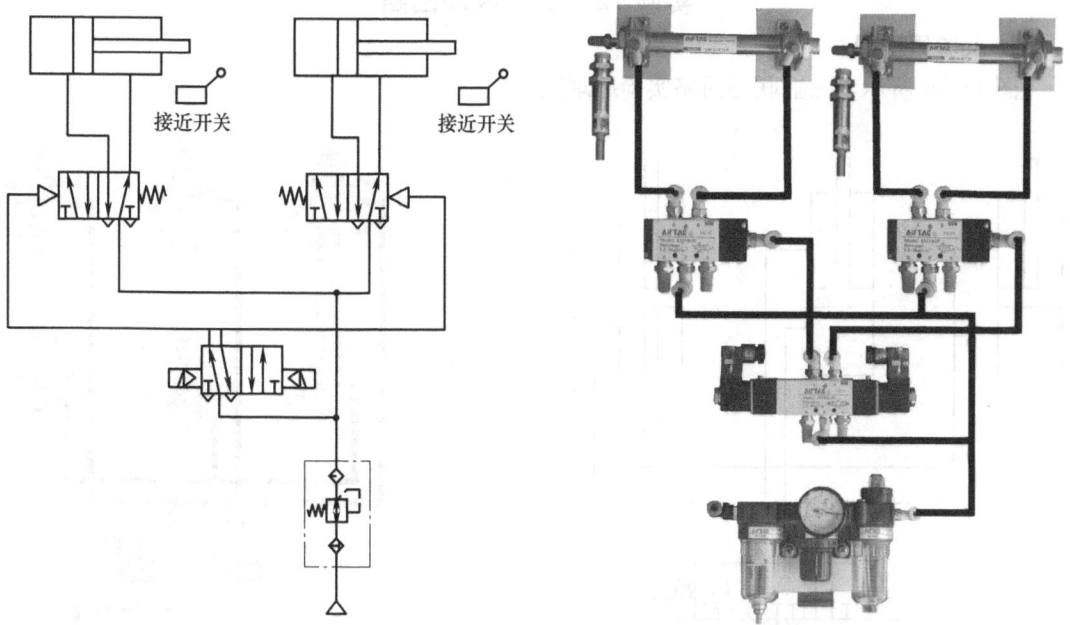

图 13-75 双缸顺序动作回路实验原理图

2. 实验步骤

1）根据实验需要选择元件（单杆双作用缸、接近开关、气控阀、二位四通电磁换向阀、气源处理装置、连接软管），并检验元件的实用性能是否正常。

2）看懂原理图之后，搭建实验回路。

3）将二位四通电磁换向阀和接近开关的电源输入口插入相应的控制板输出口。

4）确认连接安装正确稳妥，把气源处理装置的调压旋钮放松，通电，开启空气压缩机。待空气压缩机工作正常，再次调节气源处理装置的调压旋钮，使回路中的压力在系统工作压力以内。

5）当二位四通电磁换向阀得电时，左位接入，压缩空气使得左边的气空阀动作，压缩空气进入左气缸的左腔使活塞向右运动；此时右气缸的活塞因为没有压缩空气进入左腔而不能动作。

6）当左气缸活塞杆靠近接近开关时，二位四通电磁换向阀迅速换向，压缩空气作用于右边的气控阀使其左位接入，压缩空气经过右边气控阀的左位进入右气缸的左腔，活塞在压力的作用下向右运动，当活塞杆靠近接近开关时，二位四通电磁换向阀又回到左位，从而实现双气缸的下一个顺序动作。

7）实验完毕后，关闭空气压缩机，切断电源，待回路压力为零时，拆卸回路，清理元件并放回规定的位置。

3. 试一试

1）如果采用行程阀代替接近开关，回路怎样搭建？

2）如果采用压力继电器，能实现这个顺序动作吗？从理论上验证一下。

实验12 三缸联动回路

1. 实验原理图

图13-76所示为三缸联动回路实验原理图。

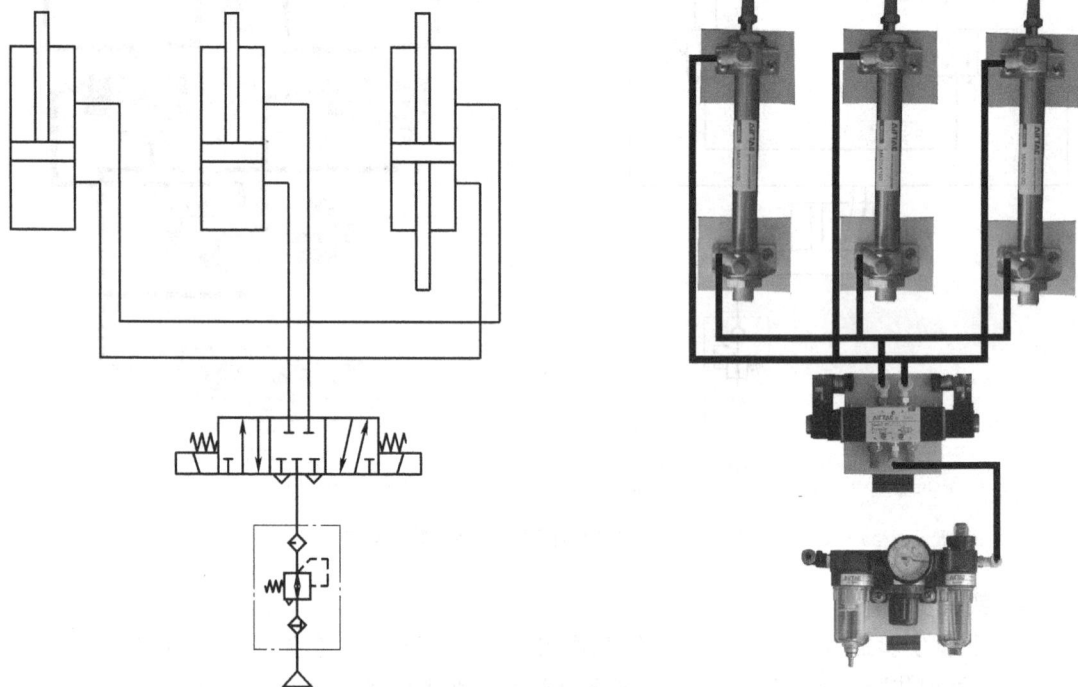

图13-76 三缸联动回路实验原理图

2. 实验步骤

1）根据实验需要选择元件（单杆双作用缸、双杆双作用缸、三位五通电磁换向阀、气源处理装置、连接软管），并检验元件实用性能是否正常。

2）看懂原理图之后，搭建实验回路。

3）将三位五通电磁换向阀和接近开关的电源输入口插入相应的控制板输出口。

4）确认连接安装正确稳妥，把气源处理装置的调压旋钮放松，通电，开启空气压缩机。待空气压缩机工作正常，再次调节气源处理装置的调压旋钮，使回路中的压力在系统工作压力以内。

5）当三位五通电磁换向阀得电左位接入时，三个气缸开始一起向一个方向运动；当右位接入时三个气缸开始复位动作。

6）实验完毕后，关闭空气压缩机，切断电源，待回路压力为零时，拆卸回路，清理元件并放回规定的位置。

实验 13　二次压力控制回路

1. 实验原理图

图 13-77 所示为二次压力控制回路实验原理图。

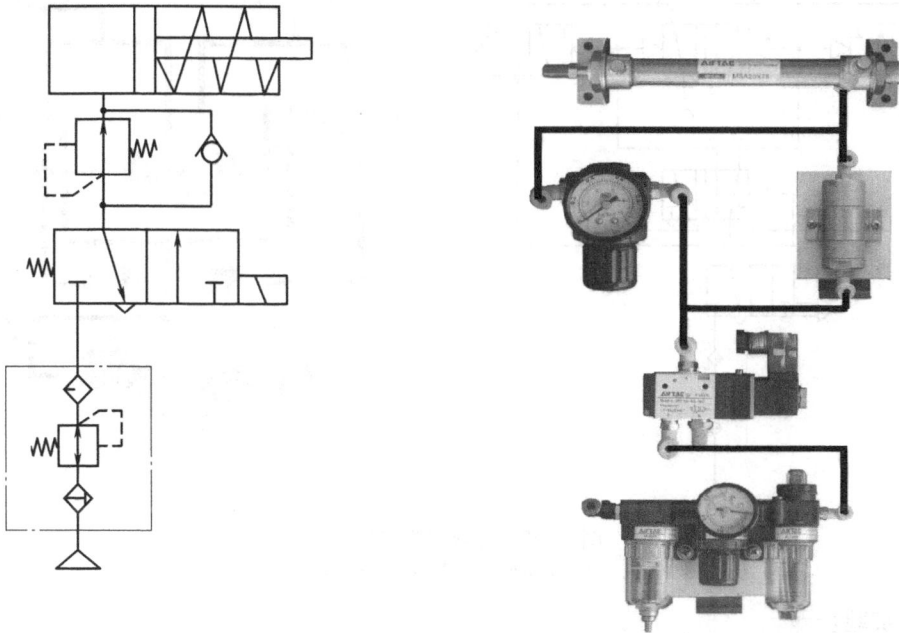

图 13-77　二次压力控制回路实验原理图

2. 实验步骤

1）根据实验需要选择元件（气源处理装置、二位三通电磁换向阀、减压阀、弹簧缸、连接软管），并检验元件的实用性能是否正常。

2）看懂实验原理图之后，搭建实验回路。

3）将二位三通电磁换向阀的电源输入口插入相应的控制板输出口。

4）确认连接安装正确稳妥，把气源处理装置的调压旋钮放松，通电，开启空气压缩机。待空气压缩机工作正常，再次调节气源处理装置的调压旋钮，使回路中的压力在系统工作压力以内。

5）当电磁阀得电时，压缩空气进入气缸的左腔，活塞右行。在此过程中可以调节气源处理装置的压力调节旋钮以控制压力，同时调节减压阀的开口也可调节系统中的压力。气源处理装置和减压阀同时控制了系统的压力。

6）实验完毕后，关闭空气压缩机，切断电源，待回路压力为零时，拆卸回路，清理元件并放回规定的位置。

实验 14　计数回路

1. 实验原理图

图 13-78 所示为计数回路实验原理图。

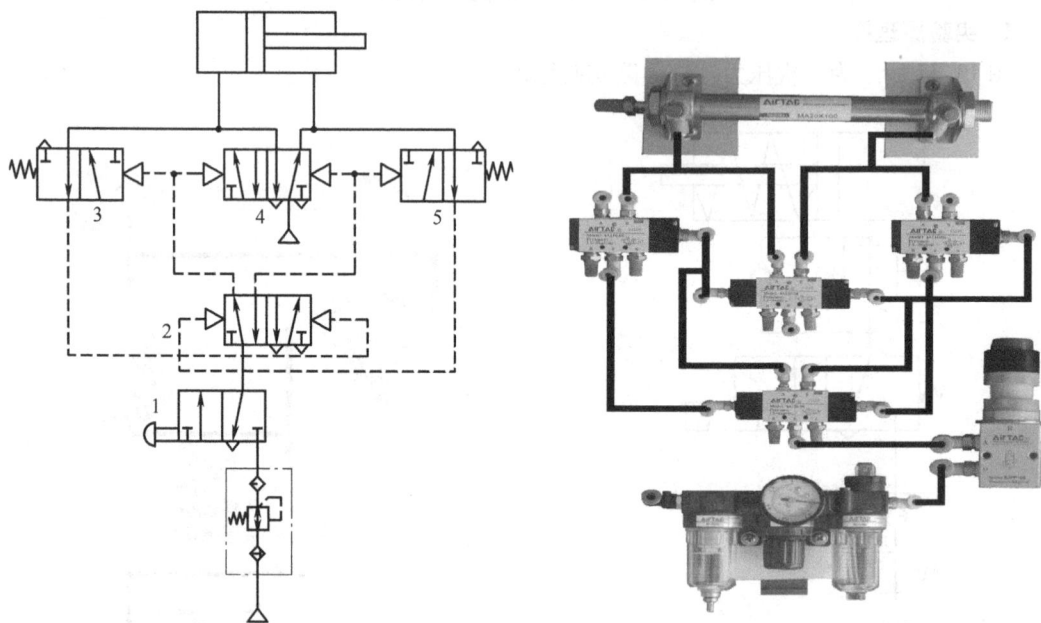

图 13-78　计数回路实验原理图
1—手动阀　2、3、4、5—气控阀

2. 实验步骤

1）根据实验需要选择元件（单杆双作用缸、气控阀、按钮阀、气源处理装置、连接软管），并检验元件的实用性能是否正常。

2）看懂原理图之后，搭建实验回路。

3）确认连接安装正确稳妥，把气源处理装置的调压旋钮放松，通电，开启空气压缩机。待空气压缩机工作正常，再次调节气源处理装置的调压旋钮，使回路中的压力在系统工作压力以内。

4）如图 13-78 所示，按下按钮阀 1，压缩空气经气控阀 2 至气控阀 4 的左端使其换至左位，同时使气控阀 3 断开，此时的气缸向右运动。

5）当按钮阀 1 复位后，此时作用于气控阀 4 的压缩空气经按钮阀排出，气控阀 5 在弹簧力的作用下复位。从而无杆腔中的压缩空气经气控阀 3 作用于气控阀 2 使其换至右位，等待下次信号的输入。

6）当再次按下按钮阀 1 后，压缩空气经气控阀 2 至气控阀 4 的右端使其换至右位接通，气缸向左运行。同时气控阀 5 将气路断开。当按钮阀复位后，气控阀 4 的控制气体经气控阀 2 排出，同时气控阀 5 复位，有杆腔的气体经气控阀 5 作用于气控阀 2 使其左位接入，等待下次信号的输入。

7）从以上反复动作可以得出，当奇数次按下按钮阀时气缸是向右运动的；当偶数次按下按钮阀时气缸是向左运动的。

8）实验完毕后，关闭空气压缩机，切断电源，待回路压力为零时，拆卸回路，清理元件并放回规定的位置。

注意：实验用的按钮阀是点动的，在一次动作过程中不能松开，同时也要注意系统的压力不能太大。

实验 15　延时回路

1. 实验原理图

图 13-79 所示为延时回路实验原理图。

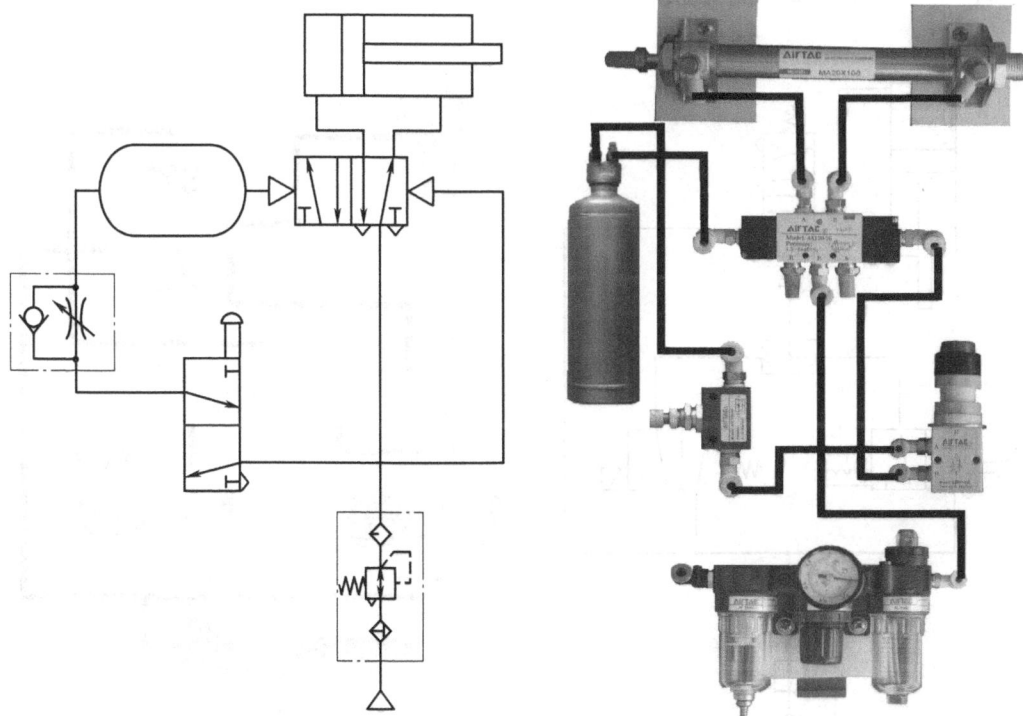

图 13-79　延时回路实验原理图

2. 实验步骤

1）根据实验需要选择元件（单杆双作用缸、气控阀、蓄能器、单向节流阀、按钮阀、气源处理装置、连接软管），并检验元件的实能性能是否正常。

2）看懂实验原理图之后、搭建实验回路。

3）确认连接安装正确稳妥，把气源处理装置的调压旋钮放松，通电，开启空气压缩

机。待空气压缩机工作正常，再次调节气源处理装置的调压旋钮，使回路中的压力在系统工作压力以内。

4）图 13-79 所示状态下，压缩空气作用于气控阀的右端使其左位接入；压缩空气依次经过气源处理装置和气控阀进入气缸的左腔，活塞杆向外伸出。

5）当按下按钮阀后，压缩空气经单向节流阀到蓄能器（蓄能器要经过一段时间压力才能升高）延时后才将气控阀右位接入，此时压缩空气进入气缸的右腔，活塞杆缩回。

6）实验完毕后，关闭空气压缩机，切断电源，待回路压力为零时，拆卸回路，清理元件并放回规定的位置。

3. 试一试

1）想想有没有其他的实现手段？

2）可以对照书本上的回路做实验加强理解，以更好地运用于实际。

实验 16　逻辑阀的应用回路

1. 实验原理图

图 13-80 所示为逻辑阀的应用回路实验原理图。

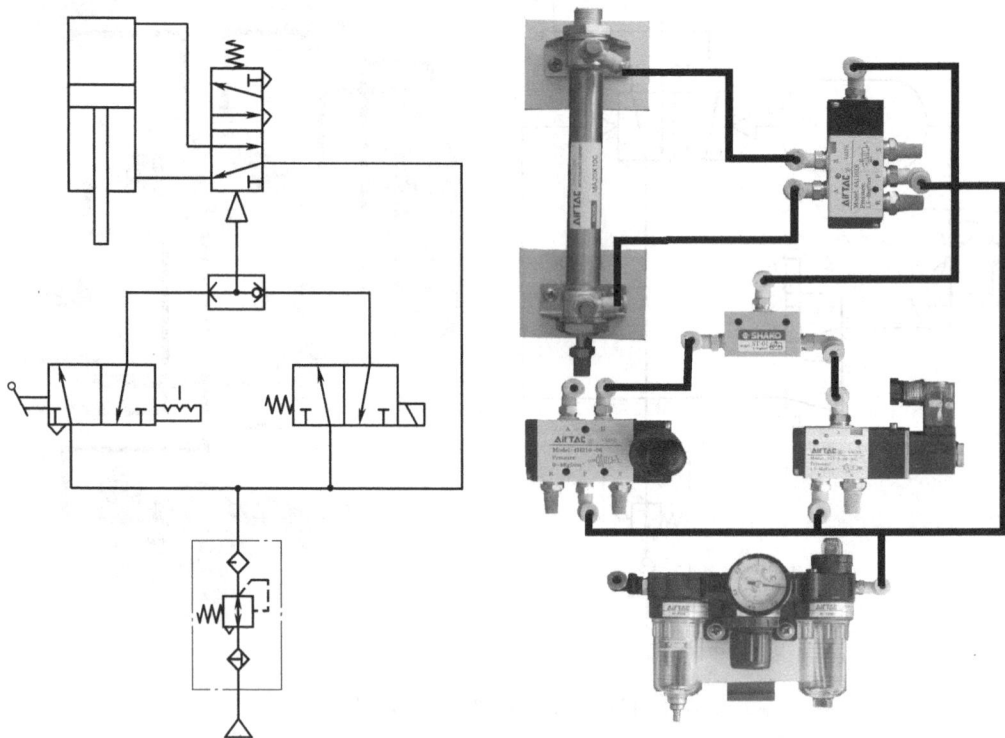

图 13-80　逻辑阀的应用回路实验原理图

2. 实验步骤

1）根据实验需要选择元件（单杆双作用缸、气控阀、梭阀、手动阀、二位三通电磁换向阀、气源处理装置、连接软管）。并检验元件的使用性能是否正常。

2）看懂原理图之后，搭建实验回路图。

3）将二位三通单电磁换向阀的电源输入口插入相应的控制板输出口。

4）确认连接安装正确稳妥，把气源处理装置的调压旋钮放松，通电，开启空气压缩机。待空气压缩机工作正常，再次调节气源处理装置的调压旋钮，使回路中的压力在系统工作压力以内。

5）当按下手动阀时，压缩空气经手动阀作用于梭阀使气控阀上位接入，压缩空气经气控阀的上位进入气缸的上腔，活塞杆伸出。当手动阀换位时，气控阀在弹簧力的作用下复位，压缩空气进入气缸的下腔使活塞杆缩回。

6）当二位三通电磁换向阀得电时，压缩空气依次经过二位三通电磁换向阀、梭阀作用于气控阀，使其上位接入，压缩空气经气控阀的上位进入气缸的上腔，活塞杆伸出。当二位三通电磁换向阀失电时，气控阀在弹簧的作用下复位，压缩空气进入气缸的下腔使活塞杆缩回。

7）实验完毕后，关闭空气压缩机，切断电源，待回路压力为零时，拆卸回路，清理元件并放回规定的位置。

注意：本回路实现了手动和自动切换控制，想想在实际中怎么加以利用。

实验17 双手操作回路

1. 实验原理图

图 13-81 所示为双手操作回路实验原理图。

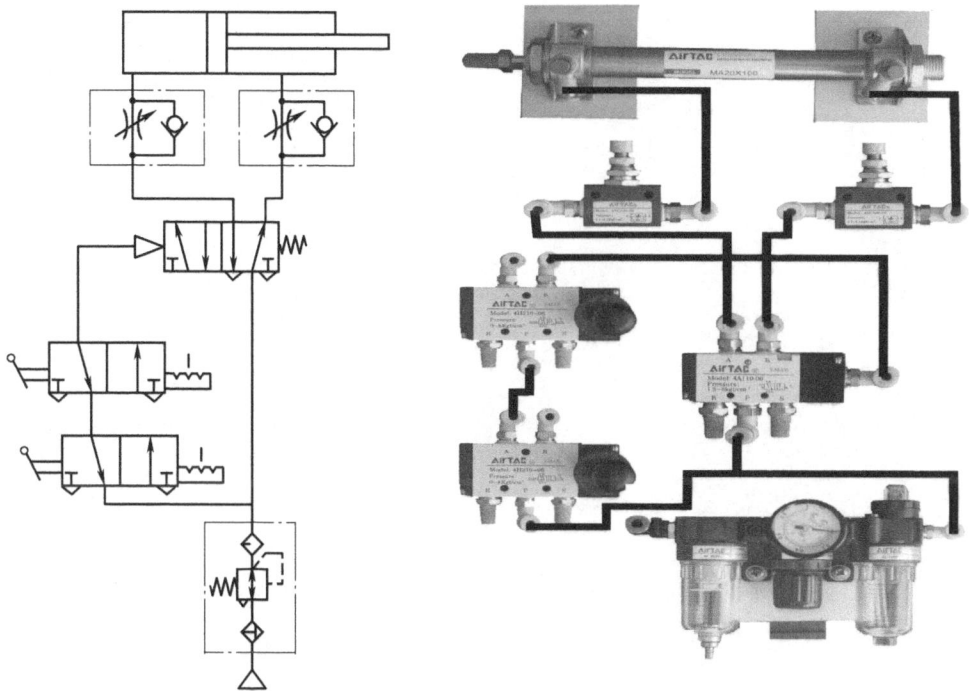

图 13-81 双手操作回路实验原理图

2. 实验步骤

1）根据实验需要选择元件（单杆双作用缸、单向节流阀、气控阀、手动阀、气源处理装置、连接软管），并检验元件的使用性能是否正常。

2）看懂实验原理图之后，搭建实验回路图。

3）确认连接安装正确稳妥，把气源处理装置的调压旋钮放松，通电，开启空气压缩机。待空气压缩机工作正常，再次调节气源处理装置的调压旋钮，使回路中的压力在系统工作压力以内。

4）当切换手动阀（两只手动阀同时向同一个方向动作）使回路接通后，压缩空气经手动阀作用于气控阀使其左位接入；此时压缩空气依次经过气控阀、单向节流阀进入气缸的左腔，活塞杆伸出。

5）只要有一个手动阀复位，则气控阀在弹簧力的作用下复位到右位接入，气缸缩回。

6）实验完毕后，关闭空气压缩机，切断电源，待回路压力为零时，拆卸回路，清理元件并放回规定的位置。

3. 试一试

1）如果实验回路中采用按钮阀，则必须注意在没有换位时不能松，动手试试回路。

2）如果不加单向节流阀，会出现什么状况？不加行不行？

综合测试题 Ⅰ

一、填空题

1. 液压传动装置由（　　）、（　　）、（　　）和（　　）四部分组成，其中（　　）和（　　）为能量转换装置。

2. 液体在管道中存在两种流动状态，（　　）时黏性力起主导作用，（　　）时惯性力起主导作用，液体的流动状态可用（　　）来判断。

3. 由于流体具有（　　），液流在管道中流动需要损耗一部分能量，它由（　　）损失和（　　）损失两部分组成。

4. 外啮合齿轮泵位于轮齿逐渐脱开啮合的一侧是（　　）腔，位于轮齿逐渐进入啮合的一侧是（　　）腔。

5. 齿轮泵产生泄漏的间隙为（　　）间隙和（　　）间隙，此外，还存在（　　）间隙，其中（　　）泄漏占总泄漏量的 80% ~ 85%。

6. 选用过滤器应考虑（　　）、（　　）、（　　）和其他功能，它在系统中可安装在（　　）、（　　）、（　　）和单独的过滤系统中。

7. 顺序动作回路的功用在于使几个执行元件严格按预定顺序动作，按控制方式不同，分为（　　）控制和（　　）控制。同步回路的功用是使相同尺寸的执行元件在运动上同步，同步运动分为（　　）同步和（　　）同步两大类。

8. 不含水蒸气的空气称为（　　），含水蒸气的空气称为（　　），所含水分的程度用（　　）和（　　）来表示。

二、选择题

1. 液体流经薄壁小孔的流量与孔口面积的（　　）和小孔前后压差的（　　）成正比。

（A）一次方　　　　（B）1/2 次方　　　　（C）二次方　　　　（D）三次方

2. 双作用叶片泵具有（　　）的结构特点；而单作用叶片泵具有（　　）的结构特点。

（A）作用在转子和定子上的液压径向力平衡

（B）所有叶片的顶部和底部所受液压力平衡

（C）不考虑叶片厚度，瞬时流量是均匀的

（D）改变定子和转子之间的偏心可改变排量

3. 有两个调定压力分别为 5MPa 和 10MPa 的溢流阀串联在液压泵的出口，泵的出口压力为（　　）；并联在液压泵的出口，泵的出口压力又为（　　）。

（A）5MPa　　　　（B）10MPa　　　　（C）15MPa　　　　（D）20MPa

4. 已知单活塞杆液压缸的活塞直径 D 为活塞直径 d 的两倍，差动连接的快进速度等于非差动连接前进速度的（　　）；差动连接的快进速度等于快退速度的（　　）。

（A）1 倍　　　　（B）2 倍　　　　（C）3 倍　　　　（D）4 倍

5. 在定量泵节流调速阀回路中，调速阀可以安放在回路的（　　），而旁通型调速回路只能安放在回路的（　　　）。

（A）进油路　　　（B）回油路　　　（C）旁油路

6. 液压泵单位时间内排出油液的体积称为泵的流量。泵在额定转速和额定压力下的输出流量称为（　　　）；在没有泄漏的情况下，根据泵的几何尺寸计算得到的流量称为（　　　），它等于排量和转速的乘积。

（A）实际流量　　　（B）理论流量　　　（C）额定流量

7. 当配油窗口的间隔夹角大于两叶片的夹角时，单作用叶片泵（　　　），当配油窗口的间隔夹角小于两叶片的夹角时，单作用叶片泵（　　　）。

（A）闭死容积大小在变化，有困油现象

（B）虽有闭死容积，但容积大小不变化，所以无困油现象

（C）不会产生闭死容积，所以无困油现象

8. 系统中中位机能为 P 型的三位四通换向阀处于不同位置时，可使单活塞杆液压缸实现快进→慢进→快退的动作循环。试分析：液压缸在运动过程中，如突然将换向阀切换到中间位置，此时缸的工况为（　　　）；如将单活塞杆缸换成双活塞杆缸，当换向阀切换到中位置时，缸的工况为（　　　）。（不考虑惯性引起的滑移运动）

（A）停止运动　　　（B）慢进　　　（C）快退　　　（D）快进

9. 系统中采用了内控外泄顺序阀，顺序阀的调定压力为 p_x（阀口全开时损失不计），其出口负载压力为 p_L。当 $p_L > p_x$ 时，顺序阀进、出口压力的关系为（　　　）；当 $p_L < p_x$ 时，顺序阀进出口压力间的关系为（　　　）。

（A）$p_1 = p_x$，$p_2 = p_L$（$p_1 \neq p_2$）

（B）$p_1 = p_2 = p_L$

（C）p_1 上升至系统溢流阀调定压力 $p_1 = p_y$，$p_2 = p_L$

（D）$p_1 = p_2 = p_x$

10. 为保证压缩空气的质量，气缸和气马达前必须安装（　　　）；气动仪表或气动逻辑元件前应安装（　　　）。

（A）分水过滤器—减压阀—油雾器

（B）分水过滤器—油雾器—减压阀

（C）减压阀—分水过滤器—油雾器

（D）分水过滤器—减压阀

三、判断题

1. 雷诺数是判断层流和紊流的判据。　　　　　　　　　　　　　　　　　（　　）

2. 流量可改变的液压泵称为变量泵。　　　　　　　　　　　　　　　　　（　　）

3. 双作用叶片泵的转子叶片槽根部全部通压力油是为了保证叶片紧贴定子内环。

　　　　　　　　　　　　　　　　　　　　　　　　　　　　　　　　　（　　）

4. 滑阀为间隙密封，锥阀为线密封，后者不仅密封性能好而且开启时无死区。（　　）

5. 串联了定值减压阀的支路，始终能获得低于系统压力调定值的稳定的工作压力。

　　　　　　　　　　　　　　　　　　　　　　　　　　　　　　　　　（　　）

6. 流体在管道中作稳定流动时，同一时间内流过管道每一截面的质量相等。（　　）

7. 气源处理装置是气动元件及气动系统使用压缩空气质量的最后保证。其安装次序依

进气方向为减压阀、分水滤气器、油雾器。 （　　）

8. 双作用式叶片泵中，当配油窗口的间隔夹角 > 定子圆弧部分的夹角 > 两叶片的夹角时，闭死容积大小在变化，有困油现象，当定子圆弧部分的夹角 > 配油窗口的间隔夹角 > 两叶片的夹角时，虽有闭死容积，但容积大小不变化，所以无困油现象。 （　　）

9. 当控制阀的开口一定，阀的进、出口压差 $\Delta p > (3 \sim 5) \times 10^5 \mathrm{Pa}$ 时，随着压差 Δp 增加，压差的变化对节流阀流量变化的影响越小，对调速阀流量变化的影响也越小。 （　　）

10. 在定量泵 – 变量马达的容积调速回路中，如果液压马达所驱动的负载转矩变小，不考虑泄漏的影响，马达转速增大，泵的输出功率基本不变。 （　　）

四、名词解释

1. 液压卡紧现象
2. 气穴现象、气蚀
3. 变量泵
4. 容积调速回路
5. 非时序逻辑系统

五、分析题

1. 已知一个节流阀的最小稳定流量为 $q_{\min}$，液压缸两腔面积不等，即 $A_1 > A_2$，缸的负载为 F。如果分别组成进油节流调速和回油节流调速回路，试分析：（1）进油、回油节流调速哪个回路能使液压缸获得更低的最低运动速度。（2）在判断哪个回路能获得最低运动速度时，应将下述哪些参数保持相同，方能进行比较。

2. 在图 I -1 所示的夹紧系统中，已知定位压力要求为 $10 \times 10^5 \mathrm{Pa}$，夹紧力要求为 $3 \times 10^4 \mathrm{N}$，夹紧缸无杆腔面积 $A_1 = 100\mathrm{cm}$，试回答下列问题：（1）A、B、C、D 各元件名称、作用及其调整压力。（2）系统的工作过程。

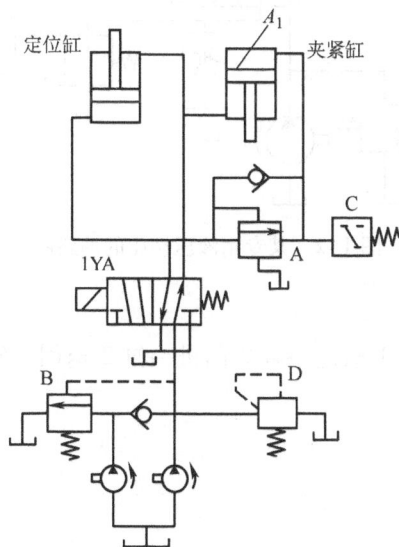

图 I -1　夹紧系统

六、问答题

1. 是门元件与非门元件结构相似，是门元件中阀芯底部有一弹簧，非门元件中却没有，请说明是门元件中弹簧的作用，去掉该弹簧是门元件能否正常工作，为什么？

2. 双作用叶片泵如果要反转，而保持其泵体上原来的进、出油口位置不变，应怎样安装才行？

3. 液压马达和液压泵有哪些相同点和不同点？

4. 多缸液压系统中，如果要求以相同的位移或相同的速度运动，应采用什么回路？这种回路通常有几种控制方法？哪种方法同步精度最高？

七、计算题

1. 某轴向柱塞泵直径 $d = 22\text{mm}$，分度圆直径 $D = 68\text{mm}$，柱塞数 $z = 7$，当斜盘倾角为 $\alpha = 22°30'$，转速 $n = 960\text{r/min}$，输出压力 $p = 10\text{MPa}$，容积效率 $\eta_v = 0.95$，机械效率 $\eta_M = 0.9$ 时，试求：（1）泵的理论流量（m^3/s）。（2）泵的实际流量（m^3/s）。（3）所需电动机功率（kW）。

2. 图 I-2 所示为某专用液压铣床的油路图。泵输出流量 $q_p = 30\text{L/min}$，溢流阀调定压力 $p_y = 24 \times 10^5 \text{Pa}$，液压缸两腔有效面积 $A_1 = 50\text{cm}^2$，$A_2 = 25\text{cm}^2$，切削负载 $F_t = 9000\text{N}$，摩擦负载 $F_f = 1000\text{N}$ 切削时通过调速阀的流量为 $q_T = 1.2\text{L/min}$，若元件的泄漏和损失忽略不计。试求：（1）活塞快速接近工件时，活塞的运动速度 v_1（cm/s）及回路的效率 η_1（%）。（2）当切削进给时，活塞的运动速度 v_2（cm/s）及回路的效率 η_2（%）。

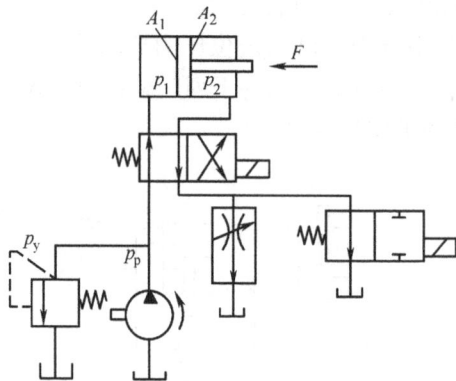

图 I-2 某专用液压铣床的油路图

八、绘制回路

试用压力继电器实现"缸 1 前进→缸 2 前进→缸 2 退回→缸 1 退回"的顺序动作回路，绘出回路图并说明工作原理。

综合测试题 Ⅱ

一、填空题

1. 液压系统中的压力取决于（　　　），执行元件的运动速度取决于（　　　）。

2. 在研究流动液体时，把假设既（　　　）又（　　　）的液体称为理想流体。

3. 液压泵的实际流量比理论流量（　　　），而液压马达实际流量比理论流量（　　　）。

4. 为了消除齿轮泵的困油现象，通常在两侧盖板上开（　　　），使闭死容积由大变小时与（　　　）腔相通，闭死容积由小变大时与（　　　）腔相通。

5. 溢流阀为（　　　）压力控制，阀口常（　　　），先导阀弹簧腔的泄漏油与阀的出口相通。定值减压阀为（　　　）压力控制，阀口常（　　　），先导阀弹簧腔的泄漏油必须（　　　）。

6. 为了便于检修，蓄能器与管路之间应安装（　　　），为了防止液压泵停车或卸载时蓄能器内的压力油倒流，蓄能器与液压泵之间应安装（　　　）。

7. 在变量泵–变量马达调速回路中，为了在低速时有较大的输出转矩、在高速时能提供较大功率，往往在低速段，先将（　　　）调至最大，用（　　　）调速；在高速段，（　　　）为最大，用（　　　）调速。

8. 向定积容器充气分为（　　　）和（　　　）两个阶段。同样，容器的放气过程也基本上分为（　　　）和（　　　）两个阶段。

9. 气源装置中压缩空气净化设备一般包括：（　　　）、（　　　）、（　　　）、（　　　）。

10. 变量泵是指（　　　）可以改变的液压泵，常见的变量泵有（　　　）、（　　　）、（　　　）。

二、选择题

1. 流量连续性方程是（　　　）在流体力学中的表达形式，而伯努利方程是（　　　）在流体力学中的表达形式。

（A）能量守恒定律　　　（B）动量定理　　　（C）质量守恒定律　　　（D）其他

2. 流经固定平行平板缝隙的流量与缝隙值的（　　　）和缝隙前后压差的（　　　）成正比。

（A）一次方　　　（B）1/2 次方　　　（C）二次方　　　（D）三次方

3. 一水平放置的双杆液压缸，采用三位四通电磁换向阀，要求阀处于中位时，液压泵卸荷，且液压缸浮动，其中位机能应选用（　　　）；要求阀处于中位时，液压泵卸荷，且液压缸闭锁不动，其中位机能应选用（　　　）。

（A）O 型　　　（B）M 型　　　（C）Y 型　　　（D）H 型

4. 容积调速回路中，（　　　）的调速方式为恒转矩调节；（　　　）的调节为恒功率调节。

（A）变量泵–变量马达　　　（B）变量泵–定量马达　　　（C）定量泵–变量马达

5. 用同样定量泵、节流阀、溢流阀和液压缸组成下列几种节流调速回路，（　　　）能够承受负值负载，（ ） 的速度刚性最差，而回路效率最高。

（A）进油节流调速回路 （B）回油节流调速回路 （C）旁路节流调速回路

6. 液压缸的种类繁多，（ ） 可作双作用液压缸，而（ ） 只能作单作用液压缸。

（A）柱塞缸 （B）活塞缸 （C）摆动缸

7. 在实验中或工业生产中，常把零压差下的流量（即负载为零时泵的流量）视为（ ）；有些液压泵在工作时，每一瞬间的流量各不相同，但在每转中按同一规律重复变化，这就是泵的流量脉动。瞬时流量一般指的是瞬时（ ）。

（A）实际流量 （B）理论流量 （C）额定流量

8. 已知单活塞杆液压缸两腔有效面积 $A_1 = 2A_2$，液压泵供油流量为 q，如果将液压缸差动连接，活塞实现差动快进，那么进入大腔的流量是（ ）；如果不差动连接，则小腔的排油流量是（ ）。

（A）$0.5q$ （B）$1.5q$ （C）$1.75q$ （D）$2q$

9. 在减压回路中，减压阀调定压力为 p_j，溢流阀调定压力为 p_y，主油路暂不工作，二次回路的负载压力为 p_L。若 $p_y > p_j > p_L$，减压阀进、出口压力关系为（ ）；若 $p_y > p_L > p_j$，减压阀进、出口压力关系为（ ）。

（A）进口压力 $p_1 = p_y$，出口压力 $p_2 = p_j$

（B）进口压力 $p_1 = p_y$，出口压力 $p_2 = p_L$

（C）$p_1 = p_2 = p_j$，减压阀的进口压力、出口压力、调定压力基本相等

（D）$p_1 = p_2 = p_L$，减压阀的进口压力、出口压力与负载压力基本相等

10. 当 a、b 两孔同时有气信号时，s 口才有信号输出的逻辑元件是（ ）；当 a 或 b 任一孔有气信号，s 口就有输出的逻辑元件是（ ）。

（A）与门 （B）禁门 （C）或门 （D）三门

三、判断题

1. 液压缸活塞运动速度只取决于输入流量的大小，与压力无关。 （ ）

2. 流经缝隙的流量随缝隙值的增加而成倍增加。 （ ）

3. 配流轴式径向柱塞泵的排量 q 与定子相对转子的偏心成正比，改变偏心即可改变排量。 （ ）

4. 液压马达与液压泵从能量转换观点上看是互逆的，因此所有的液压泵均可以用来做马达使用。 （ ）

5. 因电磁吸力有限，对液动力较大的大流量换向阀应选用液动换向阀或电液换向阀。 （ ）

6. 油箱在液压系统中的功用是储存液压系统所需的足够油液。 （ ）

7. 气体在管道中流动，随着管道截面扩大，流速减小，压力增加。 （ ）

8. 对于双作用叶片泵，如果配油窗口的间距角小于两叶片间的夹角，会导致不能保证吸、压油腔之间的密封，使泵的容积效率太低；由于加工安装误差，又难以在工艺上实现，配油窗口的间距角不可能等于两叶片间的夹角，所以配油窗口的间距夹角必须大于等于两叶片间的夹角。 （ ）

9. 当控制阀的开口一定，阀的进、出口压差 $\Delta p < (3 \sim 5) \times 10^5 \text{Pa}$ 时，随着压差 Δp 变小，通过节流阀的流量减少，通过调速阀的流量减少。 （ ）

10. 在回油节流调速回路中，节流阀处于节流调速工况，系统的泄漏损失及溢流阀调压偏差均忽略不计。当负载 F 增加时，泵的输入功率增加，缸的输出功率可能增加也可能减少。 ( )

四、名词解释

1. 帕斯卡原理（静压传递原理）

2. 液压冲击

3. 排量

4. 节流调速回路

5. 时序逻辑系统

五、分析题

1. 如图Ⅱ-1 所示定量泵输出流量为恒定值 q_p，如在泵的出口接一节流阀，并将阀的开口调节的小一些，试分析回路中活塞运动的速度 v 和流过截面 P、A、B 三点流量应满足什么样的关系（活塞两腔的面积为 A_1 和 A_2，所有管道的直径 d 相同）。

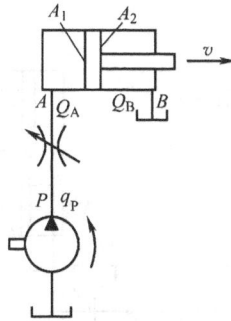

图Ⅱ-1　液压回路

2. 图Ⅱ-2a ~ c 所示的三个调压回路是否都能进行三级调压（压力分别为 $60 \times 10^5 \mathrm{Pa}$、$40 \times 10^5 \mathrm{Pa}$、$10 \times 10^5 \mathrm{Pa}$）？三级调压阀压力调整值应分别取多少？使用的元件有何区别？

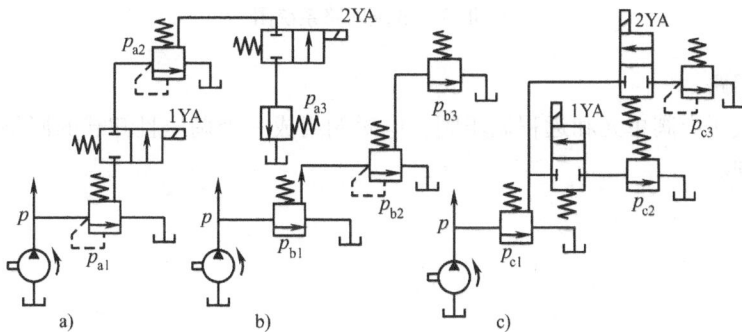

图Ⅱ-2　三个调压回路

六、问答题

1. 简述冲击气缸的工作过程及工作原理。

2. 如果与液压泵吸油口相通的油箱是完全封闭的，不与大气相通，液压泵能否正常工作?

3. 电液换向阀有何特点? 如何调节它的换向时间?

4. 液压系统中为什么要设置背压回路? 背压回路与平衡回路有何区别?

七、计算题

1. 用一定量泵驱动单活塞杆液压缸，已知活塞直径 $D=100\text{mm}$，活塞杆直径 $d=70\text{mm}$，被驱动的负载 $\Sigma R=1.2\times10^5\text{N}$。有杆腔回油背压为 0.5MPa，设缸的容积效率 $\eta_v=0.99$，机械效率 $\eta_m=0.98$，液压泵的总效率 $\eta=0.9$。求：（1）当活塞运动速度为100mm/s时液压泵的流量。（2）电动机的输出功率。

2. 图Ⅱ-3 所示的系统中，缸Ⅰ为进给缸，活塞面积 $A_1=100\text{cm}^2$，缸Ⅱ为辅助装置缸，活塞面积 $A_2=50\text{cm}^2$。溢流阀调定压力 $p_y=40\times10^5\text{Pa}$，顺序阀调定压力 $p_x=30\times10^5\text{Pa}$，减压阀调定压力 $p_j=15\times10^5\text{Pa}$，管道损失不计。求：（1）辅助缸Ⅱ工作时可能产生的最大推力为多少?（2）进给缸Ⅰ要获得稳定的运动速度且不受辅助缸负载的影响，缸Ⅰ允许的最大推力 R_1 应为多少?

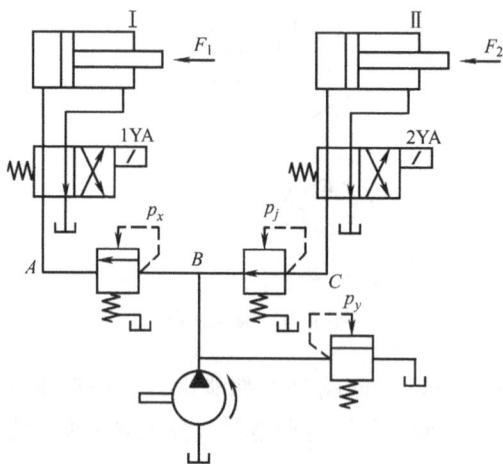

图Ⅱ-3　液压回路系统图

八、绘制回路

试用插装式压力阀单元和远程调压阀、电磁阀组成一个调压且卸载的回路，绘出回路图并简述工作原理。

参 考 文 献

[1] 刘延俊. 液压与气压传动 [M]. 3 版. 北京：机械工业出版社，2012.

[2] 俞启荣. 液压传动 [M]. 北京：机械工业出版社，1990.

[3] 贾铭新. 液压传动与控制 [M]. 北京：国防工业出版社，2001.

[4] 许福玲，陈尧明. 液压与气压传动 [M]. 3 版. 北京：机械工业出版社，2007.

[5] 何大钧，等. 液压传动习题与选解 [M]. 重庆：科学技术文献出版社重庆分社，1987.

[6] 陈尧明，许福玲. 液压与气压传动学习指导与习题集 [M]. 北京：机械工业出版社，2005.

[7] 阎祥安，曹玉平. 液压与控制习题集 [M]. 天津：天津大学出版社，2004.

[8] 刘延俊. 液压系统使用与维修 [M]. 北京：化学工业出版社，2006.

[9] 姜继海，等. 液压与气压传动 [M]. 北京：高等教育出版社，2002.

[10] 章宏甲，等. 液压与气压传动 [M]. 2 版. 北京：机械工业出版社，2005.

[11] 左健民. 液压与气压传动 [M]. 3 版. 北京：机械工业出版社，2005.

[12] 刘延俊. 液压与气压传动 [M]. 北京：清华大学出版社，2010.